허세 없는 ~~기본 문제집~~

1정 반영 (2025년 중1 적용)

바빠
중학연산
시리즈

KB084767

바른 중1을 위한
빠른 중학연산

2권

1학년 1학기
3, 4단원

이지스에듀

지은이 | **임미연**

임미연 선생님은 대치동 학원가의 소문난 명강사로, 15년 넘게 중고등학생에게 수학을 지도하고 있다. 명강사로 이름을 날리기 전에는 동아출판사와 디딤돌에서 중고등 참고서와 교과서를 기획, 개발했다. 이론과 현장을 모두 아우르는 저자로, 학생들이 어려워하는 부분을 잘 알고 학생에 맞는 수준별 맞춤 수업을 하는 것으로도 유명하다. 그동안의 경험을 집대성해 《바쁜 중1을 위한 빠른 중학연산 1권, 2권》,《바쁜 중1을 위한 빠른 중학도형》,《바빠 중학수학 총정리》,《바빠 중학도형 총정리》 등 〈바빠 중학수학〉 시리즈를 집필하였다.

바쁜 친구들이 즐거워지는 **빠른** 학습법 — 바빠 중학수학 시리즈(개정2판)

바쁜 중1을 위한 빠른 중학연산 2권

초판 1쇄 발행 2024년 6월 30일
초판 3쇄 발행 2024년 12월 13일
　　　　　(2017년 10월에 출간된 개정1판을 새 교과과정이 맞춰 출간한 개정2판입니다.)
지은이 임미연
발행인 이지연　　　　　　　　　　　　펴낸곳 이지스퍼블리싱(주)
출판사 등록번호 제313-2010-123호　　　제조국명 대한민국
주소 서울시 마포구 잔다리로 109 이지스 빌딩 5층(우편번호 04003)
대표전화 02-325-1722　　　　　　　　팩스 02-326-1723
이지스퍼블리싱 홈페이지 www.easyspub.com　　이지스에듀 카페 www.easysedu.co.kr
바빠 아지트 블로그 blog.naver.com/easyspub　　인스타그램 @easys_edu
페이스북 www.facebook.com/easyspub2014　　이메일 service@easyspub.co.kr

본부장 조은미　기획 및 책임 편집 박지연 | 김현주, 정지연, 이지혜　교정 교열 서은아　전산편집 이츠북스
표지 및 내지 디자인 손한나　일러스트 김학수, 이츠북스　인쇄 보광문화사　독자지원 박애림, 김수경
영업 및 문의 이주동, 김요한(support@easyspub.co.kr)　마케팅 라혜주

ISBN 979-11-6303-600-5 54410
ISBN 979-11-6303-598-5(세트)
가격 13,000원

• **이지스에듀**는 이지스퍼블리싱(주)의 교육 브랜드입니다.
　(이지스에듀는 학생들을 탈락시키지 않고 모두 목적지까지 데려가는 책을 만듭니다!)

" 전국의 명강사들이
박수 치며 추천한 책! "

스스로 공부하기 좋은 허세 없는 기본 문제집!

이 책은 쉽게 해결할 수 있는 연산 문제부터 배치하여 아이들에게 성취감을 줍니다. 또한 명강사에게만 들을 수 있는 꿀팁이 책 안에 담겨 있어서, 수학에 자신이 없는 학생도 혼자 충분히 풀 수 있겠어요! 수학을 어려워하는 친구들에게 자신감을 심어 줄 교재입니다!

송낙천 원장 | 강남, 서초 최상위에듀학원/ 최상위 수학 저자

'바빠 중학연산'은 한 학기 내용을 두 권으로 분할해, 영역별 최다 문제가 수록되어 아이들이 문제를 풀면서 스스로 개념을 잡을 수 있겠네요. 예비 중학생부터 중학생까지, 자습용이나 선생님들이 숙제로 내주기에 최적화된 교재입니다.

최영수 원장 | 대치동 수학의열쇠 본원

'바빠 중학연산'은 명강사의 비법을 책 속에 담아 개념을 이해하기 쉽고, **연산 속도와 정확성을 높일 수 있도록 문제가 잘 구성되어** 있습니다. 이 책을 통해 심화 수학의 기초가 되는 연산 실력을 완벽하게 쌓을 수 있을 것입니다.

김종명 원장 | 분당 GTG수학 본원

연산 과정을 제대로 밟지 않은 학생은 학년이 올라갈수록 어려움을 겪습니다. 어려운 문제를 풀 수 있다 하더라도, 연산 실수로 문제를 틀리면 아무 소용이 없지요. 이 책은 학기별로 필요한 연산 문제를 해결할 수 있어, 바쁜 중학생들에게 큰 도움이 될 것입니다.

송근호 원장 | 용인 송근호수학학원

쉽고 친절한 개념 설명+충분한 연습 문제+시험 문제까지 3박자가 완벽하게 구성된 책이네요! 유형별 문제마다 현장에서 선생님이 학생들에게 들려주는 꿀팁이 탑재되어 있어, 마치 친절한 선생님과 함께 공부하는 것처럼 문제 이해도를 높여 주는 아주 좋은 교재입니다.

한선영 원장 | 파주 한쌤수학학원

'바빠 중학연산'을 꾸준히 사용하면서 수학을 어려워하는 학생들이 연산 훈련으로 개념을 깨우치는 데에 도움이 많이 되었습니다. 큰 도움을 받은 교재인 만큼 수학에 어려움을 겪고 있는 학생들에게 이 책을 추천합니다.

김종찬 원장 | 용인죽전 김종찬입시전문학원

각 단원별 꼼꼼한 개념 정리와 당부하듯 짚어 주는 꿀팁에서 세심함과 정성이 느껴지는 교재입니다. 늘 더 좋은 교재를 찾기 위해 많은 교재를 찾아보는데 개념과 문제 풀이 두 가지를 다 잡을 수 있는 알짜배기 교재라서 강력 추천합니다.

진명희 원장 | 동두천 MH수학전문학원

수학은 개념을 익힌 후 반드시 충분한 연산 연습이 뒷받침되어야 합니다. '바빠 중학연산'은 잘 정돈된 개념 설명과 유형별 연산 문제가 충분히 배치되어 있습니다. 이 책으로 공부한다면 중학수학 기본기를 완벽하게 숙달시킬 수 있을 것입니다.

송봉화 원장 | 동탄 로드학원

중1 수학은 중·고등 수학의 기초!
중학수학을 잘하려면 어떻게 공부해야 할까?

■ 중학수학의 기초를 튼튼히 다지고 넘어가라!

수학은 계통성이 강한 과목으로, 중학수학부터 고등수학 과정까지 단원이 연결되어 있습니다. 중학수학 1학년 1학기 과정은 1, 2, 3학년 모두 대수 영역으로, 중1부터 중3까지 내용이 연계됩니다.

특히 중1 과정의 정수와 유리수, 일차방정식, 그래프와 비례 영역은 중·고등 수학 대수 영역의 기본이 되는 중요한 단원입니다. 이 책은 중1에서 알아야 할 가장 기본적인 문제에 충실한 책입니다.

그럼 중1 수학을 효율적으로 공부하려면 무엇부터 해야 할까요?

① 쉬운 문제부터 차근차근 푸는 게 낫다.　**VS**　② 어려운 문제를 많이 접하는 게 낫다.

나는 어떤 공부법이 맞을까?

공부 전문가들은 이렇게 이야기합니다. "학습하기 어려우면 오래 기억하는 데 도움이 된다. 그러나 학습자가 배경 지식이 없다면 그 어려움은 바람직하지 못하게 된다." 배경 지식이 없어서 수학 문제가 너무 어렵다면, 두뇌는 피로감을 이기지 못해 공부를 포기하게 됩니다.

그러니까 수학을 잘하는 학생이라면 ②번이 정답이겠지만, 보통의 학생이라면 ①번이 정답입니다.

■ 연산과 기본 문제로 수학의 기초 체력을 쌓자!

연산은 수학의 기초 체력이라 할 수 있습니다. 중학교 때 다진 기초 실력 위에 고등학교 수학을 쌓아야 하는데, 연산이 힘들다면 고등학교에서도 수학 성적을 올리기 어렵습니다. 또한 기본 문제집부터 시작하는 것이 어려운 문제집을 여러 권 푸는 것보다 오히려 더 빠른 길입니다. 개념 이해와 연산으로 기본을 먼저 다져야, 어려운 문제까지 풀어낼 근력을 키울 수 있습니다!

'바빠 중학연산'은 수학의 기초 체력이 되는 연산과 기본 문제를 풀 수 있는 책으로, 현재 시중에 나온 책 중 선생님 없이 혼자 풀 수 있도록 설계된 독보적인 책입니다.

■ 대치동 명강사의 바빠 꿀팁! 선생님이 옆에 있는 것 같다.

기존의 책들은 한 권의 책에 방대한 지식을 모아 놓기만 할 뿐, 그것을 공부할 방법은 알려주지 않았습니다. 그래서 선생님께 의존하는 경우가 많았죠. 그러나 이 책은 선생님이 얼굴을 맞대고 알려주는 것처럼 세세한 공부 팁까지 책 속에 담았습니다.

각 단계의 개념마다 친절한 설명과 함께 대치동 명강사의 **노하우가 담긴** '바빠 꿀팁'을 수록, 혼자 공부해도 쉽게 이해할 수 있습니다. 또한 이 책의 모든 단계에 **저자 직강 개념 강의 영상**을 제공해 개념 설명을 직접 들을 수 있습니다.

▶ 유튜브 '대치동 임쌤 수학' 개념 강의를 활용하세요!

■ 1학기를 두 권으로 구성, 유형별 최다 문제 수록!

개념을 이해했다면 이제 개념이 익숙해질 때까지 문제를 충분히 풀어 봐야 합니다. '바쁜 중1을 위한 빠른 중학연산'은 충분한 연산 훈련을 위해, 쉬운 문제부터 학교 시험 유형까지 **영역별로 최다 문제를 수록**했습니다. 그래서 1학년 1학기 수학을 두 권으로 나누어 구성했습니다. 이 책의 문제를 풀다 보면 머릿속에 유형별 문제풀이 회로가 저절로 그려질 것입니다.

■ 중1 학생 70%가 틀리는 문제, '앗! 실수'와 '출동! ×맨과 ○맨' 코너로 해결!

수학을 잘하는 친구도 연산 실수로 점수가 깎이는 경우가 많습니다. 이 책에서는 연산 실수로 본인 실력보다 낮은 점수를 받지 않도록 특별한 장치를 마련했습니다.
개념 페이지에 있는 '**앗! 실수**' 코너로 중1 학생 70%가 자주 틀리는 실수 포인트를 정리했습니다. 또한 '**출동! ×맨과 ○맨**' 코너로 어떤 계산이 맞고, 틀린지 한눈에 확인할 수 있어, 연산 실수를 획기적으로 줄이는 데 도움을 줍니다.

또한, 매 단계의 마지막에는 '**거저먹는 시험 문제**'를 넣어, 이 책에서 연습한 것만으로도 풀 수 있는 중학 내신 문제를 제시했습니다. 이 책에 나온 문제만 다 풀어도 맞을 수 있는 학교 시험 문제는 많습니다.

중학생이라면, 스스로 개념을 정리하고 문제 해결 방법을 터득해야 할 때!
'바빠 중학연산'이 바쁜 여러분을 도와드리겠습니다. 이 책으로 중학수학의 기초를 튼튼하게 다져 보세요!

이젠 나도 혼자 공부할 수 있다고!

▶1단계 **공부의 시작은 계획부터!** — 나만의 맞춤형 공부 계획을 먼저 세워요!

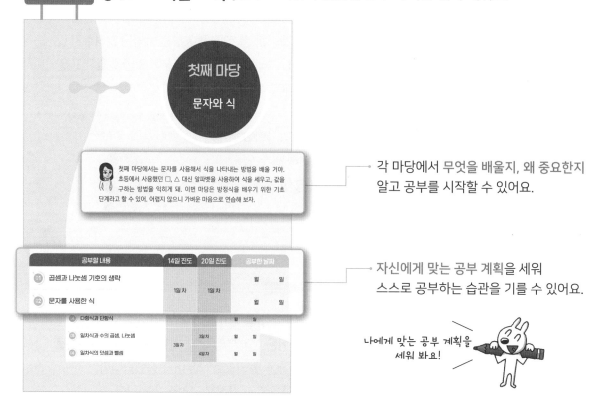

각 마당에서 무엇을 배울지, 왜 중요한지
알고 공부를 시작할 수 있어요.

자신에게 맞는 공부 계획을 세워
스스로 공부하는 습관을 기를 수 있어요.

나에게 맞는 공부 계획을
세워 봐요!

▶2단계 **개념을 먼저 이해하자!** — 단계마다 친절한 핵심 개념 설명이 있어요!

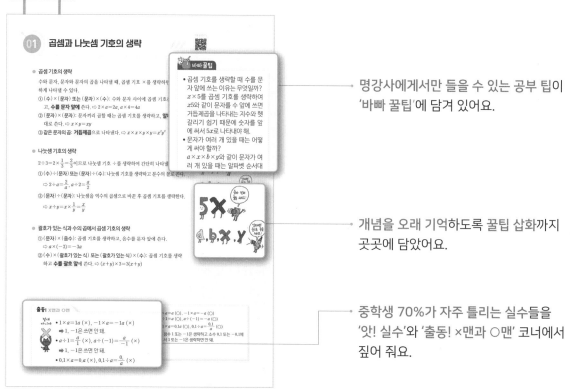

명강사에게서만 들을 수 있는 공부 팁이
'바빠 꿀팁'에 담겨 있어요.

개념을 오래 기억하도록 꿀팁 삽화까지
곳곳에 담았어요.

중학생 70%가 자주 틀리는 실수들을
'앗! 실수'와 '출동! ×맨과 ○맨' 코너에서
짚어 줘요.

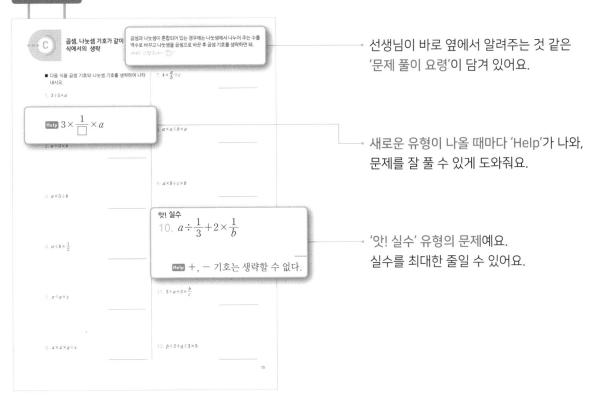

▶3단계 **체계적인 훈련!** — 쉬운 문제부터 유형별로 풀다 보면 개념이 잡혀요!

● 선생님이 바로 옆에서 알려주는 것 같은
'문제 풀이 요령'이 담겨 있어요.

● 새로운 유형이 나올 때마다 'Help'가 나와,
문제를 잘 풀 수 있게 도와줘요.

● '앗! 실수' 유형의 문제예요.
실수를 최대한 줄일 수 있어요.

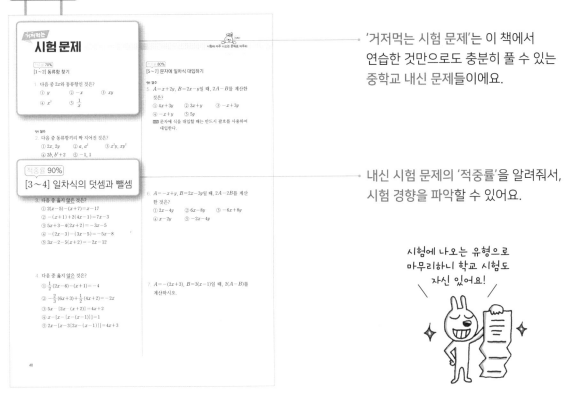

▶4단계 **시험에 자주 나오는 문제로 마무리!** — 이 책만 다 풀어도 학교 시험 걱정 없어요!

● '거저먹는 시험 문제'는 이 책에서
연습한 것만으로도 충분히 풀 수 있는
중학교 내신 문제들이에요.

● 내신 시험 문제의 '적중률'을 알려줘서,
시험 경향을 파악할 수 있어요.

시험에 나오는 유형으로
마무리하니 학교 시험도
자신 있어요!

《바쁜 중1을 위한 빠른 중학연산》
효과적으로 보는 방법

'바빠 중학연산·도형' 시리즈는 1학기 과정이 '바빠 중학연산' 두 권으로,
2학기 과정이 '바빠 중학도형' 한 권으로 구성되어 있습니다.

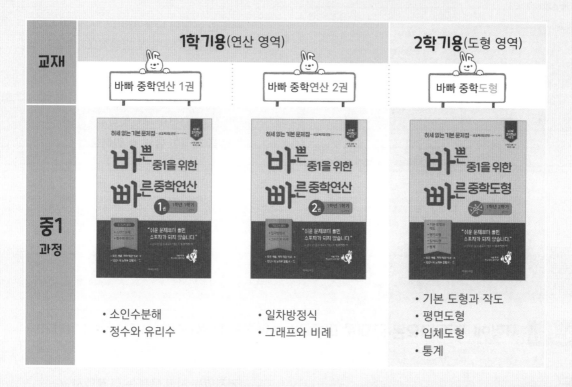

교재	1학기용(연산 영역)		2학기용(도형 영역)
	바빠 중학연산 1권	바빠 중학연산 2권	바빠 중학도형
중1 과정	• 소인수분해 • 정수와 유리수	• 일차방정식 • 그래프와 비례	• 기본 도형과 작도 • 평면도형 • 입체도형 • 통계

1. 취약한 영역만 보강하려면? — 3권 중 한 권만 선택하세요!

중1 과정 중에서도 소인수분해나 정수와 유리수가 어렵다면 중학연산 1권 <소인수분해, 정수와 유리수
영역>을, 일차방정식이나 그래프와 비례가 어렵다면 중학연산 2권 <일차방정식, 그래프와 비례 영역>
을, 도형이 어렵다면 중학도형 <기본 도형과 작도, 평면도형, 입체도형, 통계>를 선택하여 정리해 보세
요. 중1뿐아니라 중2라도 자신이 취약한 영역을 집중적으로 공부하여 학습 결손을 빠르게 보충하세요.

2. 중1이지만 수학이 약하거나, 중학수학을 준비하는 예비 중1이라면?

중학수학 진도에 맞게 [중학연산 1권 → 중학연산 2권 → 중학도형] 순서로 공부하세요.
기본 문제부터 풀 수 있어서, 중학수학의 기초를 탄탄히 다질 수 있습니다.

3. 학원이나 공부방 선생님이라면?

1) 기초가 부족한 학생에게는 개념을 간단히 설명한 후 자습용 교재로 이용하세요.
2) 개념을 익힌 학생에게는 과제용 교재로 이용하세요.
3) 가벼운 선행 학습과 학습 결손을 보강하기 위한 방학용 초단기 교재로 적합합니다.

★ 바빠 중1 연산 1권은 28단계, 2권은 25단계로 구성되어 있고, 단계마다 1시간 안에 풀 수 있습니다.

바쁜 중1을 위한 빠른 중학연산 2권 | 일차방정식, 그래프와 비례 영역

《바쁜 중1을 위한 빠른 중학연산》
나에게 맞는 방법 찾기

나는 어떤 학생인가?	권장 진도
✔ 예비 중학생이지만, 도전하고 싶다. ✔ 중학 1학년이지만, 수학이 어렵고 자신감이 부족하다. ✔ 한 문제 푸는 데 시간이 오래 걸린다.	25일 진도 권장
✔ 중학 1학년으로, 수학 실력이 보통이다.	20일 진도 권장
✔ 어려운 문제는 잘 푸는데, 연산 실수로 점수가 깎이곤 한다. ✔ 수학을 잘하는 편이지만, 속도와 정확성을 높여 기본기를 완벽하게 쌓고 싶다.	14일 진도 권장

권장 진도표 ▶ 14일, 20일, 25일 진도 중 나에게 맞는 진도로 공부하세요!

✔	1일 차	2일 차	3일 차	4일 차	5일 차	6일 차	7일 차
14일 진도	01~02	03~04	05~06	07~08	09~10	11	12
20일 진도	01~02	03~04	05	06	07	08	09

✔	8일 차	9일 차	10일 차	11일 차	12일 차	13일 차	14일 차
14일 진도	13	14~15	16~17	18~19	20~21	22~23	24~25 (끝)
20일 진도	10	11	12	13	14	15	16

✔	15일 차	16일 차	17일 차	18일 차	19일 차	20일 차
20일 진도	17	18~19	20~21	22~23	24	25 (끝)

*25일 진도는 하루에 1과씩 공부하면 됩니다.

첫째 마당

문자와 식

첫째 마당에서는 문자를 사용해서 식을 나타내는 방법을 배울 거야. 초등에서 사용했던 □, △ 대신 알파벳을 사용하여 식을 세우고, 값을 구하는 방법을 익히게 돼. 이번 마당은 방정식을 배우기 위한 기초 단계라고 할 수 있어. 어렵지 않으니 가벼운 마음으로 연습해 보자.

01 곱셈과 나눗셈 기호의 생략

● **곱셈 기호의 생략**

수와 문자, 문자와 문자의 곱을 나타낼 때, 곱셈 기호 $\times$를 생략하면 더 간단하게 나타낼 수 있다.

① (수)×(문자) 또는 (문자)×(수): 수와 문자 사이에 곱셈 기호를 생략하고, **수를 문자 앞에** 쓴다. ⇨ $2 \times a = 2a$, $a \times 4 = 4a$

② (문자)×(문자): 문자끼리 곱할 때는 곱셈 기호를 생략하고, **알파벳 순서** 대로 쓴다. ⇨ $x \times y = xy$

③ 같은 문자의 곱: **거듭제곱**으로 나타낸다. ⇨ $x \times x \times y \times y = x^2 y^2$

● **나눗셈 기호의 생략**

$2 \div 3 = 2 \times \dfrac{1}{3} = \dfrac{2}{3}$이므로 나눗셈 기호 $\div$를 생략하여 간단히 나타낼 수 있다.

① (수)÷(문자) 또는 (문자)÷(수): 나눗셈 기호를 생략하고 분수의 꼴로 쓴다.

⇨ $2 \div a = \dfrac{2}{a}$, $a \div 2 = \dfrac{a}{2}$

② (문자)÷(문자): 나눗셈을 역수의 곱셈으로 바꾼 후 곱셈 기호를 생략한다.

⇨ $x \div y = x \times \dfrac{1}{y} = \dfrac{x}{y}$

● **괄호가 있는 식과 수의 곱에서 곱셈 기호의 생략**

① (문자)×(음수): 곱셈 기호를 생략하고, 음수를 문자 앞에 쓴다.

⇨ $a \times (-3) = -3a$

② (수)×(괄호가 있는 식) 또는 (괄호가 있는 식)×(수): 곱셈 기호를 생략하고 **수를 괄호 앞**에 쓴다. ⇨ $(x+y) \times 3 = 3(x+y)$

출동! X맨과 O맨

 절대 아니야

• $1 \times a = 1a$ (×), $-1 \times a = -1a$ (×)

➡ 1, -1은 쓰면 안 돼.

• $a \div 1 = \dfrac{a}{1}$ (×), $a \div (-1) = \dfrac{a}{-1}$ (×)

➡ 1, -1은 쓰면 안 돼.

• $0.1 \times a = 0.a$ (×), $0.1 \div a = \dfrac{0.}{a}$ (×)

➡ 소수일 때는 1 또는 -1을 생략하면 안 돼.

 이게 정답이야

 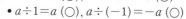 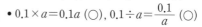

• $1 \times a = a$ (○), $-1 \times a = -a$ (○)

• $a \div 1 = a$ (○), $a \div (-1) = -a$ (○)

• $0.1 \times a = 0.1a$ (○), $0.1 \div a = \dfrac{0.1}{a}$ (○)

➡ 정수 1 또는 -1은 생략하고 소수 0.1 또는 -0.1에서 1 또는 -1은 생략하면 안 돼.

A 곱셈 기호의 생략

곱셈 기호를 생략하여 식을 간단히 나타낼 때는 수는 문자보다 앞에 쓰고, 문자와 문자끼리는 알파벳 순서대로 쓰고, 같은 숫자나 문자는 거듭제곱으로 나타낸다.

$x \times (-6) = -6x, \ a \times b \times a \times b \times a = a^3 b^2$

■ 다음 식을 곱셈 기호를 생략하여 나타내시오.

1. $3 \times a$

2. $a \times (-3)$

3. $\dfrac{1}{2} \times x$

앗! 실수
4. $-1 \times x$

5. $0.1 \times x$

6. $x \times z \times y$

Help 알파벳 순서로 나타낸다.

7. $a \times 3 \times b$

8. $x \times x \times (-2) \times a$

9. $x \times x \times y \times \dfrac{1}{3}$

앗! 실수
10. $a \times (-0.1) \times b$

앗! 실수
11. $a \times 1 \times b \times 1 \times c \times 1$

12. $x \times x \times y \times 5 \times y \times a$

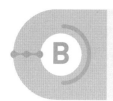
나눗셈 기호의 생략

나눗셈 기호의 생략은 나눗셈 기호를 생략하고 분수의 꼴로 쓰거나 나누어 주는 수를 역수로 바꾸고 나눗셈은 곱셈으로 바꾼 후 곱셈 기호를 생략하면 돼.

$$a \div b = a \times \frac{1}{b} = \frac{a}{b}, \ a \div b \div c = a \times \frac{1}{b} \times \frac{1}{c} = \frac{a}{bc}$$

■ 다음 식을 나눗셈 기호를 생략하여 나타내시오.

1. $a \div 4$

   Help $a \div 4 = a \times \dfrac{1}{\square}$

2. $1 \div b$

앗! 실수
3. $-2 \div c$

4. $2 \div a \div b$

   Help $2 \times \dfrac{1}{\square} \times \dfrac{1}{\square}$

5. $3 \div 2 \div a$

6. $x \div y \div z$

7. $y \div 5 \div z$

8. $a \div \dfrac{1}{2} \div 3$

9. $a \div b \div \dfrac{2}{3}$

10. $a \div b \div 0.1$

    Help $a \div b \div \dfrac{1}{10}$

11. $1 \div 2x \div 3y$

앗! 실수
12. $x \div 0.3 \div y$

C 곱셈, 나눗셈 기호가 같이 있는 식에서의 생략

곱셈과 나눗셈이 혼합되어 있는 경우에는 나눗셈에서 나누어 주는 수를 역수로 바꾸고 나눗셈을 곱셈으로 바꾼 후 곱셈 기호를 생략하면 돼.

아하! 그렇구나~

■ 다음 식을 곱셈 기호와 나눗셈 기호를 생략하여 나타내시오.

1. $3 \div 5 \times a$

   [Help] $3 \times \dfrac{1}{\square} \times a$

2. $a \div 3 \times b$

3. $a \times 5 \div b$

4. $a \div b \times \dfrac{1}{2}$

5. $x \div y \times z$

6. $x \times x \times y \div z$

7. $4 \times \dfrac{a}{b} \div c$

8. $a \times a \div b \times a$

9. $a \times b \div c \times b$

앗! 실수
10. $a \div \dfrac{1}{3} + 2 \times \dfrac{1}{b}$

   [Help] $+, -$ 기호는 생략할 수 없다.

11. $3 \div a + 2 \times \dfrac{b}{c}$

12. $p \div 2 + q \div 3 \times 5$

괄호가 있는 식에서 곱셈, 나눗셈 기호의 생략

- +, − 기호는 생략하지 않아.
- 괄호가 있는 경우는 괄호 안의 식을 먼저 계산하고, 앞에서부터 순서대로 계산해야 해.

아하! 그렇구나~ 🐡

■ 다음 식을 곱셈 기호와 나눗셈 기호를 생략하여 나타내시오.

앗! 실수

1. $a \div (b \times 2)$

2. $x \div (-5 \times y)$

3. $a \div (a+b)$

4. $(x-2y) \div z$

5. $2 \times (a-b) \div c$

앗! 실수

6. $x \div (y \div z)$

Help $x \div \left(y \times \dfrac{1}{\square} \right) = x \times \dfrac{\square}{y}$

7. $x \div (y-2z) \times (-6)$

8. $a \div (b+c) \div 3$

9. $(a+b) \times c \div 4$

10. $(a+b) \div 7 \div c$

앗! 실수

11. $a \div (b \div 3) \times c$

Help $a \div \dfrac{b}{3} \times c$

12. $a \div (b \times 5) \div c$

[1~3] 곱셈, 나눗셈 기호를 생략하여 나타내기

1. 다음 중 옳은 것은?

① $a \times 5 + b = 5ab$

② $(-1) \times x \times y = -1xy$

③ $a \div b \times \dfrac{1}{3} = \dfrac{a}{3b}$

④ $a + b \div 2 = \dfrac{a+b}{2}$

⑤ $x \div 3 \div y = \dfrac{xy}{3}$

2. 다음 중 옳지 <u>않은</u> 것은?

① $(-2) \times (-a) \times (-b) = -2ab$

② $(-1) \times x \times x = -x^2$

③ $(a-b) \div (c-d) = \dfrac{a-b}{c-d}$

④ $3 \times (a+b) \div c = \dfrac{3(a+b)}{c}$

⑤ $x \div y \times \dfrac{1}{2} = \dfrac{2x}{y}$

3. 다음 중 옳은 것은?

① $2 \times (x+y) = 2x+y$

② $0.1 \times x \times y = 0.xy$

③ $a \times a \div b \times (-1) = -1\dfrac{a^2}{b}$

④ $a \times b \div c \times 3 = \dfrac{3ab}{c}$

⑤ $a \times a \times a \div b \div c = \dfrac{a^3 c}{b}$

[4~6] 간단히 한 결과가 같은 것 찾기

앗! 실수

4. 다음 중 곱셈 기호와 나눗셈 기호를 생략하여 나타낸 것이 $\dfrac{a}{bc}$ 와 같은 것을 모두 고르면? (정답 2개)

① $a \div b \times c$ ② $a \div (b \times c)$

③ $a \times b \div c$ ④ $a \div (b \div c)$

⑤ $a \div b \div c$

5. 다음 중 곱셈 기호와 나눗셈 기호를 생략하여 나타낸 것이 $x \div (y \times z)$ 와 같은 것은?

① $x \times y \times z$ ② $x \div y \times z$

③ $x \times y \div z$ ④ $x \div y \div z$

⑤ $x \div (y \div z)$

6. 다음 중 $\dfrac{3b}{xy}$ 를 곱셈 기호와 나눗셈 기호를 사용하여 옳게 나타낸 것을 모두 고르면? (정답 2개)

① $3 \div x \times y \div b$ ② $3 \times b \div x \div y$

③ $x \div (3 \times b) \div y$ ④ $3 \div x \div (y \div b)$

⑤ $y \div x \times 3 \times b$

02 문자를 사용한 식

개념 강의보기

● **문자의 사용**

① **문자식**: 문자를 사용하여 어떤 수량 사이의 관계를 나타낸 식으로 문자식 또는 식이라 한다.

② **문자를 사용하여 식 세우기**

　문자 사이의 규칙을 찾은 후 문자를 사용하여 식을 세운다.

● **문자식에 사용되는 공식**

① **물건의 가격**: (물건의 가격)=(물건 1개의 가격)×(물건의 개수)

② **수의 표현**

　십의 자리의 숫자가 a, 일의 자리의 숫자가 b인 수 ⇨ $10a+b$

　백의 자리의 숫자가 a, 십의 자리의 숫자가 b, 일의 자리의 숫자가 c인 수

　⇨ $100a+10b+c$

③ **도형의 둘레의 길이와 넓이**

　• (직사각형의 둘레의 길이)=$2×\{$(가로의 길이)+(세로의 길이)$\}$

　• (정삼각형의 둘레의 길이)=$3×$(한 변의 길이)

　• (직사각형의 넓이)=(가로의 길이)×(세로의 길이)

　• (삼각형의 넓이)=$\dfrac{1}{2}×$(밑변의 길이)×(높이)

　• (사다리꼴의 넓이)=$\dfrac{1}{2}×\{$(윗변의 길이)+(아랫변의 길이)$\}×$(높이)

④ **거리, 속력, 시간**

$$(거리)=(속력)×(시간), \quad (속력)=\frac{(거리)}{(시간)}, \quad (시간)=\frac{(거리)}{(속력)}$$

⑤ **소금물의 농도**

$$(농도)=\frac{(소금의 양)}{(소금물의 양)}×100(\%), \quad (소금의 양)=\frac{(농도)}{100}×(소금물의 양)$$

⑥ **할인된 물건의 가격**: 정가가 a원인 물건을 $x\,\%$ 할인할 때의 판매 가격은

$$a-a×\frac{x}{100}=a-\frac{ax}{100} \ (원)$$

↑ 정가　↑ 할인한 가격　↑ 판매 가격

20 % 할인 → 정가의 80 %
30 % 할인 → 정가의 70 %
50 % 할인 → 정가의 50 %
가장 많이 할인한 것이 가장 싸게 파는 거구나.

출동! X맨과 O맨

절대 아니야

백의 자리의 숫자가 a, 십의 자리의 숫자가 b, 일의 자리의 숫자가 c인 수를 abc라고 쓰는 학생이 있지만 abc는 $a×b×c$야.

이게 정답이야

백의 자리의 숫자가 2라면 $2×100$인 거니까 백의 자리의 숫자가 a이면 $a×100$이 되는 거지.
따라서 백의 자리의 숫자가 a, 십의 자리의 숫자가 b, 일의 자리의 숫자가 c인 수는 $100a+10b+c$가 맞아.

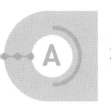

A 가격, 수

• (물건의 가격) = (물건 1개의 가격) × (물건의 개수)
• 백의 자리의 숫자가 a, 십의 자리의 숫자가 b, 일의 자리의 숫자가 5
인 수 ⇨ $100a+10b+5$
아하! 그렇구나~

■ 다음을 문자를 사용한 식으로 나타내시오.

1. 700원짜리 공책 a권의 가격

   Help (물건의 가격)=(물건 1개의 가격)×(물건의 개수)
   =700×☐

2. 1200원짜리 아이스크림 a개의 가격

3. 250원짜리 스티커 x개의 가격

4. 800원짜리 볼펜 x개와 1500원짜리 파일 y개의 가격

5. 5000원을 내고 1900원짜리 배 x개를 사고 남은 금액

6. 십의 자리의 숫자가 a, 일의 자리의 숫자가 b인 두 자리의 자연수

7. 백의 자리의 숫자가 a, 십의 자리의 숫자가 b, 일의 자리의 숫자가 c인 세 자리의 자연수

8. 백의 자리의 숫자가 3, 십의 자리의 숫자가 a, 일의 자리의 숫자가 b인 세 자리의 자연수

9. 소수 첫째 자리의 숫자가 a, 소수 둘째 자리의 숫자가 b인 수

   Help 소수 첫째 자리의 숫자에 0.1, 소수 둘째 자리의 숫자에 0.01을 곱한다.

10. 소수 첫째 자리의 숫자가 5, 소수 둘째 자리의 숫자가 a, 소수 셋째 자리의 숫자가 b인 수

(사다리꼴의 넓이)$=\dfrac{1}{2}\times\{$(윗변의 길이)$+$(아랫변의 길이)$\}\times$(높이)

(마름모의 넓이)$=\dfrac{1}{2}\times$(한 대각선의 길이)$\times$(다른 대각선의 길이)

■ 다음을 문자를 사용한 식으로 나타내시오.

1. 한 변의 길이가 a cm인 정사각형의 둘레의 길이

   _____

   Help 단위를 꼭 써야 한다.

2. 한 변의 길이가 x cm인 정삼각형의 둘레의 길이

   _____

3. 가로의 길이가 x cm, 세로의 길이가 y cm인 직사각형의 둘레의 길이

   _____

4. 가로의 길이가 x cm, 세로의 길이가 y cm인 직사각형의 넓이

   _____

5. 두 대각선의 길이가 x cm, y cm인 마름모의 넓이

   _____

6. 한 모서리의 길이가 x cm인 정육면체의 한 면의 넓이

   _____

7. 한 모서리의 길이가 x cm인 정육면체의 겉넓이

   _____

   Help 정육면체의 겉넓이는 정육면체를 둘러싸고 있는 6개의 정사각형의 넓이의 합이다.

8. 한 변의 길이가 x cm인 정육면체의 부피

   _____

9. 가로의 길이가 x cm, 세로의 길이가 y cm, 높이가 z cm인 직육면체의 부피

   _____

10. 삼각형의 넓이

    _____

11. 평행사변형의 넓이

    _____

12. 사다리꼴의 넓이

    _____

거리, 속력, 시간

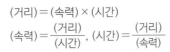

(거리) = (속력) × (시간)

(속력) = $\dfrac{(거리)}{(시간)}$, (시간) = $\dfrac{(거리)}{(속력)}$

이 정도는 암기해야 해~ 암암!

■ 다음을 문자를 사용한 식으로 나타내시오.

1. 5 km의 거리를 t시간 동안 이동할 때의 속력

_____

2. x km의 거리를 2시간 동안 이동한 자동차의 속력

_____

3. 시속 3 km의 속력으로 t시간 동안 이동한 거리

_____

4. 시속 x km인 속력으로 2시간 동안 이동한 거리

_____

5. 25 km의 거리를 시속 a km의 속력으로 달렸을 때 걸린 시간

6. a km의 거리를 시속 80 km의 속력으로 달렸을 때 걸린 시간

_____

7. x km의 거리를 시속 20 km의 속력으로 왕복할 때 걸린 시간

_____

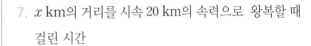 (시간) = $\dfrac{(거리)}{(속력)}$ = $\dfrac{\square \times x}{20}$

8. 40 km 떨어진 두 지점을 자동차를 타고 왕복을 하는데 갈 때에는 시속 a km로, 올 때에는 시속 b km로 달렸을 때, 두 지점을 왕복하는 데 걸린 시간

_____

9. A지점에서 B지점을 지나 C지점으로 갈 때 A∼B 구간에서는 시속 6 km로 a시간 동안 이동하고, B∼C 구간에서는 시속 4 km로 $2b$시간 동안 이동할 때의 전체 이동 거리

$(농도) = \dfrac{(소금의 양)}{(소금물의양)} \times 100(\%)$

$(소금의 양) = \dfrac{(농도)}{100} \times (소금물의 양)$ 이 정도는 암기해야 해~ 암암!

■ 다음을 문자를 사용한 식으로 나타내시오.

앗! 실수

1. 소금이 30 g 녹아 있는 소금물 x g의 농도

   _____

   Help $(소금물의 농도) = \dfrac{(소금의 양)}{(소금물의 양)} \times 100$

   $= \dfrac{\square}{\square} \times 100(\%)$

2. 소금이 x g 녹아 있는 소금물 50 g의 농도

   _____

3. 농도가 x %인 소금물 100 g에 녹아 있는 소금의 양

   _____

   Help $(소금의 양) = \dfrac{(소금물의 농도)}{100} \times (소금물의 양)$

   $= \dfrac{\square}{100} \times \square$

4. 농도가 a %인 소금물 500 g에 녹아 있는 소금의 양

   _____

5. 10 %인 소금물 a g에 녹아 있는 소금의 양

   _____

6. 정가가 1000원인 공책을 x % 할인하여 구입할 때, 지불해야 하는 가격

   _____

   Help $1000 - \dfrac{\square}{100} \times 1000$

7. 정가가 5000원인 팥빙수를 a % 할인할 때, 지불해야 하는 가격

   _____

8. 정가가 a원인 필통을 10 % 할인하여 구입할 때, 지불해야 하는 가격

   _____

   Help 정가의 10 %를 할인하는 물건을 구입할 때 지불하는 가격은 정가의 90 %이다.

9. 정가가 b원인 가방을 20 % 할인하여 구입할 때, 지불해야 하는 가격

   _____

10. 한 개에 2000원인 아이스크림을 50 % 할인하여 a개 구입할 때, 지불해야 하는 가격

   _____

적중률 80%

[1~6] 문자를 사용한 식

1. 다음 중 옳지 <u>않은</u> 것을 모두 고르면? (정답 2개)
   ① 한 변의 길이가 x cm인 정사각형의 둘레의 길이는 $4x$ cm이다.
   ② 한 변의 길이가 x cm인 정사각형의 넓이는 x^2 cm²이다.
   ③ 가로의 길이가 x cm, 세로의 길이가 y cm인 직사각형의 둘레의 길이는 $(x+y)$ cm이다.
   ④ 가로의 길이가 x cm, 세로의 길이가 y cm인 직사각형의 넓이는 xy cm²이다.
   ⑤ 두 대각선의 길이가 x cm, y cm인 마름모의 넓이는 xy cm²이다.

2. x km의 거리를 시속 30 km의 속력으로 왕복할 때, 걸린 시간을 문자를 사용하여 나타내시오.

3. 집에서 거리가 12 km 떨어진 도서관을 가는 데 시속 4 km의 속력으로 a시간 동안 이동했을 때, 남은 거리를 문자를 사용하여 식으로 나타내시오.

앗! 실수 적중률 70%

4. 다음 중 옳지 <u>않은</u> 것은?
   ① 500원짜리 물건 a개의 가격은 $500a$원이다.
   ② 700원짜리 물건 a개를 사고 5000원을 내었을 때, 거스름돈은 $(5000-700a)$원이다.
   ③ 3000원짜리 물건을 x % 할인하여 구입할 때, 지불해야 하는 가격은 $(3000-30x)$원이다.
   ④ 소금물 100 g에 소금 a g이 들어 있을 때, 농도는 a %이다.
   ⑤ 백의 자리의 숫자가 a, 십의 자리의 숫자가 b, 일의 자리의 숫자가 c인 수는 abc이다.

5. a원짜리 물건을 30 % 할인하여 5개 구입할 때, 지불해야 하는 가격을 문자를 사용하여 나타내시오.

6. 농도가 x %인 소금물 300 g과 농도가 y %인 소금물 500 g을 섞었을 때, 이 소금물에 들어 있는 소금의 양을 문자를 사용하여 나타내시오.

03 식의 값 구하기

● **대입**

① **대입**: 문자를 포함한 식에서 **문자 대신 수를 넣는 것**이다.

② **식의 값**: 문자를 포함한 식의 문자에 어떤 수를 대입하여 구한 값이다.

$x=1$일 때, $x+3$의 값

$$\underline{x+3}= \underset{}{1}+3=\underset{}{4}$$

식 x 대신 1을 식의 값
    대입한다.

● **식의 값을 구하는 방법**

주어진 식에서 생략된 **곱셈 기호 또는 나눗셈 기호를 다시 쓴 후** 문자에 주어진 수를 대입하여 계산한다.

x 안에 들어가고 싶은데 ( )를 잃어버려서 들어갈 수가 없어…. ( )를 찾아주세요~!

① **곱셈이 생략된 식의 값 구하기**

$x=3$일 때, $2x-1$의 값

$$2x-1=2\times x-1=2\times 3-1=5$$

곱셈 기호를 다시 쓴다.   식의 값

                x 대신 3을 대입한다.

② **나눗셈이 생략된 식의 값 구하기**

$x=\dfrac{1}{2}$, $y=\dfrac{1}{3}$일 때, $\dfrac{1}{x}+\dfrac{1}{y}$의 값

$$\dfrac{1}{x}+\dfrac{1}{y}=1\div x+1\div y=1\div\dfrac{1}{2}+1\div\dfrac{1}{3}=1\times 2+1\times 3=5$$

나눗셈 기호를 다시 쓴다.   문자 대신   식의 값
                주어진 수를
                대입한다.

A 양의 정수 대입하기

■ $a=2$일 때, 다음 식의 값을 구하시오.

1. $2a$

2. $2a+5$

3. $-3a+1$

4. $-6a+9$

5. a^2+a+1

앗! 실수
6. $-a^2+3$

■ $x=3$일 때, 다음 식의 값을 구하시오.

7. $5x-2$

8. $-2x+4$

9. $3x-9$

10. $2x^2-4x$

11. x^3-1

12. $-2x^2+x+5$

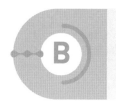

B 음의 정수 대입하기

대입이란 문자 x 대신에 숫자를 넣는 것을 말해. 이때 음수를 대입할 때는 반드시 괄호를 사용하는 것을 잊지 말자.
괄호를 사용하지 않으면 $-x+1$이라는 식에 $x=-1$을 대입할 때, $--1+1$처럼 이상한 식이 되고 말아. 잊지 말자. 꼬~옥!

■ $a=-2$일 때, 다음 식의 값을 구하시오.

1. $3a+2$

_____

앗! 실수
2. $-a-1$

_____

Help $-(\square)-1=\square-1$

앗! 실수
3. a^2

_____

4. $-a^2$

_____

Help $-a^2=-(-2)^2$

5. $1-4a^2$

_____

앗! 실수
6. $a-a^2$

_____

■ $x=-1$일 때, 다음 식의 값을 구하시오.

7. $x-2$

_____

8. $-x+2$

_____

9. x^2+1

_____

Help $(\square)^2+1=\square+1$

10. $-x^2+1$

_____

11. $3x^2+2x$

_____

12. $3-5x^2$

_____

C 여러 문자에 대입하기

식의 값을 구할 때 주의해야 할 것은 대입하는 수가 음수일 때와 문자 앞의 부호가 −인 경우야. 실수를 줄이기 위해서는 곱셈 기호를 다시 쓰고, 괄호를 쓴 후 구하도록 하자. 아하! 그렇구나~

■ $x=-2$, $y=3$일 때, 다음 식의 값을 구하시오.

1. $2x+3y$

_____

2. $-x+y-3$

[Help] $-(\square)+\square-3=\square+\square-3$

_____

3. x^2-y^2

_____

앗! 실수

4. $-2x^2-y$

_____

5. $xy-x^2$

_____

6. $(x+y)^2$

_____

■ $x=3$, $y=-2$일 때, 다음 식의 값을 구하시오.

7. $3xy-1$

_____

[Help] $3\times3\times(\square)-1$

8. $x(x+y)$

_____

9. $2x^2-2y^2$

_____

10. $(x-y)^2$

_____

11. $-y^2+2x$

_____

12. $\dfrac{1}{3}x^2+\dfrac{1}{2}y^2$

_____

D 유리수 대입하기

$\dfrac{1}{x}$과 같이 분모에 문자가 있는 식에 분수를 대입할 때는 $1\div x$와 같이 생략된 나눗셈 기호를 쓴 다음 대입할 분수의 역수를 이용하여 곱셈식으로 바꾸어 계산해야 해. 아하! 그렇구나~ 🐡

■ $x=\dfrac{1}{2}$, $y=\dfrac{1}{3}$일 때, 다음 식의 값을 구하시오.

1. $2x-1$

2. $x-3y$

3. $y-2x$

앗! 실수

4. $\dfrac{1}{x}$

Help $\dfrac{1}{x}=1\div\dfrac{1}{2}=1\times\square$

5. $\dfrac{1}{y}$

6. $\dfrac{1}{x^2}$

7. $\dfrac{1}{y^2}$

8. $\dfrac{1}{x}+3y$

9. $2x-\dfrac{1}{y}$

10. $\dfrac{2}{x}+\dfrac{2}{y}$

11. $\dfrac{2}{x}-\dfrac{3}{y}$

12. $\left(\dfrac{1}{x}+\dfrac{1}{y}\right)^2$

적중률 80%

[1~3] 정수 대입하기

1. $x=-3, y=-5$일 때, $xy+\dfrac{8}{x+y}$의 값은?

   ① -15　　　② -14　　　③ 14

   ④ 15　　　⑤ 16

2. $a=3, b=-1$일 때, a^2+b^2+ab의 값을 구하시오.

3. $x=-2, y=-3$일 때, $(x+y)^2-2xy+1$의 값을 구하시오.

적중률 70%

[4~6] 유리수 대입하기

4. $a=-\dfrac{1}{2}$일 때, 다음 중 식의 값이 가장 큰 것은?

   ① $2a$　　　② $3a+3$　　　③ $\dfrac{1}{a}$

   ④ $\dfrac{1}{a}+3$　　　⑤ a^2

5. $x=\dfrac{1}{2}, y=-\dfrac{1}{3}$일 때, $\dfrac{1}{x}+\dfrac{1}{y}$의 값을 구하시오.

6. $x=-\dfrac{1}{5}, y=-\dfrac{1}{4}$일 때, $\dfrac{2}{x}-\dfrac{1}{y}$의 값을 구하시오.

   Help $\dfrac{2}{x}-\dfrac{1}{y}=2\div x-1\div y$

04 다항식과 단항식

개념 강의 보기

● **항과 계수**

① **항**: 수 또는 문자의 곱으로 이루어진 식이다.

② **상수항**: 수로만 이루어진 항이다.

③ **계수**: 수와 문자의 곱으로 이루어진 항에서 문자 앞에 곱해진 수이다.

$3x+2y+\underline{1}$에서

└───── 상수항은 수로만 이루어진 항이므로 계수가 없다.

⇨ 항: $3x$, $2y$, 1 / 상수항: 1

⇨ x의 계수: 3, y의 계수: 2

> **바빠꿀팁**
>
> **계수와 차수의 구별**
> • 계수: 항에서 문자 앞에 곱해진 수
> • 차수: 항에서 문자가 곱해진 개수

● **단항식, 다항식**

① **다항식**: 1개 또는 2개 이상의 항의 합으로 이루어진 식이다.

$2x+3$ ⇨ 항이 2개, $3x-2y+1$ ⇨ 항이 3개

② **단항식**: 다항식 중에서 하나의 항으로만 이루어진 식이다.

$2x$ ⇨ 항이 1개, $-3y$ ⇨ 항이 1개

● **다항식의 차수**

① **차수**: 항에 포함되어 있는 어떤 **문자가 곱해진 개수**이다.

$2x^2+2y$ ⇨ 항 $2x^2$의 차수는 곱해진 문자 x가 2개이므로 차수는 2

⇨ 항 $2y$의 차수는 곱해진 문자 y가 1개이므로 차수는 1

② **일차식**: 차수가 1인 다항식이다.

$x+1$ ⇨ x의 차수가 1이므로 일차식이다.

$\frac{1}{2}x+1$ ⇨ x의 계수에 분수가 있더라도 x의 차수가 1이므로 일차식이다.

$\frac{1}{x}+1$ ⇨ 분모에 문자가 있으면 일차식이 아니다.

③ **다항식의 차수**: 차수가 **가장 큰 항의 차수**로 결정한다.

출동! X맨과 ○맨

절대
아니야

• $x+2y$는 이차식이다. (×)

➡ 문자가 2개 있어서 이차식이라고 생각할 수 있지만 일차식이야.

• 5와 같이 상수항만 있는 식은 일차식이다. (×)

➡ 문자가 없고 상수항만 있는 식은 차수가 없어.

이게
정답이야

다항식 $2x^3+4x^2+x-1$에서

$2x^3$의 차수 3, $4x^2$의 차수 2, x의 차수 1, -1의 차수는 없어.

➡ 가장 큰 차수가 이 식의 차수이므로 차수가 3이야.

항을 구하는 문제에서 수만 있는 상수항을 빼먹는 경우가 있는데 상수항도 항이라는 사실. 잊지 말자. 꼬~옥!

■ 다음 다항식에서 항을 모두 구하시오.

1. $x+1$

2. $2x+3y+4$

3. $-2x-y$

4. x^2+2x-1

5. $-2x^2+3y^2$

6. $\dfrac{1}{2}x-6$

■ 다음 다항식에서 상수항을 구하시오.

7. $3a+5$

8. $2x-5y-2$

9. y^2+2

10. x^2+y^2+1

11. $\dfrac{x}{2}+\dfrac{1}{2}$

12. a^2+b^2-4

• 계수란 한 항에서 문자에 곱해진 수를 구하는 것이므로 상수항을 제외한 모든 항의 계수를 각각 구해야 해.
• 다항식에서는 차수가 가장 큰 항이 대장이야. $5x^3+4x^2+x$는 차수가 가장 큰 항인 $5x^3$에 의해 차수가 3이 돼.

■ 다음 다항식에서 주어진 문자의 항의 계수를 구하시오.

1. $x-y+1$

         x의 계수: _____ , y의 계수: _____

2. $3x^2+2$

         x^2의 계수: _____

3. $2y^2+4y+5$

         y^2의 계수: _____ , y의 계수: _____

4. $2a^2-b^2$

         a^2의 계수: _____ , b^2의 계수: _____

5. $\dfrac{x}{2}+\dfrac{y}{2}$

         x의 계수: _____ , y의 계수: _____

6. $\dfrac{1}{3}x^2+\dfrac{1}{2}y^2+1$

         x^2의 계수: _____ , y^2의 계수: _____

■ 다음 다항식의 차수를 구하시오.

7. a

         _____

8. $x+y+1$

         _____

앗! 실수

9. $2x^2+y-1$

         _____

10. $-x^3+x^2-1$

         _____

11. $2x^3+4x^2+5x+3$

         _____

12. $\dfrac{1}{2}x^4+x+1$

         _____

C 일차식 찾기

$\frac{1}{3}x$는 일차식이지만, 분모에 문자가 있는 $\frac{1}{x}$은 다항식이 아니므로 일차식이 아니야! 잊지 말자. 꼬~옥! ⚙

■ 다음 다항식이 일차식인 것은 ○표, 일차식이 아닌 것은 ×표를 하시오.

1. $2x$

2. $x+1$

3. x^2+x+1

4. $a+b$

5. a^3-1

앗! 실수
6. 3

7. $\dfrac{a+1}{2}$

8. $0\times x-5$

9. x^2+2y

10. $\dfrac{1}{3}x+\dfrac{1}{4}y+z$

11. $\dfrac{2}{3}a^2+\dfrac{1}{2}a$

12. $\dfrac{1}{x}+2$

[1~3] 다항식

1. 다항식 $2x^2-3y+1$에 대한 설명으로 옳지 <u>않은</u> 것을 모두 고르면? (정답 2개)
   ① 항은 모두 3개이다.
   ② 상수항은 없다.
   ③ y의 계수는 -3이다.
   ④ x^2의 계수는 2이다.
   ⑤ 일차식이다.

2. 다항식 $-3a^2+2b-5$에서 a^2의 계수와 b의 계수와 상수항의 합을 구하시오.

3. 다항식 $\dfrac{1}{3}x+3y-1$에서 x의 계수를 a, y의 계수를 b, 상수항을 c라 할 때, $a+b+c$의 값을 구하시오.

적중률 80%

[4~6] 일차식

4. 다음 중 일차식인 것은?
   ① $0\times x+2$ ② $2a^2+3b$
   ③ $\dfrac{1}{2}x^2-1$ ④ $\dfrac{1}{x}+1$
   ⑤ $x+y+1$

5. 다음 중 일차식인 것은?
   ① $1-x+x^2$ ② $\dfrac{1}{y}+2$
   ③ $\dfrac{a}{2}$ ④ $-a^2-1$
   ⑤ $a+b^2$

앗! 실수
6. 다음 중 옳은 것은?
   ① $2x-7$은 차수가 1이므로 일차식이다.
   ② $2x+3y$는 항이 2개이므로 일차식이 아니다.
   ③ $4x^2$은 계수가 2이므로 일차식이 아니다.
   ④ $\dfrac{2}{3}x+5$는 분수가 있으므로 일차식이 아니다.
   ⑤ $\dfrac{2}{x}+\dfrac{2}{y}$는 x, y의 차수가 1이므로 일차식이다.

05 일차식과 수의 곱셈, 나눗셈

● 일차식과 수의 곱셈

① (**단항식**)×(**수**): 수끼리 곱하여 문자 앞에 쓴다.

$$3x \times 5 = 3 \times x \times 5$$

수끼리 모은다.

$$= 3 \times 5 \times x$$

계산한 수는 문자 앞에 곱셈 기호를 생략하고 쓴다.

$$= 15x$$

② (**일차식**)×(**수**): 일차식과 수를 곱할 때에는 분배법칙을 이용하여 계산한다.

$$2(3x+1) = 2 \times 3x + 2 \times 1 = 6x + 2$$

$$(2x-1) \times 3 = 2x \times 3 - 1 \times 3 = 6x - 3$$

● 일차식과 수의 나눗셈

① (**단항식**)÷(**수**)

$$4x \div 2$$

$$= 4x \times \frac{1}{2}$$

나눗셈을 곱셈으로 바꾼다.

$$= 4 \times \frac{1}{2} \times x$$

수끼리 모은다.

$$= 2x$$

계산한 수는 문자 앞에 곱셈 기호를 생략하고 쓴다.

② (**일차식**)÷(**수**): 일차식을 수로 나눌 때에는 나누는 수의 역수를 곱하고 분배법칙을 이용하여 계산한다.

$$(2x+4) \div 2 = (2x+4) \times \frac{1}{2}$$

$$= 2x \times \frac{1}{2} + 4 \times \frac{1}{2}$$

$$= x + 2$$

앗! 실수

$-(y-1) \times \left(-\frac{1}{2}\right)$처럼 곱셈 앞에 음의 부호가 있으면 먼저 수끼리 모아서 계산한 후 분배법칙을 이용하여 곱셈을 해야 해. $-(y-1)$은 $-1 \times (y-1)$이란 것 알고 있지?

$$-(y-1) \times \left(-\frac{1}{2}\right) = (-1) \times \left(-\frac{1}{2}\right) \times (y-1) = \frac{1}{2}(y-1)$$

$$= \frac{1}{2} \times y - \frac{1}{2} \times 1$$

$$= \frac{1}{2}y - \frac{1}{2}$$

분배법칙으로 풀어야겠군! $-(y-1)=$ $-y+1$

수끼리 곱한 후 곱해진 수는 문자 앞에 써야 해. 그리고 부호는
(양수)×(양수)=＋, (양수)×(음수)=－, (음수)×(음수)=＋
잊지 말자. 꼬~옥! 😊

■ 다음 식을 계산하시오.

1. $x \times 2$

2. $2x \times 3$

    Help $2x \times 3 = 2 \times \square \times x$

3. $3 \times (-3x)$

4. $(-5) \times 4x$

5. $-4x \times 6$

6. $6 \times (-2x)$

7. $\dfrac{1}{2}x \times 2$

8. $5 \times \dfrac{2}{5}x$

9. $\dfrac{2}{3}x \times (-3)$

10. $(-20) \times \dfrac{3}{4}x$

11. $-2x \times (-2)$

    Help $-2x \times (-2) = (-2) \times (\square) \times x$

12. $(-3) \times \left(-\dfrac{2}{3}x\right)$

(단항식)÷(수)

나눗셈은 무조건 역수의 곱셈으로 나타낸 후 계산해야 해.
역수는 곱해서 1이 되는 수, 즉 분모와 분자를 바꾼 수인 것은 알고 있지?
잊지 말자. 꼬~옥!

■ 다음 식을 계산하시오.

1. $6x \div 2$

Help $6x \div 2 = 6 \times x \times \boxed{}$
$\qquad = 6 \times \boxed{} \times x$

2. $10x \div 5$

3. $4x \div (-2)$

4. $12x \div (-3)$

5. $-24x \div 4$

6. $-15x \div 3$

7. $\dfrac{1}{2}x \div 3$

8. $-\dfrac{2}{3}x \div 2$

9. $-\dfrac{3}{4}x \div 3$

10. $2x \div \dfrac{1}{2}$

11. $\dfrac{4}{5}x \div \dfrac{4}{7}$

12. $\left(-\dfrac{5}{2}x\right) \div \left(-\dfrac{5}{8}\right)$

C (일차식)×(수)

일차식과 수의 곱셈에서는 분배법칙을 이용하여 계산해야 해. 또한 일차식을 간단히 나타낼 때는 상수항을 식의 가장 오른쪽 끝에 쓰는 경우가 많아. 아하! 그렇구나~

■ 다음 식을 계산하시오.

1. $2(x+1)$

Help $2(x+1)=2\times\square+2\times\square$

2. $3(2x+3)$

3. $-5(4x-3)$

4. $\dfrac{1}{2}(2x+4)$

5. $-\left(\dfrac{3}{4}x-1\right)$

6. $-\dfrac{2}{3}(5x+3)$

7. $(5x-4)\times 2$

8. $(-2x+3)\times(-3)$

9. $\left(\dfrac{1}{2}x+3\right)\times 6$

10. $\left(-\dfrac{2}{3}x-6\right)\times\dfrac{2}{3}$

11. $\left(\dfrac{1}{3}x-1\right)\times\left(-\dfrac{1}{2}\right)$

12. $\left(\dfrac{4}{3}x+\dfrac{1}{6}\right)\times 9$

D (일차식)÷(수)

$a(b+c)÷d$를 계산해 보자.
나눗셈을 곱셈으로 바꾼 후 괄호 앞의 수를 먼저 계산하고 분배법칙을 사용한다.

$\Rightarrow a(b+c)÷d=a(b+c)\times\dfrac{1}{d}=\dfrac{a}{d}(b+c)=\dfrac{ab}{d}+\dfrac{ac}{d}$

■ 다음 식을 계산하시오.

1. $(4x+2)÷2$

Help $(4x+2)÷2=(4x+2)\times\boxed{}$
$=4x\times\boxed{}+2\times\boxed{}$

2. $(10x+5)÷2$

3. $(12x-4)÷3$

4. $(-20x+15)÷5$

5. $(32x-8)÷(-8)$

6. $(-16x+20)÷(-2)$

7. $(3x+4)÷\dfrac{1}{2}$

8. $(-3x+5)÷\left(-\dfrac{1}{4}\right)$

앗! 실수
9. $-2(3x+1)÷(-5)$

10. $-(x+5)÷\left(-\dfrac{2}{3}\right)$

11. $-(3x+2)÷\dfrac{3}{4}$

12. $-5(x-2)÷\dfrac{1}{4}$

적중률 70%

[1~3] 단항식, 일차식과 수의 곱셈

1. 다음 중 옳은 것은?
   ① $-x \times 2 = -x^2$
   ② $3x \times 2 = 3x^2$
   ③ $(2x-1) \times (-1) = 2x+1$
   ④ $-3(2x+1) = -6x+1$
   ⑤ $(-5x-1) \times 2 = -10x-2$

2. 다음 중 옳지 <u>않은</u> 것은?
   ① $-6x \times (-2) = 12x$
   ② $-5x \times 2 = -10x$
   ③ $\left(\dfrac{2}{3}x + \dfrac{1}{2}\right) \times 6 = 4x+3$
   ④ $(3x-5) \times 2 = 3x^2 - 10$
   ⑤ $-\left(-\dfrac{4}{5}x + \dfrac{2}{3}\right) = \dfrac{4}{5}x - \dfrac{2}{3}$

3. $(9x-6) \times \dfrac{1}{3} = ax+b$일 때, $a+b$의 값을 구하시오. (단, a, b는 상수)

적중률 80%

[4~6] 단항식, 일차식과 수의 나눗셈

4. 다음 중 옳은 것은?
   ① $-2x \div 2 = x$
   ② $(3x-6) \div 3 = x-2$
   ③ $(2x-1) \div \left(-\dfrac{1}{3}\right) = -\dfrac{2}{3}x + \dfrac{1}{3}$
   ④ $(4x+2) \div \dfrac{2}{3} = \dfrac{8}{3}x + \dfrac{4}{3}$
   ⑤ $\left(-\dfrac{1}{2}x + 3\right) \div \dfrac{1}{2} = x+6$

5. 다음 중 옳지 <u>않은</u> 것은?
   ① $\dfrac{4}{3}x \div 4 = \dfrac{1}{3}x$
   ② $(15x+9) \div (-3) = -5x-3$
   ③ $(-2x-4) \div (-2) = x-2$
   ④ $(2x+5) \div \dfrac{2}{3} = 3x + \dfrac{15}{2}$
   ⑤ $(-x+2) \div \dfrac{2}{3} = -\dfrac{3}{2}x + 3$

6. $(2x-8) \div \dfrac{2}{5} = ax+b$일 때, $a+b$의 값을 구하시오. (단, a, b는 상수)

06 일차식의 덧셈과 뺄셈

● **동류항**

다항식에서 **문자와 차수가 같은 항**이다.

$3x+2y-x+4y$에서 $3x$와 $-x$, $2y$와 $4y$는 문자와 차수가 같아서 동류항이다.

바빠꿀팁

동류항은 문자끼리, 차수끼리 같아야 하는데, 다음과 같이 문자가 다르거나 차수가 다르면 동류항이 아니야. 주의해야 돼.
- 차수는 같은데 문자가 다른 경우
  ⇨ $3x$와 $2y$, a와 b
- 문자는 같은데 차수가 다른 경우
  ⇨ $2x$와 x^2, a와 a^2
  $2x^2y$와 $3xy^2$

● **동류항의 계산**

동류항끼리 모은 후 분배법칙을 이용하여 간단히 한다.

$4x+2y+2x+y$
$=4x+2x+2y+y$ 동류항끼리 모은다.
$=(4+2)x+(2+1)y$ 분배법칙을 이용한다.
$=6x+3y$

$7x-3y-5x-y$
$=7x-5x-3y-y$ 동류항끼리 모은다.
$=(7-5)x-(3+1)y$ 분배법칙을 이용한다.
$=2x-4y$

우리끼리도 동류항이야~

● **계수가 분수인 일차식의 덧셈과 뺄셈**

[1단계] 분모를 최소공배수로 통분한다.

[2단계] 분배법칙을 이용하여 괄호를 푼다.

[3단계] 동류항끼리 모아서 계산하고, 차수가 높은 항부터 순서대로 정리한다.

$$\frac{3x-1}{2}-\frac{2x+1}{3}=\frac{3(3x-1)-2(2x+1)}{6}=\frac{9x-3-4x-2}{6}=\frac{5x-5}{6}$$

출동! X맨과 O맨

절대 아니야 $\dfrac{3x+5}{4}-\dfrac{2x-3}{4}=\dfrac{3x+5-2x-3}{4}=\dfrac{x+2}{4}$ (×)

➡ 분자에 음수를 곱할 때는 반드시 괄호를 사용해야 해.
$-$를 $2x$에만 곱했기 때문에 틀린 답이 나온거야.

이게 정답이야 $\dfrac{3x+5}{4}-\dfrac{2x-3}{4}=\dfrac{3x+5-(2x-3)}{4}$

$=\dfrac{3x+5-2x+3}{4}=\dfrac{x+8}{4}$ (○)

동류항 찾기 문제는 우선 문자가 같은 것을 찾아야 해. x는 x끼리, y는 y끼리, a는 a끼리, b는 b끼리, ⋯. 그런 다음 차수까지 같으면 바로바로 동류항이야. 잊지 말자. 꼬~옥! ☼

동류항 찾기

■ 다음에서 동류항끼리 짝지어진 것에는 ○표, 아닌 것은 ×표를 하시오.

1. $2x$, $3x$

_____

2. x, $2y$

_____

[Help] 문자가 다르면 동류항이 아니다.

앗! 실수
3. 3, 5

_____

4. $-3a$, $-2b$

_____

5. $2ab$, $2b$

_____

앗! 실수
6. x, $2x^2$

_____

[Help] 문자의 차수가 다르면 동류항이 아니다.

7. $-a^2$, $4a^2$

_____

8. ab, $-2ab$

_____

9. $3ab^2$, $2a^2b$

_____

10. 1, $\dfrac{1}{4}$

_____

11. $2a^2b^2$, $5a^2b$

_____

12. $\dfrac{2}{a}$, $\dfrac{a}{2}$

_____

B 동류항의 덧셈과 뺄셈

동류항의 덧셈과 뺄셈은 동류항끼리 모은 후 계수끼리 더하거나 빼는
데, 이때 문자로 묶을 때는 분배법칙을 이용하는 거 기억하지?
$ax+bx=(a+b)x,\ ax-bx=(a-b)x$

잊지 말자. 꼬~옥!

■ 다음 식을 계산하시오.

1. $x+2x$

   Help $x+2x=(1+\square)x$

2. $x+(-2x)$

3. $-7x+4x$

   Help $-7x+4x=(\square+4)x$

4. $7a+(-6a)$

5. $-a+(-2a)$

6. $x+5x+7x$

7. $5a-a$

   Help $5a-a=(5-\square)a$

8. $2a-(-a)$

9. $-5a-(-5a)$

10. $10x-5x-x$

앗! 실수
11. $2a-4a-(-2a)$

12. $5x-x-(-4x)$

잊지 말자. 꼬~옥!

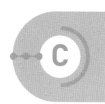

동류항의 덧셈과 뺄셈의 혼합 계산

문자와 차수가 같아야 동류항이므로 먼저 동류항을 찾고 동류항끼리 계산해야 해.

$-3a+2b+5a-4b=(-3+5)a+(2-4)b=2a-2b$

잊지 말자. 꼬~옥! ✲

■ 다음 식을 계산하시오.

1. $2a+5a-a$

   Help $2a+5a-a=(2+\square-\square)\times a$

2. $5a-a+3a$

3. $-a+7a-5a$

4. $a-2a+b-3b$

   Help $a-2a+b-3b=(1-\square)a+(1-\square)b$

5. $7a-2a+b-4b$

6. $-a+2-3+b$

7. $6a-1+b-7b-5$

8. $b-2a+b-a+1$

9. $3a+b+7-3b-5$

10. $-2b-a+3b-8a$

11. $-a-b-(-a)-b$

12. $7a+6b-5a-(-b)$

44

D 괄호가 있는 일차식의 덧셈과 뺄셈

$$-2(x+1)+3(x-2)=-2x-2+3x-6$$
$$=(-2+3)x-2-6=x-8$$

아하! 그렇구나~

■ 다음 식을 계산하시오.

1. $2(x+1)-3x$

2. $-3(x-2)+7$

3. $5x-(x+3)$

4. $3x+2(2x-1)$

5. $3(5x-2)+8$

6. $3x+1-(2x+1)$

7. $3x-2-(-4x+5)$

8. $2x-4-(7x-5)$

9. $3(x+3)-3(2x-3)$

10. $5(2x-3)+4(x+2)$

11. $x-(x+1)+2(x-1)$

12. $2(x+1)-(2x-1)+3(x-1)$

$\dfrac{-x-1}{2}-\dfrac{x+1}{2}=\dfrac{-x-1-(x+1)}{2}$ 인데 많은 학생들이

$\dfrac{-x-1}{2}-\dfrac{x+1}{2}=\dfrac{-x-1-x+1}{2}$ 로 풀어서 틀려! 주의해야 해.

■ 다음 식을 계산하시오.

1. $\dfrac{1}{2}x+\dfrac{3}{2}x$

2. $\dfrac{1}{2}x+\dfrac{1}{3}x$

3. $\dfrac{3}{4}x-\dfrac{2}{3}x$

4. $\dfrac{1}{2}(x+1)+x$

5. $\dfrac{1}{3}(12x-9)-\dfrac{1}{4}$

6. $\dfrac{3}{4}(x-4)+\dfrac{1}{2}x$

7. $\dfrac{3}{4}(8x-4)-\dfrac{1}{2}(4x-10)$

8. $\dfrac{1}{2}(10x+2)+4\left(\dfrac{1}{2}x-1\right)$

9. $-2\left(\dfrac{1}{3}x-\dfrac{1}{4}\right)+3\left(\dfrac{1}{2}x-\dfrac{1}{4}\right)$

10. $\dfrac{a+1}{2}+\dfrac{3a-1}{4}$

앗! 실수

11. $\dfrac{2a-1}{6}-\dfrac{a+1}{4}$

$\boxed{\text{Help}}$ $-\dfrac{a+1}{4}=\dfrac{-a-1}{4}$ 임을 기억하자.

12. $\dfrac{3a-1}{4}-\dfrac{3a+1}{8}$

복잡한 일차식의 덧셈과 뺄셈

괄호를 푸는 순서는 (소괄호) → { 중괄호 } → [대괄호] 순으로 빠짐없이 계산해야 해.

잊지 말자. 꼬~옥! 😊

■ 다음 식을 계산하시오.

1. $2a - \{a - 2(a+1)\}$

2. $a - \{2a - (a+3)\}$

3. $-\{3a - (a-2)\} + 7$

4. $5a - 1 - \{7a - 2(a-3)\}$

5. $-(4a+1) - \{3a - (a-2)\}$

6. $2(a+1) - 3a - \{5 - (2a+3)\}$

7. $2a - 3 - (a+1) - \{a - 3(a+1)\}$

8. $-\{5a - (4a-1)\} - \{7 - (2a+1)\}$

9. $-\{-(5a-4) + 2a\} + 5a$

10. $-7 - [2a - \{5a - 2(a+1)\}]$

적중률 70%

[1~2] 동류항 찾기

1. 다음 중 $2x$와 동류항인 것은?

① y　　　　② $-x$　　　　③ xy

④ x^2　　　　⑤ $\dfrac{1}{x}$

앗! 실수

2. 다음 중 동류항끼리 짝 지어진 것은?

① $2x, 2y$　　　② a, a^2　　　③ x^2y, xy^2

④ $2b, b^2+2$　　⑤ $-1, 1$

적중률 90%

[3~4] 일차식의 덧셈과 뺄셈

3. 다음 중 옳지 <u>않은</u> 것은?

① $2(x-5)-(x+7)=x-17$

② $-(x+1)+2(4x-1)=7x-3$

③ $5x+3-4(2x+2)=-3x-5$

④ $-(2x-3)-(3x-5)=-5x-8$

⑤ $3x-2-5(x+2)=-2x-12$

4. 다음 중 옳지 <u>않은</u> 것은?

① $\dfrac{1}{2}(2x-6)-(x+1)=-4$

② $-\dfrac{2}{3}(6x+3)+\dfrac{1}{2}(4x+2)=-2x$

③ $5x-\{2x-(x+2)\}=4x+2$

④ $x-[x-\{x-(x-1)\}]=1$

⑤ $2x-[x-3\{2x-(x-1)\}]=4x+3$

적중률 80%

[5~7] 문자에 일차식 대입하기

앗! 실수

5. $A=x+2y$, $B=2x-y$일 때, $2A-B$를 계산한 것은?

① $4x+3y$　　② $3x+y$　　③ $-x+3y$

④ $-x+y$　　⑤ $5y$

Help 문자에 식을 대입할 때는 반드시 괄호를 사용하여 대입한다.

6. $A=-x+y$, $B=2x-3y$일 때, $2A-2B$를 계산한 것은?

① $2x-4y$　　② $6x-8y$　　③ $-6x+8y$

④ $x-2y$　　⑤ $-2x-4y$

7. $A=-(2x+3)$, $B=3(x-1)$일 때, $2(A-B)$를 계산하시오.

둘째 마당

일차방정식

둘째 마당에서는 방정식과 항등식을 구분하고, 여러 가지 형태의 방정식을 푸는 방법을 배울 거야. 중1 과정에서는 일차방정식만 배우지만, 중3 과정에서는 이차방정식을, 고등 과정에서는 삼차, 사차방정식 등을 배우게 돼. 방정식의 가장 기초가 되는 단원이므로 확실하게 익혀 보자.

07 방정식과 항등식

개념 강의 보기

등식

① **등식**: 수량 사이의 관계를 등호(＝)를 사용하여 나타낸 식이다.

$2x-1=3$, $x-4x=-3x$ ⇨ 등호가 있으므로 등식이다.

$x-4$, $4+2>3$ ⇨ 등호가 없으므로 등식이 아니다.

② **좌변, 우변, 양변**: 등식에서 등호의 왼쪽 부분을 좌변, 오른쪽 부분을 우변이라 하고, 좌변과 우변을 통틀어 양변이라 한다.

$$x+3 = 8$$
좌변 　 우변
└ 양변 ┘

> 🔍 **좀·더·알기**
>
> • 등호(＝)의 '등'은 같을 등(等)으로 양변이 같다는 거야.
> • 항등식의 '항'은 항상 항(恒)으로 항상 같은 식이란 뜻이지.
> • 미지수의 '미'는 아닐 미(未), '지'는 알 지(知)야. 그 값이 무엇인지 알지 못하는 수란 뜻이야. 즉, 문자 a, b, x, y 등을 말해.

방정식

① x에 대한 방정식: x의 값에 따라 **참이 되기도 하고 거짓이 되기도 하는 등식**이다.

② **방정식의 해(근)**: 방정식을 참이 되게 하는 미지수의 값이다.

③ **방정식을 푼다: 방정식의 해 또는 근을 구하는 것이다.**

$x+5=8$에서

$x=1$	$1+5\neq8$ (거짓)	$x=3$	$3+5=8$ (참)
$x=2$	$2+5\neq8$ (거짓)	$x=4$	$4+5\neq8$ (거짓)

따라서 $x=3$일 때 $x+5=8$은 참이 되므로 $x+5=8$은 방정식이고 해는 $x=3$이다.

항등식

미지수에 어떠한 값을 대입해도 **항상 참이 되는 등식**이다. $x+5x=6x$는 x에 어떤 수를 대입해도 양변이 항상 같아지므로 항등식이다.

x의 계수끼리 같다.
$$a\,x+b=c\,x+d$$
상수항끼리 같다.

> 🐰 **앗! 실수**
>
> 방정식과 항등식 모두 x가 들어 있어서 방정식인지 항등식인지 구분이 쉽지 않아. 하지만 항등식은 좌변과 우변이 항상 같아야 한다는 사실을 잊지 말아야 해. 괄호나 동류항 정리를 하여야만 항등식임을 알 수 있게 문제가 나오니 주의해야 해.
>
> $2x-4=2(x-2)$　　$x-6+2x=3x-6$
>
> 괄호를 풀면 $2x-4$가 되어 항등식 ←　　→ x의 동류항을 정리하면 $3x-6$이 되어 항등식

등호와 양변이 있으면 무조건 등식이야. 5=6이라는 식은 틀린 식이지만 등호가 있으므로 등식이야.

아하! 그렇구나~

■ 다음 중 등식인 것에는 ○표, 등식이 <u>아닌</u> 것에는 ×표를 하시오.

1. $2x-10$

   _____

   Help 등호가 있어야 등식이다.

2. $2+8<9$

   _____

3. $1=3$

   _____

   Help 양변의 값이 달라도 등호만 있으면 등식이다.

4. $x+3y-1=2$

   _____

5. $3x<6$

   _____

6. $3-7=2$

   _____

■ 다음 문장을 등식으로 나타낸 것이 옳으면 ○표, 옳지 <u>않으면</u> ×표를 하시오.

7. x에서 4를 뺀 것은 x의 3배와 같다.
   $\Rightarrow 4-x=3x$

   _____

8. 가로의 길이가 x cm, 세로의 길이가 y cm인 직사각형의 넓이가 50 cm^{2}이다.
   $\Rightarrow xy=50$

   _____

9. 한 송이에 x원인 장미꽃 6송이와 한 송이에 y원인 국화꽃 5송이를 구입한 금액은 11000원이다.
   $\Rightarrow 6x+5y=11000$

   _____

10. 8명이 a원씩 내서 b원인 선물을 사고 남은 돈은 2300원이다.
    $\Rightarrow 8a+b=2300$

    _____

    Help (낸 돈)−(사용한 돈)=(남은 돈)

11. 37을 x로 나눈 몫은 4이고 나머지는 5이다.
    $\Rightarrow 4x+5=37$

    _____

12. 한 변의 길이가 x인 정사각형의 둘레의 길이는 y이다.
    $\Rightarrow 4+x=y$

    _____

방정식과 항등식 찾기

등식의 x에 어떤 값을 대입하여 성립한다면 이 식은 방정식일까? 항등식일까? 둘 다 될 수 있어. x에 다른 값을 대입하여 참이 되기도 하고 거짓이 되기도 하면 방정식이고, 항상 참이면 항등식이야.

잊지 말자. 꼬~옥! ✍

■ 다음 ( ) 안의 알맞은 말에 ◯표를 하시오.

1. $3x-1=5$에서

> $x=-1$을 대입하면 등식이 (참, 거짓)이다.
> $x=1$을 대입하면 등식이 (참, 거짓)이다.
> $x=2$를 대입하면 등식이 (참, 거짓)이다.
> 이처럼 x의 값에 따라 참이 되기도 하고, 거짓이 되기도 하는 등식을 (방정식, 항등식)이라고 한다.

2. $-2x+1=7$에서

> $x=-1$을 대입하면 등식이 (참, 거짓)이다.
> $x=-2$를 대입하면 등식이 (참, 거짓)이다.
> $x=-3$을 대입하면 등식이 (참, 거짓)이다.
> 이처럼 x의 값에 따라 참이 되기도 하고, 거짓이 되기도 하는 등식을 (방정식, 항등식)이라고 한다.

3. $x-5=-5+x$에서

> $x=1$을 대입하면 등식이 (참, 거짓)이다.
> $x=2$를 대입하면 등식이 (참, 거짓)이다.
> $x=3$을 대입하면 등식이 (참, 거짓)이다.
> 이처럼 x에 어떠한 값을 대입하여도 항상 (참, 거짓)이 되는 등식을 (방정식, 항등식)이라고 한다.

4. $2x-6=2(x-3)$에서

> $x=1$을 대입하면 등식이 (참, 거짓)이다.
> $x=2$를 대입하면 등식이 (참, 거짓)이다.
> $x=3$을 대입하면 등식이 (참, 거짓)이다.
> 이처럼 x에 어떠한 값을 대입하여도 항상 (참, 거짓)이 되는 등식을 (방정식, 항등식)이라고 한다.

앗! 실수

■ 다음 등식이 방정식이면 '방', 항등식이면 '항'을 써 넣으시오.

5. $5x-2x=3x$

　　Help 동류항을 정리한 후 생각한다.

6. $4x+2=10$

7. $-2x+3=7$

8. $4x-1=-1+4x$

9. $-(x-1)=x+1$

　　Help 괄호를 풀어서 양변의 식이 같으면 항등식이고 같지 않으면 방정식이다.

10. $6-2x=-2(-3+x)$

11. $2(1+3x)=2+6x$

C 방정식의 해

방정식의 x에 어떤 수를 대입하여 참이 되면 그 어떤 수를 방정식의 해 또는 근이라고 해.

잊지 말자. 꼬~옥! ☺

■ 다음 [ ] 안의 수가 방정식의 해가 되면 ○표, 해가 아니면 ×표를 하시오.

1. $-2x+8=2$ [3]

Help $x=3$을 대입해서 양변을 비교한다.

2. $3x+2=11$ [-3]

----

3. $-4x-3=9$ [-3]

----

4. $-x+1=x+3$ [-1]

----

5. $3x+1=x+5$ [-2]

----

6. $-6x+3=-5x-1$ [4]

----

7. $-2(x-1)=-2$ [2]

----

8. $3(x+5)=9$ [-2]

----

9. $4=-4(x-2)$ [1]

----

10. $-(x+5)=-2x+6$ [1]

----

11. $2(x-3)=-3(x+1)$ [2]

----

12. $5(x-2)=2(2x-1)$ [8]

항등식이 되는 조건

항등식이 되는 조건을 찾을 때는 무조건 x의 계수는 x의 계수끼리, 상수항은 상수항끼리 같다는 것만 기억하면 돼.

아하! 그렇구나~

■ 다음 등식이 항등식일 때, 상수 a, b의 값을 각각 구하시오.

1. $2x-1=ax+b$

   Help x의 계수끼리 같고 상수항은 상수항끼리 같다.

2. $ax-2=4x+b$

3. $-3x+a=bx+9$

4. $a+5x=bx-7$

5. $6x+a=bx-1$

6. $-ax+6=8x+b$

7. $(a+3)x+5=6x+b$

   Help x의 계수가 $a+3$이므로 $a+3=6$

8. $4x-b=(a-1)x+2$

9. $(a-6)x-7=3x+b$

10. $2(x+a)=bx-6$

    Help 괄호를 전개한 후 x의 계수와 상수항을 비교한다.

11. $-8x+a=4(bx+2)$

12. $2(ax+4)=-8x+b$

거저먹는 시험 문제

[1~2] 등식 찾기

1. 다음에서 등식의 개수를 구하시오.

> ㄱ. $3x-y=0$ ㄴ. $5x-1<10$
>
> ㄷ. $2-5x$ ㄹ. $3=1$
>
> ㅁ. $x+y-2$ ㅂ. $3x-4=-4+3x$

2. 다음 중 등식이 <u>아닌</u> 것의 기호를 쓰시오.

> ㄱ. $2>-1$ ㄴ. $3x-1<2x+5$
>
> ㄷ. $3x-2y=-5x$ ㄹ. $\dfrac{2}{3}x+1=3$
>
> ㅁ. $0.4x+0.9=1.1$ ㅂ. $100x+y+z$

앗! 실수 적중률 80%

[3~4] 항등식 찾기

3. 다음 중 x의 값에 관계없이 항상 참인 등식은?

① $3x=0$

② $2x-1=5$

③ $8x-2=2(4x-1)$

④ $-3(x-1)=-3x-1$

⑤ $x+2=2x+3-x$

4. 다음 중 항등식인 것은?

① $0.1x+7=0.3$

② $x-7=3(-2x-1)$

③ $-0.3(x-1)=0.5(x+2)$

④ $0.4x-3=-0.35$

⑤ $-1+2x=5x-1-3x$

적중률 70%

[5~6] 방정식의 해

5. 다음 방정식 중 해가 $x=1$인 것은?

① $3x-1=-2$

② $-2x+3=5$

③ $3(x-2)=x+8$

④ $-(x-1)=-2x+2$

⑤ $x+4=2(x-3)$

6. 다음 방정식 중 해가 $x=-1$인 것은?

① $\dfrac{1}{2}x-2=\dfrac{3}{2}$

② $-\dfrac{3}{2}x-\dfrac{1}{4}=\dfrac{5}{4}$

③ $0.1(x-3)=x+0.7$

④ $-(-2+x)=-2x+3$

⑤ $0.2x+3=2(x-0.3)$

08

등식의 성질을 이용한 일차방정식의 풀이

개념 강의 보기

● 등식의 성질

① 등식의 양변에 같은 수를 더해도 등식은 성립한다.

⇨ $a=b$이면 $a+c=b+c$

② 등식의 양변에서 같은 수를 빼도 등식은 성립한다.

⇨ $a=b$이면 $a-c=b-c$

③ 등식의 양변에 같은 수를 곱해도 등식은 성립한다.

⇨ $a=b$이면 $ac=bc$

④ 등식의 양변을 0이 아닌 같은 수로 나누어도 등식은 성립한다.

⇨ $a=b$이고 $c \neq 0$이면 $\dfrac{a}{c}=\dfrac{b}{c}$

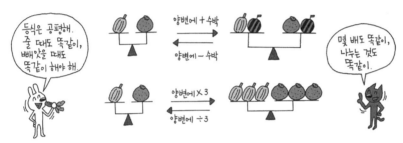

바빠꿀팁

시험에서는 등식의 성질을 한 가지 이용하는 것보다는 여러 가지를 함께 이용하는 경우가 많아. 전혀 다르게 보이는 식도 아래와 같이 등식의 성질을 이용하여 만들 수 있어.

• $\dfrac{a}{5}=\dfrac{b}{4}$의 양변에 20을 곱하면

⇨ $4a=5b$

• $3x=y$의 양변에 -1을 곱하고 2를 더하면

⇨ $-3x+2=-y+2$

• $3x=y$의 양변을 3으로 나눈 후 양변에서 $\dfrac{1}{4}$을 빼면

⇨ $x-\dfrac{1}{4}=\dfrac{y}{3}-\dfrac{1}{4}$

● 등식의 성질을 이용한 방정식의 풀이

$x=$(수)의 꼴로 고쳐서 방정식의 해를 구할 수 있다.

$$2x-1=7$$
$$2x-1\ \boxed{+1}=7\ \boxed{+1}$$

⟩ 등식의 양변에 1을 더한다.
　$a=b$이면 $a+c=b+c$임을 이용

$$2x=8$$
$$2x\ \boxed{\div 2}=8\ \boxed{\div 2}$$

⟩ 등식의 양변을 2로 나눈다.
　$a=b$이면 $a \div c=b \div c$임을 이용

$$\therefore x=4$$

출동! X맨과 O맨

절대
아니야

$a=b$이면 $\dfrac{a}{c}=\dfrac{b}{c}$ (×)

➡ $c \neq 0$이라는 조건이 없는데 나누었다면 잘못된 표현이야.

이게
정답이야

$c \neq 0$일 때 $a=b$이면 $\dfrac{a}{c}=\dfrac{b}{c}$ (○)

$\dfrac{a}{c}=\dfrac{b}{c}$일 때, $a=b$ (○)

➡ $c \neq 0$이라는 조건이 없으면 잘못된 표현일 것 같지만 양변에 c를 곱하는 것이므로 c가 0이든지 아니든지 상관없어.

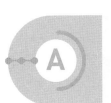

A 등식의 성질 1

$a=b$이면 양변에 같은 수를 더해도, 빼도, 곱해도, 0이 아닌 수로 나누어도 등식은 성립해.

$\Rightarrow a+c=b+c,\ a-c=b-c,\ ac=bc,\ \dfrac{a}{c}=\dfrac{b}{c}\ (c\neq 0)$

■ 다음 □ 안에 알맞은 것을 써넣으시오.

1. $x=y$일 때, $x+2=y+\boxed{}$

   Help 양변에 같은 수를 더한 식이다.

2. $x=y$일 때, $x-\boxed{}=y-4$

   Help 양변에서 같은 수를 뺀 식이다.

3. $x=y$일 때, $x-10=y-\boxed{}$

4. $x=-y$일 때, $x-\boxed{}=-y-\dfrac{1}{2}$

5. $x=3y$일 때, $x+\dfrac{2}{3}=3y+\boxed{}$

6. $2x=-5y$일 때, $2x-0.2=-5y-\boxed{}$

7. $x=y$일 때, $x\times(\boxed{})=y\times(-5)$

   Help 양변에 같은 수를 곱한 식이다.

8. $x=-y$일 때, $x\div 2=-y\div\boxed{}$

   Help 양변을 같은 수로 나눈 식이다.

9. $\dfrac{1}{4}x=y$일 때, $\dfrac{1}{4}x\times 4=y\times\boxed{}$

10. $5x=3y$일 때, $\dfrac{5x}{\boxed{}}=\dfrac{3y}{5}$

11. $2x=5y$일 때, $10x=\boxed{}$

12. $6x=9y$일 때, $\boxed{}=3y$

등식의 성질 2

2개 이상의 등식의 성질을 적용해야 할 때는 한꺼번에 해서는 안 돼.
한 가지씩 차근차근 양변에 똑같이 적용해야 한다는 사실.
잊지 말자. 꼬~옥!

■ 다음 □ 안에 알맞은 것을 써넣으시오.

1. $a=-3b$일 때,

$$\boxed{}=3b \Rightarrow \boxed{}-7=3b-\boxed{}$$

Help 양변에 같은 수를 곱한 후 같은 수를 뺀 것이다.

2. $2a=b$일 때,

$$-2a=\boxed{} \Rightarrow -2a+5=\boxed{}+\boxed{}$$

3. $10a=5b$일 때,

$$\frac{10a}{5}=\frac{5b}{\boxed{}} \Rightarrow 2a+3=\boxed{}+\boxed{}$$

Help 양변을 같은 수로 나눈 후 같은 수를 더한 것이다.

4. $3a=b$일 때,

$$3a\times 3=b\times\boxed{} \Rightarrow 9a+2=\boxed{}+2$$

5. $\dfrac{a}{4}=\dfrac{b}{3}$일 때,

$$\frac{a}{4}\times\boxed{}=\frac{b}{3}\times 12 \Rightarrow \boxed{}-1=4b-1$$

6. $\dfrac{a}{3}=\dfrac{b}{5}$일 때,

$$\frac{a}{3}\times 15=\frac{b}{5}\times\boxed{} \Rightarrow 5a-\frac{1}{2}=\boxed{}-\boxed{}$$

7. $4a+3=2b$일 때,

$$4a+3-3=2b-\boxed{} \Rightarrow \frac{4a}{4}=\frac{2b-\boxed{}}{\boxed{}}$$

Help 양변에서 같은 수를 뺀 후 같은 수로 나눈 것이다.

8. $-3x-1=9y$일 때,

$$-3x-1+\boxed{}=9y+1 \Rightarrow \frac{-3x}{\boxed{}}=\frac{9y+1}{-3}$$

9. $\dfrac{1}{2}x+4=y$일 때,

$$\frac{1}{2}x+4-\boxed{}=y-4$$

$$\Rightarrow \frac{1}{2}x\times\boxed{}=(y-4)\times 2$$

10. $-\dfrac{1}{5}x+6=4x$일 때,

$$-\frac{1}{5}x+6-6=4x-\boxed{}$$

$$\Rightarrow -\frac{1}{5}x\times(\boxed{})=(4x-\boxed{})\times(-5)$$

등식의 성질을 이용한 방정식의 풀이에서 등식의 성질 찾기

등식의 성질을 이용하여 방정식을 풀려면 좌변에는 x항만, 우변에는 상수항만 있게 만들어야 해. 좌변에 상수항이 있다면 그 상수항을 없앨 수 있는 방법을 찾고 우변에 x항이 있다면 x항을 없애는 방법을 찾아야 방정식을 풀 수 있어. 아하! 그렇구나~

■ 다음은 방정식을 푸는 과정이다. (가), (나), (다)에 이용된 등식의 성질을 보기에서 골라 써넣으시오.

┌─ 보 기 ┐
c는 자연수일 때,
ㄱ. $a=b$이면 $a+c=b+c$이다.
ㄴ. $a=b$이면 $a-c=b-c$이다.
ㄷ. $a=b$이면 $a\times c=b\times c$이다.
ㄹ. $a=b$이면 $\dfrac{a}{c}=\dfrac{b}{c}$이다.
└──────────────────┘

1. $3x-1=5$ 〕(가)
   $\quad\quad 3x=6$ 〕(나)
   $\quad \therefore x=2$

   (가) _____ (나) _____

2. $\dfrac{1}{2}x+2=4$ 〕(가)
   $\quad\quad \dfrac{1}{2}x=2$ 〕(나)
   $\quad \therefore x=4$

   (가) _____ (나) _____

3. $3+2x=-7$ 〕(가)
   $\quad\quad 2x=-10$ 〕(나)
   $\quad \therefore x=-5$

   (가) _____ (나) _____

4. $\dfrac{2}{3}x-2=3$ 〕(가)
   $\quad\quad \dfrac{2}{3}x=5$ 〕(나)
   $\quad\quad 2x=15$ 〕(다)
   $\quad \therefore x=\dfrac{15}{2}$

   (가) _____ (나) _____ (다) _____

■ 다음은 방정식을 푸는 과정이다. (가), (나), (다), (라)에 알맞은 수를 써넣으시오.

5. $\qquad\qquad 5x-3=7$

   $5x-3+\boxed{(가)}=7+\boxed{(가)}$

   $\qquad 5x=\boxed{(나)}$

   $5x\div\boxed{(다)}=\boxed{(나)}\div\boxed{(다)}$

   $\qquad \therefore x=\boxed{(라)}$

   (가) _____ (나) _____ (다) _____ (라) _____

6. $\qquad\qquad \dfrac{1}{3}x+5=2$

   $\dfrac{1}{3}x+5-\boxed{(가)}=2-\boxed{(가)}$

   $\qquad \dfrac{1}{3}x=\boxed{(나)}$

   $\dfrac{1}{3}x\times\boxed{(다)}=\boxed{(나)}\times\boxed{(다)}$

   $\qquad \therefore x=\boxed{(라)}$

   (가) _____ (나) _____ (다) _____ (라) _____

7. $\qquad\qquad -3x-\dfrac{3}{4}=\dfrac{1}{2}$

   $-3x-\dfrac{3}{4}+\boxed{(가)}=\dfrac{1}{2}+\boxed{(가)}$

   $\qquad -3x=\boxed{(나)}$

   $-3x\div\left(\boxed{(다)}\right)=\boxed{(나)}\div\left(\boxed{(다)}\right)$

   $\qquad \therefore x=\boxed{(라)}$

   (가) _____ (나) _____ (다) _____ (라) _____

등식의 성질을 이용한 방정식의 풀이

일단 좌변의 상수항부터 없애야 해! 그 다음에 x항에 곱하거나 나누어져 있는 수를 처리해야지. 방정식을 푼다는 것은 등식을 만족하는 x의 값을 구하는 것이니까 '방정식을 풀어라.'의 문제의 답은 '$x=$해'로 써야 해.
아하! 그렇구나~

■ 등식의 성질을 이용하여 다음 방정식을 푸시오.

1. $x+1=4$

   _____

   Help 좌변에는 x항만 있어야 하므로 $+1$을 없애기 위해 양변에서 1을 뺀다.

2. $x-5=2$

   _____

3. $-x-1=3$

   _____

   Help 좌변에는 x항만 있어야 하므로 양변에 1을 더한 후 -1로 나눈다.

4. $-x+2=-8$

   _____

5. $2x-3=5$

   _____

   Help 양변에 3을 더한 후 2로 나눈다.

6. $3x-1=8$

   _____

7. $-5x+2=-8$

   _____

8. $-10x+4=-6$

   _____

9. $2-6x=-10$

   _____

10. $-3-7x=18$

    _____

11. $\dfrac{1}{3}x-2=4$

    _____

    Help 양변에 2를 더한 후 3을 곱한다.

12. $\dfrac{1}{4}x+1=5$

거저먹는 시험 문제

적중률 80%

[1~3] 등식의 성질

앗! 실수

1. 다음 중 옳은 것을 모두 고르면? (정답 2개)

① $a=b$이면 $5-a=5-b$

② $a=b$이면 $\dfrac{a}{c}=\dfrac{b}{c}$

③ $a=b$이면 $-3a+2=-3b-2$

④ $2a=3b$이면 $\dfrac{a}{3}=\dfrac{b}{2}$

⑤ $4a=8b$이면 $\dfrac{a}{4}=\dfrac{b}{8}$

Help 나누는 수가 문자일 때는 0이 아니라는 조건이 있어야 한다.

2. 다음 중 옳은 것을 모두 고르면? (정답 2개)

① $\dfrac{a}{3}=\dfrac{b}{2}$이면 $3a=2b$

② $ac=bc$이면 $a=b$

③ $a=3b$이면 $10-a=10-3b$

④ $a-2=b+5$이면 $a=b+3$

⑤ $a=b$이면 $ac=bc$

3. $4x=y$일 때, 다음 중 옳지 <u>않은</u> 것은?

① $2x=\dfrac{y}{2}$

② $-4x+2=-y+2$

③ $x+\dfrac{1}{2}=\dfrac{y}{4}+\dfrac{1}{2}$

④ $2-2x=2-\dfrac{y}{4}$

⑤ $12x=3y$

[4~6] 등식의 성질을 이용한 방정식의 풀이

4. 방정식 $8x-3=13$을 풀기 위해 이용하는 등식의 성질을 모두 고르시오.

보 기

c는 자연수일 때,

ㄱ. $a=b$이면 $a+c=b+c$이다.

ㄴ. $a=b$이면 $a-c=b-c$이다.

ㄷ. $a=b$이면 $a\times c=b\times c$이다.

ㄹ. $a=b$이면 $\dfrac{a}{c}=\dfrac{b}{c}$이다.

5. 방정식 $\dfrac{1}{3}x+5=8$을 풀기 위해 이용하는 등식의 성질을 모두 고르시오.

보 기

c는 자연수일 때,

ㄱ. $a=b$이면 $a+c=b+c$이다.

ㄴ. $a=b$이면 $a-c=b-c$이다.

ㄷ. $a=b$이면 $a\times c=b\times c$이다.

ㄹ. $a=b$이면 $\dfrac{a}{c}=\dfrac{b}{c}$이다.

6. 등식의 성질을 이용하여 다음 방정식을 푸시오.

(1) $5x+1=-9$

(2) $\dfrac{1}{6}x-3=-2$

09 일차방정식의 뜻과 풀이

● **이항**

① 이항은 등식의 성질을 이용하여 등식의 한 변에 있는 항을 그 **항의 부호를 바꾸어 다른 변으로 옮기는 것**이다.

② $+$를 이항하면 $-$, $-$를 이항하면 $+$가 된다.

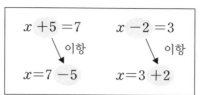

● **일차방정식의 뜻**

등식의 모든 항을 좌변으로 이항하여 정리했을 때, **(일차식)=0**의 꼴이 되는 방정식을 일차방정식이라 한다.

● **일차방정식의 풀이**

[1단계] 괄호가 있으면 괄호를 먼저 푼다.

[2단계] 미지수 x를 포함하는 항은 좌변으로, 상수항은 우변으로 각각 이항한다.

[3단계] 양변을 정리하여 $ax=b \ (a \neq 0)$의 꼴로 나타낸다.

[4단계] 양변을 x의 계수 a로 나누어 해 $x=\dfrac{b}{a}$를 구한다.

$$4(x-1)=-x+6 \quad \text{[1단계]}$$
$$4x-4=-x+6 \quad \text{[2단계]}$$
$$4x+x=6+4 \quad \text{[3단계]}$$
$$5x=10 \quad \text{[4단계]}$$
$$x=\frac{10}{5}$$
$$\therefore x=2$$

출동! X맨과 O맨

 절대 아니야

일차방정식인 것처럼 보여도 일차방정식이 아닌 것
$4x+1=-2+4x$, $3x-5=3(x+4)$
➡ 이항하면 x항이 없어져서 일차방정식이 아니야.

 이게 정답이야

일차방정식이 아닌 것처럼 보여도 일차방정식인 것
$3x^2-1=-5x+3x^2$, $-x^2+6=2x-x^2$
➡ 이항하면 x^2항이 없어지고 x항은 있어서 일차방정식이야.

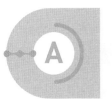

A 이항

왜 이항을 해야 할까? 좌변에 x항만 남기고 우변에 상수항만 남기기 위해서야. 그래야 x의 값을 구할 수 있거든. 이항은 어느 쪽으로 움직이든지 =를 넘어가면 항의 부호가 바뀐다는 것을 기억해야 해.

아하! 그렇구나~

■ 다음 등식에서 밑줄 친 항을 이항하시오.

1. $x-5=6$

   Help -5의 부호를 바꾸어 우변으로 옮긴다.

2. $3x+2=-4$

3. $-10-2x=1$

4. $3+5x=10$

5. $-x=4x+5$

6. $6x=8-2x$

■ 다음 일차방정식을 이항만을 이용하여 $ax=b\,(a>0)$의 꼴로 고쳤을 때, 상수 a, b의 값을 각각 구하시오.

7. $4x+5=3x-2$

   Help x항은 모두 좌변으로, 상수항은 모두 우변으로 이항한다.

8. $-x-3=-3x+1$

9. $3x+1=-2x-4$

10. $-5x+3=-9x-5$

11. $6x-5=3x+1$

12. $-10x-9=-14x+3$

일차방정식의 뜻

속지 말자! x항이 있어도 일차방정식이 아닌 등식이 있고 x^2항이 있어도 일차방정식일 수 있거든. 이항하여 없어지는 항을 모두 계산한 후 가장 높은 차수의 항이 x항일 때, 일차방정식이야.

아하! 그렇구나~

■ 다음 중 x에 대한 일차방정식인 것에는 ○표, 일차방정식이 <u>아닌</u> 것에는 ×표를 하시오.

1. $x = 0$

2. $2x - 3 = 7$

앗! 실수

3. $3x - 1 = 5 + 3x$

[Help] x항을 이항한 후 x항이 없어지는지 확인한다.

4. $4x + 3 = 2(2x - 1)$

앗! 실수

5. $x(-x + 5) = -x^2 + 6$

[Help] 괄호를 푼 후 $-x^2$항을 옮기고 x^2항이 없어지는지 확인한다.

6. $2x^2 - x + 10 = x^2 - x$

■ 다음 등식이 x에 대한 일차방정식이 되기 위한 상수 a의 조건을 구하시오.

7. $ax - 3 = 2x + 5$

[Help] 양변의 계수를 비교해서 x의 계수가 같으면 일차방정식이 안 된다.

8. $-2 + ax = -4x + 5$

9. $-6x + 9 = 2ax - 3$

앗! 실수

10. $ax^2 + 4x - 3 = -x^2 - 2x + 5$

[Help] 양변의 계수를 비교해서 x^2의 계수가 같아야 x^2항이 없어진다.

11. $-9x^2 - 3 = ax^2 - 5x + 6$

12. $3ax^2 + x - 3 = -6x^2 - 11$

일차방정식의 풀이 1

$x+a=b \Rightarrow x=b-a, \ ax=b \Rightarrow x=\dfrac{b}{a}, \ \dfrac{x}{a}=b \Rightarrow x=ab$

'일차방정식을 푸시오.'라고 하면 '$x=$해'로 답해야 해.

아하! 그렇구나~

■ 다음 일차방정식을 푸시오.

1. $x+3=5$

    Help $x=5-\square$

2. $x-4=2$

3. $x+10=-2$

4. $x-2=-9$

5. $6+x=12$

6. $-9+x=-5$

7. $2x=4$

    Help $\dfrac{2x}{\square}=\dfrac{4}{\square}$

8. $5x=-20$

9. $-x=5$

10. $-4x=-36$

11. $\dfrac{1}{2}x=5$

    Help $\dfrac{1}{2}x\times\square=5\times\square$

12. $-\dfrac{1}{3}x=-4$

일차방정식의 풀이 2

좌변의 상수항을 우변으로 이항하여 계산하고, x항의 계수가 1이 아닐 때 x항의 계수로 양변을 모두 나누면 일차방정식의 해가 구해지지.

아하! 그렇구나~

■ 다음 일차방정식을 푸시오.

1. $-x+7=1$

   Help $-x=1+\square$, $-x=\square$
   ⇨ 양변을 -1로 나눈다.

2. $-x+5=4$

3. $2x+6=8$

4. $3x-5=4$

5. $5x-2=8$

6. $-2x+1=3$

   Help $-2x=3+\square$
   $-2x\div\square=(3+\square)\div\square$

7. $-8x-7=9$

8. $-10x+1=-9$

9. $5x-12=13$

10. $4x+3=-8$

11. $-6x+5=8$

12. $-9x+1=7$

일차방정식의 풀이 3

우변에 x항이 있으면 이항을 이용하여 x항을 모두 좌변에 모으고, 상수항은 모두 우변에 모아서 동류항 정리를 해야 해.

아하! 그렇구나~

■ 다음 일차방정식을 푸시오.

1. $2x-3=x+1$

   Help $2x+\square=1+3$

2. $3x+5=2x+3$

3. $4x-9=2x+1$

4. $2x-1=-2x+11$

5. $3x-1=10x-22$

6. $2x-1=6x-17$

7. $-x+3=5x-9$

   Help $-x+\square=-9-3$

8. $-2x+16=3x-9$

9. $-7x+2=-3x-14$

10. $5x-4=2x+14$

11. $-2x+8=-8x-1$

12. $-9x+2=-6x+1$

앗! 실수
[1~2] 일차방정식 찾기

1. 다음 중 일차방정식인 것은?

   ① $\frac{3}{x} - 4x = 5 - 2x$

   ② $-5(x+2) + 7 = -5x + 8$

   ③ $3(2x-1) = -2(3x-1)$

   ④ $-4(2x+1) = -8x - 4$

   ⑤ $x^2 - 4 = x^2 + 5$

2. 다음 중 일차방정식이 <u>아닌</u> 것은?

   ① $3x = -\frac{1}{4}x + 2$

   ② $5x = 7x$

   ③ $x^2 + x = 6 - 2x + x^2$

   ④ $6 - 4x = -2(2x-3)$

   ⑤ $\frac{4}{5}(-2x+1) = -x + 5$

[3~4] 일차방정식이 되는 조건

3. 등식 $x - 2 = 5 - ax$가 x에 대한 일차방정식이 되도록 하는 상수 a의 조건을 구하시오.

4. 다음 중 등식 $ax^2 + 4 = bx - 8$이 x에 대한 일차방정식이 되도록 하는 상수 a, b의 조건으로 옳은 것은?

   ① $a=1, b=0$ 　　② $a=0, b=0$

   ③ $a=0, b \neq 0$ 　　④ $a \neq 0, b \neq 1$

   ⑤ $a \neq 0, b \neq 0$

적중률 80%
[5~6] 일차방정식의 해 구하기

5. 방정식 $-3x + 2 = x - 10$의 해가 $x=a$이고, 방정식 $8x - 2 = 5x + 8$의 해가 $x=b$일 때, ab의 값을 구하시오.

6. 방정식 $10x + 3 = x - 15$의 해가 $x=a$이고, 방정식 $9x - 7 = 6x - 16$의 해가 $x=b$일 때, $a+b$의 값을 구하시오.

복잡한 일차방정식의 풀이

● **계수가 소수인 일차방정식의 풀이:** 양변에 10, 100, 1000, …을 곱한다.

$$0.2x+3=0.5x$$
$$10\times(0.2x+3)=10\times0.5x$$
$$2x+30=5x$$
$$-3x=-30$$
$$\therefore x=10$$

양변에 10을 곱한다.

분배법칙을 이용하여 괄호를 푼다.

+30, 5x를 이항한다.

양변을 x의 계수 -3으로 나눈다.

● **계수가 분수인 일차방정식의 풀이:** 양변에 분모의 최소공배수를 곱한다.

$$\frac{2}{3}x-1=\frac{1}{2}x$$
$$6\times\left(\frac{2}{3}x-1\right)=6\times\frac{1}{2}x$$
$$4x-6=3x$$
$$4x-3x=6$$
$$\therefore x=6$$

양변에 2, 3의 최소공배수 6을 곱한다.

분배법칙을 이용하여 괄호를 푼다.

-6, 3x를 이항한다.

x의 계수가 1이므로 나누지 않아도 된다.

● **비례식으로 주어진 일차방정식의 풀이:** 외항의 곱은 내항의 곱과 같다.

외항

$$x:2=(4x-1):4 \Rightarrow 2(4x-1)=4x$$

내항

● **일차방정식의 해가 주어질 때 미지수 구하기:** 주어진 해를 x에 대입하여 미지수를 구한다.

$ax+2=5$의 해가 $x=3$일 때, $x=3$을 주어진 식에 대입하면

$a\times3+2=5, 3a=3$　　$\therefore a=1$

바빠꿀팁

계수가 분수인 $\frac{1}{4}x$와 계수가 소수인 $0.5x$가 함께 있다면 x의 계수를 정수로 만들기 위해서 어떤 수를 곱할까?

$\frac{1}{4}x$와 $0.5x$에 4와 10의 곱인 40을 곱해도 되지만 4와 10의 최소공배수인 20을 곱하면 가장 쉽게 문제를 풀 수 있어.

출동! X맨과 O맨

절대 아니야

방정식 $\frac{3}{4}x-1=\frac{2}{3}x$를 풀 때

4와 3의 최소공배수 12를 $\frac{3}{4}x$와 $\frac{2}{3}x$에 곱하면

$9x-1=8x$ (×)

➡ 상수항에 12를 곱하지 않아서 잘못된 거야.

이게 정답이야

방정식 $\frac{3}{4}x-1=\frac{2}{3}x$를 풀 때

4와 3의 최소공배수 12를 $\frac{3}{4}x, -1, \frac{2}{3}x$에 곱하면

$9x-12=8x$ (○)

➡ 반드시 상수항에도 12를 곱해야 옳은 답을 구할 수 있어.

괄호가 있는 일차방정식의 풀이

$a \times (b+c) = a \times b + a \times c$

위와 같이 분배법칙을 적용할 때 가장 틀리기 쉬운 것은 음수를 곱할 때의 부호야. 음수를 곱할 때는 ( ) 안의 모든 항의 부호가 달라지는 것을 잊지 말아야 해. 잊지 말자. 꼬~옥! ☺

■ 다음 일차방정식을 푸시오.

1. $-(x+1)=3$

   Help $-(x+1)=-x-1$

2. $2(x-3)+1=5$

3. $-5x-7=4(x-4)$

4. $-(x+13)=8x-7$

5. $-3(x-6)+10=22$

6. $-4x+7=2(-3x+1)$

7. $-3(x+3)=4(x-2)$

8. $2(3x-2)=-5(x-1)$

9. $-15-(x+2)=-2(x+4)$

10. $-5+2(x-1)=-3(x+9)$

계수가 소수인 일차방정식의 풀이

• 소숫점 아래 한 자리 수가 있다면 ⇨ 양변에 10을 곱해.
• 소숫점 아래 두 자리 수가 있다면 ⇨ 양변에 100을 곱해.
• 그럼 소숫점 아래 한 자리 수와 두 자리 수가 함께 있다면?
　⇨ 물론 소숫점 아래 두 자리 수에 맞추어 100을 곱해야 해.

■ 다음 일차방정식을 푸시오.

1. $0.2x = -0.4x + 0.6$

　Help 양변에 10을 곱한다.

2. $0.1x + 0.7 = -0.6$

3. $-0.05x + 0.2 = 0.5$

　Help 양변에 100을 곱한다.

4. $0.5 + 0.08x = 0.2x + 0.02$

5. $0.2(x-1) = 0.6x + 3$

6. $0.2 - 2(x-1) = 0.8$

7. $-0.3(x+3) = -0.11x + 1$

8. $0.1(x-1) + 0.6 = 0.15$

9. $0.4(x+1) - 0.3(x+2) = -0.36$

10. $-0.2(x-2) + 0.35 = 0.15(-x+4)$

71

 **계수가 분수인 일차방정식의 풀이**

- 계수에 분수가 1개 있다면
  ⇨ 분수의 분모를 양변에 곱하여 분수를 없애.
- 계수에 분수가 2개 이상 있다면
  ⇨ 분수들의 분모의 최소공배수를 양변에 곱하여 분수를 없애.

■ 다음 일차방정식을 푸시오.

앗! 실수

1. $-\dfrac{5}{6}x+1=-\dfrac{2}{3}$

   _____

   Help $-\dfrac{5}{6}x\times\square+1\times\square=-\dfrac{2}{3}\times\square$

2. $\dfrac{1}{2}x+3=-\dfrac{3}{4}$

   _____

3. $\dfrac{3}{2}x-3=\dfrac{6}{5}x$

   _____

4. $\dfrac{1}{3}x-2=-1+\dfrac{7}{9}x$

   _____

5. $2-\dfrac{1}{2}x=\dfrac{7}{6}-\dfrac{3}{4}x$

   _____

   Help 2, 6, 4의 최소공배수인 12를 양변에 곱한다.

6. $\dfrac{5}{2}x+\dfrac{3}{8}=\dfrac{5}{4}x-\dfrac{7}{8}$

   _____

7. $\dfrac{x-1}{2}=-\dfrac{3-x}{4}$

   _____

앗! 실수

8. $-\dfrac{7-x}{3}=\dfrac{x+1}{9}$

   _____

9. $\dfrac{3}{4}x-1=\dfrac{2(x-1)}{3}$

   _____

10. $\dfrac{2x-1}{3}+2=\dfrac{x+5}{2}$

   _____

D 비례식으로 주어진 일차방정식의 풀이

■ 다음 일차방정식을 푸시오.

1. $x : 2 = (3x-1) : 3$

   Help $2(3x-1) = 3x$

2. $(2x+3) : 7 = x : 2$

3. $1 : (-5x-4) = 3 : -7x$

4. $5x : (4x+1) = 4 : 5$

5. $(x-1) : 2 = (2x+1) : 5$

6. $3 : (3x+5) = 2 : (x+3)$

7. $-3(x-5) : 2(-x+8) = 6 : 5$

8. $\frac{1}{7}x : 5 = (x-8) : 14$

9. $-0.1(2x-8) : 1 = 0.3(x+5) : 3$

10. $\frac{1}{3}x : 0.2(-x+5) = 1 : 3$

일차방정식의 해가 주어질 때, 미지수 구하기

해가 주어질 때 주어진 해를 x에 대입하면 미지수의 값을 구할 수 있어. 계수가 분수이거나 소수라면 항을 모두 정수로 만든 다음에 대입하면 더 쉽게 구할 수 있지. 아하! 그렇구나~ 🐟

■ 다음을 만족하는 상수 a의 값을 구하시오.

1. x에 대한 일차방정식 $ax-4=5$의 해가 $x=3$이다.

   Help $x=3$을 $ax-4=5$에 대입하면 $3 \times a-4=5$이다.

2. x에 대한 일차방정식 $x+2a=-2x+5$의 해가 $x=-1$이다.

   Help $x+2a=-2x+5$의 x항을 우변으로 이항하여 정리한 후 $x=-1$을 대입하면 쉽게 구할 수 있다.

3. x에 대한 일차방정식 $3(x-a)=-5x+1$의 해가 $x=2$이다.

4. x에 대한 일차방정식 $-x+8=ax+7$의 해가 $x=1$이다.

5. x에 대한 일차방정식 $-4(3-2x)=a-5$의 해가 $x=-2$이다.

6. x에 대한 일차방정식 $-2(4-2x)=5(a-5)$의 해가 $x=-1$이다.

7. x에 대한 일차방정식 $4x-a=2x+\dfrac{1}{3}$의 해가 $x=2$이다.

8. x에 대한 일차방정식 $0.2(4x-a)=0.3x+1$의 해가 $x=-4$이다.

   Help $0.2(4x-a)=0.3x+1$의 모든 항에 10을 곱해서 x항을 정리한 후 x의 값을 대입하면 쉽게 구할 수 있다.

9. x에 대한 일차방정식 $\dfrac{ax+2}{3}-\dfrac{1+ax}{4}=2$의 해가 $x=1$이다.

10. x에 대한 일차방정식 $\dfrac{x-2a}{4}+\dfrac{3-4x}{5}=\dfrac{3}{2}$의 해가 $x=0$이다.

시험 문제

적중률 100%

[1~2] 복잡한 일차방정식의 해

1. 다음 중 일차방정식의 해가 나머지 넷과 다른 하나는?

   ① $2x = -2x + 4$

   ② $-3x + \dfrac{1}{2} = -\dfrac{3}{4}x - \dfrac{7}{4}$

   ③ $0.7x + 0.3 = -0.2x + 1.2$

   ④ $2x - 0.9 = x + 0.1$

   ⑤ $\dfrac{1}{3}(x + 9) = 3x - 1$

2. 다음 일차방정식의 해를 구하시오.

   (1) $\dfrac{-x-1}{4} - \dfrac{-3x+1}{5} = -0.8$

   (2) $\dfrac{5}{2}x - \dfrac{2}{3} = 0.5(x-2)$

   (3) $(0.7x + 2) : \left(1 - \dfrac{1}{2}x\right) = 3 : 10$

적중률 70%

[3~4] 해가 같은 두 방정식

3. x에 대한 두 일차방정식 $4x+6=2(x-1)$, $x+a=-x-7$의 해가 같을 때, 상수 a의 값을 구하시오.

4. x에 대한 두 일차방정식 $-2x+1=5x-13$, $3ax+a=-2x-10$의 해가 같을 때, 상수 a의 값은?

   ① -2 ② -1 ③ 0

   ④ 1 ⑤ 2

적중률 70%

[5~6] 해가 주어질 때, 미지수 구하기

5. x에 대한 일차방정식 $-10+20x=5a-15$의 해가 $x=1$이고, $b-12=3+5x$의 해가 $x=3$일 때, 상수 a, b에 대하여 $a+b$의 값을 구하시오.

6. x에 대한 일차방정식 $-10x=-2a-18$의 해가 $x=-2$이고, $-3x+b=-x-6$의 해가 $x=0$일 때, 상수 a, b에 대하여 $b-a$의 값을 구하시오.

11 일차방정식의 활용 1

● **어떤 수에 대한 문제**

[1단계] 어떤 수를 x로 놓는다.

[2단계] 주어진 조건을 이용하여 x에 대한 방정식을 세운다.

[3단계] 방정식을 푼다.

[4단계] 구한 해가 문제의 뜻에 맞는지 확인한다.

'어떤 수에서 3을 빼서 4배한 것은 어떤 수의 3배와 같다.'를 풀어 보자.

① 미지수 정하기	어떤 수를 x라 하면 어떤 수에서 3을 뺀 값은 $x-3$ 어떤 수의 3배는 $3x$
② 방정식 세우기	$4(x-3)=3x$
③ 방정식 풀기	$4x-12=3x$ ∴ $x=12$
④ 확인하기	$4(12-3)=3 \times 12$가 되어 문제의 뜻에 맞는다.

● **연속하는 자연수에 대한 문제**

① 연속하는 세 자연수

⇨ x, $x+1$, $x+2$ 또는 $x-2$, $x-1$, x 또는 $x-1$, x, $x+1$

② 연속하는 세 홀수 또는 세 짝수

⇨ x, $x+2$, $x+4$ 또는 $x-4$, $x-2$, x 또는 $x-2$, x, $x+2$

● **자릿수에 대한 문제**

십의 자리의 숫자가 x, 일의 자리의 숫자가 y인 두 자리의 자연수

⇨ $10 \times x + 1 \times y = 10x + y$

이 수의 십의 자리와 일의 자리의 숫자를 바꾼 수는

⇨ $10 \times y + 1 \times x = 10y + x$

● **나이에 대한 문제**

현재 나이가 x세인 사람의

a년 후의 나이 ⇨ $(x+a)$세, a년 전의 나이 ⇨ $(x-a)$세

십의 자리의 숫자가 x, 일의 자리의 숫자가 y인 두 자리의 자연수를 $x+y$로 하지 않고, 왜 $10x+y$로 나타낼까?

35라는 숫자를 생각해 볼까? 이 숫자는 실제로 $3+5$인 수가 아니라 $3 \times 10 + 5$인 수야. 이처럼 자릿수에 대한 문제는 자리를 나타내는 수에 자릿수(10, 100, 1000, …)를 곱해야 한다는 것을 잊지 말아야 해.

앗! 실수

일차방정식의 활용 문제에서 흔히 하는 실수를 살펴보자.

'개와 닭이 15마리가 있다. 개와 닭의 다리의 수의 합이 46일 때 개는 몇 마리인지 구하시오.'라는 문제에서 $4x+2(15-x)=46$이라고 식을 세우고 답을 구하면 서술형 점수에서 감점을 받을 거야.

왜냐하면 미지수 x가 무엇인지 정하지 않았기 때문이야.

'개를 x마리라 하면'이라는 미지수에 대한 조건을 풀이 맨앞에 제시하는 것! 꼭 기억해.

어떤 수에 대한 문제

문장으로 되어 있는 문제를 읽다 보면 무슨 뜻인지 몰라서 다시 읽는 경우가 많이 있지. 이때 중요한 문구에는 밑줄을, 중요한 숫자에는 동그라미를 해보자. 어때! 문제를 푸는 방법이 보이지?

아하! 그렇구나~

앗! 실수

1. 어떤 수의 ④배에서 ⑤를 더하면 ⑬이다. 어떤 수를 □ 안에 알맞은 수를 써넣고 구하시오.

> 어떤 수를 x라 하면 어떤 수의 4배는 $4x$, 여기에 5를 더하면 $4x+5$이므로
> $4x+5=$ ☐

———————

2. 어떤 수의 2배에서 1을 빼면 7이다. 어떤 수를 구하시오.

———————

Help 어떤 수를 x라 하면 어떤 수의 2배는 $2x$

3. 어떤 수의 6배에서 3을 빼면 15이다. 어떤 수를 구하시오.

———————

4. 어떤 수와 ⑫의 합은 어떤 수의 ③배보다 ④만큼 작다. 어떤 수를 □ 안에 알맞은 식을 써넣고 구하시오.

> 어떤 수를 x라 하면 어떤 수와 12의 합은 $x+12$, 어떤 수의 3배보다 4만큼 작은 수는 ☐ 이므로
> $x+12=$ ☐

———————

5. 어떤 수와 18의 합은 어떤 수의 5배보다 2만큼 크다. 어떤 수를 구하시오.

———————

Help 어떤 수를 x라 하면 어떤 수와 18의 합은 $x+18$, 어떤 수의 5배보다 2만큼 큰 것은 $5x+2$

6. 어떤 수와 25의 합은 어떤 수의 4배보다 2만큼 작다. 어떤 수를 구하시오.

———————

연속하는 자연수에 대한 문제

세 홀수와 세 짝수는 어떻게 미지수를 놓아야 할까?
둘 다 $x-2$, x, $x+2$ 또는 $x-4$, $x-2$, x 또는 x, $x+2$, $x+4$야.
x가 홀수이면 x에 $+2$ 또는 -2를 하여도 모두 홀수이고
x가 짝수이면 x에 $+2$ 또는 -2를 하여도 모두 짝수이기 때문이야.

1. 연속하는 세 자연수의 합이 ㉑일 때, 세 자연수를 □ 안에 알맞은 수를 써넣고 구하시오.

> 가장 작은 수를 x라 하면 연속하는 세 자연수는 x, $x+1$, $x+2$이므로
> $x+x+1+x+2=$ □

———————————

2. 연속하는 세 자연수의 합이 33일 때, 세 자연수를 구하시오.

———————————

> **Help** 가장 작은 수를 x라 하면 연속하는 세 자연수는 x, $x+1$, $x+2$이므로
> $x+x+1+x+2=$ □

3. 연속하는 세 자연수의 합이 48일 때, 세 자연수를 구하시오.

———————————

4. 연속하는 세 짝수의 합이 ⑱일 때, 세 짝수 중 가장 작은 수를 □ 안에 알맞은 수를 써넣고 구하시오.

> 가장 작은 짝수를 x라 하면 연속하는 세 짝수는 x, $x+2$, $x+4$이므로
> $x+x+2+x+4=$ □

———————————

5. 연속하는 세 짝수의 합이 30일 때, 세 짝수 중 가장 큰 수를 구하시오.

———————————

> **Help** 가장 큰 수를 구하는 것이므로 세 짝수를 $x-4$, $x-2$, x로 놓는 것이 가장 좋다.

6. 연속하는 세 홀수의 합이 39일 때, 세 홀수 중 가장 작은 수를 구하시오.

———————————

C 자릿수에 대한 문제

십의 자리의 숫자가 x, 일의 자리의 숫자가 y인 수 ⇨ $x \times 10 + y$
이 수를 십의 자리의 숫자와 일의 자리의 숫자를 바꾼 수 ⇨ $y \times 10 + x$
아하! 그렇구나~ 🐟

앗! 실수

1. 일의 자리의 숫자가 ④인 두 자리의 자연수가 있다. 이 자연수의 십의 자리의 숫자와 일의 자리의 숫자를 바꾼 수는 처음 수보다 ⑨만큼 작다. 처음 수를 ☐ 안에 알맞은 수를 써넣고 구하시오.

> 십의 자리의 숫자를 x라 하면 처음 수는 $x \times 10 + 4$, 십의 자리의 숫자와 일의 자리의 숫자를 바꾼 수는 십의 자리의 숫자가 4이고 일의 자리의 숫자가 x이므로
> $\boxed{} \times 10 + x$
> $\boxed{} \times 10 + x = x \times 10 + 4 - \boxed{}$

_____

Help 자리를 바꾼 수가 처음 수보다 9만큼 작으므로 처음 수에서 9를 빼주어야 한다.

2. 일의 자리의 숫자가 6인 두 자리의 자연수가 있다. 이 자연수의 십의 자리의 숫자와 일의 자리의 숫자를 바꾼 수는 처음 수보다 18만큼 작다. 처음 수를 구하시오.

_____

Help 십의 자리의 숫자를 x라 하면 일의 자리의 숫자가 6이므로 처음 수는 $x \times 10 + 6$,
십의 자리의 숫자와 일의 자리의 숫자를 바꾼 수는 $6 \times 10 + x$

3. 십의 자리의 숫자가 ⑤인 두 자리의 자연수가 있다. 이 자연수는 각 자리의 숫자의 합의 ④배보다 ③만큼 크다고 한다. 이 자연수를 ☐ 안에 알맞은 수를 써넣고 구하시오.

> 일의 자리의 숫자를 x라 하면 십의 자리의 숫자가 5이므로 처음 수는 $5 \times 10 + x$,
> 각 자리의 숫자의 합은 $5 + x$이므로
> $5 \times 10 + x = \boxed{} \times (5 + x) + \boxed{}$

_____

4. 십의 자리의 숫자가 3인 두 자리의 자연수가 있다. 이 자연수는 각 자리의 숫자의 합의 5배보다 3만큼 크다고 한다. 이 자연수를 구하시오.

_____

Help 일의 자리의 숫자를 x라 하면 십의 자리의 숫자가 3이므로 처음 수는 $3 \times 10 + x$,
각 자리의 숫자의 합은 $3 + x$

D **나이에 대한 문제**

나이에 대한 문제를 풀 때, x년 후에는 아들과 아버지 모두 x세를 더 먹잖아. 그러니까 아들도 아버지도 모두 현재의 나이에 x를 더한 후 방정식을 세워야 해.

1. 올해 아버지의 나이는 ㉛세이고 아들의 나이는 ⑧세이다. 아버지의 나이가 아들의 나이의 ③배가 되는 것은 몇 년 후인지 □ 안에 알맞은 수를 써넣고 구하시오.

> x년 후의 아버지의 나이는 $(36+x)$세, x년 후의 아들의 나이는 $(8+x)$세이므로 아버지의 나이가 아들의 나이의 3배이면
> $36+x=\boxed{}\times(8+x)$

———————

2. 올해 어머니의 나이는 50세이고 딸의 나이는 18세이다. 어머니의 나이가 딸의 나이의 2배가 되는 것은 몇 년 후인지 구하시오.

———————

Help x년 후의 어머니의 나이는 $(50+x)$세,
x년 후의 딸의 나이는 $(18+x)$세

3. 현재 어머니와 아들의 나이의 합은 ㉖세이고, ⑤년 후에는 어머니의 나이가 아들의 나이의 ③배가 된다고 한다. 현재 어머니의 나이를 □ 안에 알맞은 수를 써넣고 구하시오.

> 현재 어머니의 나이를 x세라 하면 현재 아들의 나이는 $(66-x)$세이다. 5년 후의 어머니의 나이는 $(x+5)$세, 5년 후의 아들의 나이는 $(66-x+\boxed{})$세이므로
> $x+5=\boxed{}\times(66-x+\boxed{})$

———————

4. 현재 아버지와 딸의 나이의 합은 84세이고, 6년 후에는 아버지의 나이가 딸의 나이의 2배가 된다고 한다. 현재 아버지의 나이를 구하시오.

———————

Help 아버지의 나이를 x세라 하면 딸의 나이는 $(84-x)$세

E 합이 일정한 문제

앗! 실수

1. 우리 안의 소와 닭을 합하면 ⑯마리이다. 다리의 수의 합이 ㉟일 때, 소는 모두 몇 마리 있는지 □ 안에 알맞은 수를 써넣고 구하시오.

> 소를 x마리라 하면 닭은 $(16-x)$마리이다. 소의 다리의 수는 4개, 닭의 다리의 수는 2개이므로 소의 다리의 수는 $4 \times x$, 닭의 다리의 수는 □$\times(16-x)$이다.
> 따라서 $4 \times x +$□$\times(16-x)=$□

2. 우리 안의 염소와 타조를 합하면 10마리이다. 다리의 수의 합이 26개일 때, 염소는 모두 몇 마리 있는지 구하시오.

   Help 염소를 x마리라 하면 타조는 $(10-x)$마리
   염소의 다리 수는 4개이고, 타조의 다리 수는 2개

3. 한 개에 ⑩⑩⑩원 하는 과자와 한 개에 ⑦⑩⑩원 하는 아이스크림을 합하여 모두 ⑩개를 사고 ⑧⑩⑩⑩원을 내었더니 ⑩⑩원을 거슬러 주었다. 과자의 개수를 □ 안에 알맞은 수를 써넣고 구하시오.

> 과자의 개수를 x라 하면 아이스크림의 개수는 $(10-x)$이다.
> 과자의 금액은 $1000x$원, 아이스크림의 금액은 $700(10-x)$원이므로
> $1000x+700(10-x)=8000-$□

4. 한 개에 3000원 하는 사과와 한 개에 4000원 하는 배를 합하여 모두 8개를 사고 30000원을 내었더니 3000원을 거슬러 주었다. 사과의 개수를 구하시오.

   Help 사과의 개수를 x라 하면 배의 개수는 $(8-x)$
   사과의 금액은 $3000x$원, 배의 금액은 $4000(8-x)$원

거저먹는 시험 문제

[1~6] 일차방정식의 활용

1. 어떤 수에 10을 더하여 3배 한 수는 어떤 수의 4배
   보다 9만큼 크다. 어떤 수는?
   ① 21   ② 23   ③ 24
   ④ 30   ⑤ 32

적중률 80%
2. 연속하는 세 홀수의 합이 51일 때, 세 홀수 중 가
   운데 수를 구하시오.

적중률 70%
3. 일의 자리의 숫자가 십의 자리의 숫자의 2배인 두
   자리의 자연수가 있다. 이 자연수의 일의 자리의 숫
   자와 십의 자리의 숫자를 바꾼 수는 처음 수보다 18
   만큼 크다고 한다. 처음 수를 구하시오.
   Help 십의 자리의 숫자를 x라 하면 일의 자리의 숫자는
   $2x$이다.

적중률 70%
4. 현재 어머니와 딸의 나이 차는 28세이고, 20년 후에
   는 어머니의 나이가 딸의 나이의 2배보다 8세 더 작
   아진다고 한다. 현재 딸의 나이는?
   ① 14세   ② 15세   ③ 16세
   ④ 17세   ⑤ 18세

5. 어느 농구 시합에서 한 선수가 2점짜리와 3점짜
   리 슛을 모두 합하여 18골을 넣고 45점을 득점했
   다. 3점짜리 슛을 몇 골 넣었는지 구하시오.

6. 민재와 영준이가 사탕을 각각 27개, 9개 가지고 있
   었는데 가위바위보를 해서 진 민재가 영준이에게
   사탕 몇 개를 주었더니 민재가 가진 사탕의 개수가
   영준이가 가진 사탕의 개수의 2배가 되었다. 민재가
   영준이에게 준 사탕의 개수는?
   ① 1   ② 2   ③ 3
   ④ 4   ⑤ 5

12 일차방정식의 활용 2

● 예금에 대한 문제

매달 a원씩 x개월 동안 예금할 때, x개월 후의 예금액

⇨ (현재 예금액)$+a \times x$(원)

● 과부족에 대한 문제

학생들에게 공책, 사탕 등을 나누어 줄 때는 학생 수를 x명으로 놓고 공책, 사탕 등의 전체 개수가 같음을 이용한다.

⇨ 학생들에게 공책을 나누어 주는데, 3권씩 나누어 주면 2권이 남고 4권씩 나누어 주면 5권이 부족하다. 이때 학생 수를 x라 하면 $3x+2=4x-5$이다.

● 증가, 감소에 대한 문제

① **증가:** x가 $a\%$ 증가하면 증가한 양 ⇨ $\dfrac{a}{100} \times x$

② **감소:** y가 $b\%$ 감소하면 감소한 양 ⇨ $-\dfrac{b}{100} \times y$

● 도형에 대한 문제

① (직사각형의 넓이)$=$(가로의 길이)$\times$(세로의 길이)

② (사다리꼴의 넓이)$=\dfrac{1}{2} \times \{$(윗변의 길이)$+$(아랫변의 길이)$\} \times$(높이)

● 일에 대한 문제

어떤 일을 혼자서 완성하는 데 x일 걸릴 때

⇨ 전체 일의 양을 1이라 하면 하루에 하는 일의 양은 $\dfrac{1}{x}$

⇨ a일 동안 하는 일의 양은 $\dfrac{1}{x} \times a$

바빠꿀팁

일에 대한 문제는 일의 완성을 1로 놓아야 한다는 것을 잊으면 안 돼. 따라서 10일 동안 일을 해서 완성한다면 하루에 일한 양이 $\dfrac{1}{10}$이 되는 거지.
이 일을 5일 동안 했다면 일한 양은 $\dfrac{1}{10} \times 5$가 돼.

올해 학생 수를 구하려면 올해 학생 수를 X 라고 해야지, 왜 작년의 학생 수를 X라고 하나요?

쉽게 풀 수 있기 때문이야. 하지만 구한 X를 가지고 올해 학생 수를 다시 구해야 돼.

앗! 실수

증가, 감소 문제에서는 올해의 학생 수를 묻더라도 작년의 학생 수를 x로 놓은 후에 문제를 풀고, 작년의 학생 수가 나오면 증가 또는 감소를 적용해서 올해의 학생 수를 다시 구해야 해.
많은 학생들이 식을 풀어서 x의 값이 나오면 무조건 답으로 쓰는 경우가 있는데 증가, 감소 문제는 주의해야 해.

초과하여 남거나 부족한, 과부족에 관한 문제는 사람 수를 x로 놓고
물건의 개수가 같음을 이용하여 식을 세워야 해.
아하! 그렇구나~

1. 현재 형의 예금액은 50000원, 동생의 예금액은 80000원이다. 앞으로 매달 형은 4000원씩, 동생은 2000원씩 예금할 때, 형의 예금액이 동생의 예금액과 같아지는 것은 몇 개월 후인지 ☐ 안에 알맞은 식을 써넣고 구하시오. (단, 이자는 생각하지 않는다.)

> 예금액이 같아지는 것이 x개월 후라 하면
>
> 형의 예금액은 ([   ]$+4000x$)원
>
> 동생의 예금액은 ($80000+$[   ])원이므로
>
> [   ]$+4000x=80000+$[   ]

2. 현재 형의 예금액은 30000원, 동생의 예금액은 40000원이다. 앞으로 매달 형은 4000원씩, 동생은 1000원씩 예금할 때, 형의 예금액이 동생의 예금액의 2배가 되는 것은 몇 개월 후인지 구하시오. (단, 이자는 생각하지 않는다.)

Help 형의 예금액이 동생의 예금액의 2배가 되는 것이
x개월 후라 하면
형의 예금액은 ($30000+4000x$)원
동생의 예금액은 ($40000+1000x$)원

3. 학생들에게 똑같이 초콜릿을 나누어 주려고 하는데 한 학생에게 5개씩 나누어 주면 6개가 남고, 6개씩 나누어 주면 5개가 부족하다. 학생 수를 ☐ 안에 알맞은 수를 써넣고 구하시오.

> 학생 수를 x라 하면 초콜릿을 5개씩 나누어 주면 6개가 남으므로 $5x+$[   ], 초콜릿을 6개씩 나누어 주면 5개가 부족하므로 $6x-$[   ]
>
> 따라서 $5x+$[   ]$=6x-$[   ]

4. 학생들에게 똑같이 사과를 나누어 주려고 하는데 한 학생에게 4개씩 나누어 주면 8개가 남고, 6개씩 나누어 주면 10개가 부족하다. 학생 수를 구하시오.

Help 학생 수를 x라 하면 사과는
한 학생에게 4개씩 나누어 주면 8개가 남는다.
⇨ $4x+8$
한 학생에게 6개씩 나누어 주면 10개가 부족하다.
⇨ $6x-10$

B 증가, 감소에 대한 문제

x의 a % 증가한 양 $\Rightarrow x \times \dfrac{a}{100}$

x의 a % 감소한 양 $\Rightarrow -x \times \dfrac{a}{100}$

이 정도는 암기해야 해~ 암암!

1. 어느 동아리 회원 수는 작년보다 ④%가 증가하여 올해는 ③12명이 되었다. 작년의 회원 수를 □ 안에 알맞은 수를 써넣고 구하시오.

> 작년의 회원 수를 x라 하면
>
> 4 % 증가한 회원 수는 $x + \dfrac{4}{100}x$이므로
>
> $x + \dfrac{4}{100}x = \boxed{}$

2. 봉사 동아리 촛불회 회원 수는 작년보다 10 %가 증가하여 올해는 220명이 되었다. 작년의 회원 수를 구하시오.

> **Help** 작년의 회원 수를 x라 하면
>
> 올해의 회원 수는 $x + \dfrac{10}{100}x$

앗! 실수

3. 어느 중학교의 작년의 전체 학생 수는 ⑥00명이었다. 그런데 올해에는 작년에 비하여 남학생 수는 ⑤ %가 증가하고, 여학생 수는 ⑦ % 감소하여 전체 학생 수는 ⑥명 증가하였다. 이 중학교의 작년의 남학생 수를 □ 안에 알맞은 수를 써넣고 구하시오.

> 작년의 남학생 수를 x라 하면
>
> 작년의 여학생 수는 $600 - x$이다.
>
> 올해의 증가한 남학생 수는 $\dfrac{5}{100}x$,
>
> 올해의 감소한 여학생 수는 $\dfrac{7}{100}(600 - x)$
>
> 이므로
>
> $\dfrac{5}{100}x - \dfrac{7}{100}(600 - x) = \boxed{}$

4. 어느 중학교의 작년의 전체 학생 수는 800명이었다. 그런데 올해에는 작년에 비하여 남학생 수는 7 % 증가하고 여학생 수는 6 % 감소하여 전체 학생 수는 9명 감소하였다. 작년의 여학생 수를 구하시오.

> **Help** 작년의 여학생 수를 x라 하면
>
> 작년의 남학생 수는 $(800 - x)$
>
> 올해의 증가한 남학생 수는 $\dfrac{7}{100}(800 - x)$
>
> 올해의 감소한 여학생 수는 $\dfrac{6}{100}x$

C 도형에 대한 문제

(직사각형의 넓이) = (가로의 길이) × (세로의 길이)

(사다리꼴의 넓이) = $\frac{1}{2}$ × {(윗변의 길이) + (아랫변의 길이)} × (높이)

이 정도는 암기해야 해~ 암암! 🐡✏

1. 윗변의 길이가 ⑤ cm, 아랫변의 길이가 ⑦ cm인 사다리꼴의 넓이가 ㊽ cm²일 때, 이 사다리꼴의 높이를 □ 안에 알맞은 수를 써넣고 구하시오.

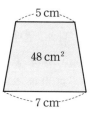

(사다리꼴의 넓이)

$= \frac{1}{2}$ × {(윗변의 길이) + (아랫변의 길이)}

×(높이)

사다리꼴의 높이를 x cm라 하면

$\boxed{} = \frac{1}{2}(5+7) \times x$

2. 윗변의 길이가 6 cm, 아랫변의 길이가 10 cm인 사다리꼴의 넓이가 40 cm²일 때, 이 사다리꼴의 높이를 구하시오.

3. 가로의 길이, 세로의 길이가 각각 ⑦ cm, ⑨ cm인 직사각형에서 가로의 길이를 ② cm, 세로의 길이를 x cm 늘였더니 넓이가 처음 넓이의 ② 배가 되었다. x의 값을 □ 안에 알맞은 수를 써넣고 구하시오.

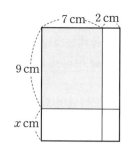

늘어난 직사각형의 가로의 길이는

$(7+2)$ cm = 9 cm, 세로의 길이는

$(\boxed{}+x)$ cm

처음 직사각형의 넓이는 7×9 cm²이고, 늘어난 직사각형의 넓이는 $9 \times (\boxed{}+x)$ cm²이다.

늘어난 직사각형의 넓이는 처음 직사각형의 넓이의 2배이므로

$9 \times (\boxed{}+x) = \boxed{} \times 63$

4. 가로의 길이, 세로의 길이가 각각 10 cm, 8 cm인 직사각형에서 가로의 길이를 6 cm, 세로의 길이를 x cm 늘였더니 넓이가 처음 넓이의 2배가 되었다. x의 값을 구하시오.

Help 늘어난 직사각형의 가로의 길이는 $10+6=16$ (cm), 세로의 길이는 $(8+x)$ cm

D 일에 대한 문제

어떤 일을 혼자서 완성하는 데 x시간이 걸리면 1시간 동안 한 일의 양은 $\frac{1}{x}$이야. 따라서 a시간 동안 하는 일의 양은 $\frac{1}{x} \times a$가 되지.

아하! 그렇구나~

1. 어떤 일을 완성하는 데 용환이는 ⟨10시간⟩, 은서는 ⟨15시간⟩이 걸린다고 한다. 둘이 함께 일을 하면 몇 시간이 걸리는지 □ 안에 알맞은 수를 써넣고 구하시오.

전체 일의 양을 1로 놓고, 둘이 함께 일한 시간을 x시간이라 하면

용환이가 1시간 동안 하는 일의 양은 $\frac{1}{10}$,

은서가 1시간 동안 하는 일의 양은 □이다.

둘이 함께 1시간 동안 하는 일의 양은

$\frac{1}{10} +$ □ 이므로

$\left(\frac{1}{10} +$ □ $\right) \times x = 1$

2. 어떤 일을 완성하는 데 규호는 20시간, 지윤이는 30시간이 걸린다고 한다. 둘이 함께 일을 하면 몇 시간이 걸리는지 구하시오.

Help 전체 일의 양을 1로 놓으면

규호가 1시간 동안 하는 일의 양은 $\frac{1}{20}$,

지윤이가 1시간 동안 하는 일의 양은 $\frac{1}{30}$

앗! 실수

3. 어떤 일을 완성하는 데 수빈이는 ⟨6시간⟩, 지훈이는 ⟨9시간⟩이 걸린다고 한다. 수빈이가 먼저 ⟨1시간⟩ 일한 후에 둘이 함께 일을 하여 이 일을 완성했다면 지훈이는 몇 시간 동안 일했는지 □ 안에 알맞은 수나 식을 써넣고 구하시오.

전체 일의 양을 1로 놓으면

수빈이가 1시간 동안 하는 일의 양은 $\frac{1}{6}$,

지훈이가 1시간 동안 하는 일의 양은 $\frac{1}{9}$이다.

지훈이가 x시간 동안 일했다면 수빈이는

(□)시간 동안 일했으므로

$\frac{1}{6}($ □ $) + \frac{1}{9}x =$ □

4. 어떤 일을 완성하는 데 진용이는 12시간, 정현이는 16시간이 걸린다고 한다. 진용이가 먼저 5시간 일한 후에 둘이 함께 일을 하여 이 일을 완성했다면 진용이는 총 몇 시간 동안 일했는지 구하시오.

Help 전체 일의 양을 1로 놓으면

진용이가 1시간 동안 하는 일의 양은 $\frac{1}{12}$,

정현이가 1시간 동안 하는 일의 양은 $\frac{1}{16}$

진용이가 x시간 동안 일했다면 정현이는

$(x-5)$시간 동안 일했다.

[1~6] 일차방정식의 활용

적중률 70%

1. 현재 언니와 동생의 저금통에는 각각 30000원과 20000원이 들어 있다. 매일 언니는 500원씩, 동생은 1000원씩 저금통에 넣는다고 할 때, 언니와 동생의 저금통에 들어 있는 금액이 같아지는 것은 며칠 후인지 구하시오.

적중률 80%

2. 학생들에게 공책을 나누어 주는데 한 학생에게 4권씩 주면 5권이 남고, 5권씩 주면 2권이 부족하다고 한다. 공책은 모두 몇 권인가?

① 32권   ② 33권   ③ 34권

④ 35권   ⑤ 36권

Help 학생 수를 x라 하고, x를 구한 후 공책의 수를 구해야 한다.

3. 둘레의 길이가 36 cm이고, 가로의 길이가 세로의 길이보다 4 cm 더 짧은 직사각형이 있다. 이 직사각형의 넓이는?

① 56 cm²   ② 68 cm²   ③ 77 cm²

④ 80 cm²   ⑤ 95 cm²

Help 세로의 길이를 x cm, 가로의 길이를 $(x-4)$ cm라 하고, x를 구한 후 직사각형의 넓이를 구한다.

4. 가로의 길이가 12 m, 세로의 길이가 10 m인 직사각형 모양의 꽃밭에 오른쪽 그림과 같이 폭이 2 m와 x m로 각각

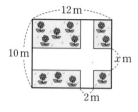

일정한 길을 내었더니 꽃밭의 넓이가 처음의 넓이의 $\frac{1}{2}$배가 되었다. x의 값을 구하시오.

Help 길을 뺀 꽃밭의 가로의 길이는 $(12-2)$ m, 세로의 길이는 $(10-x)$ m이다.

앗! 실수

5. A중학교 작년의 전체 학생 수는 1200명이었다. 그런데 올해에는 작년에 비하여 남학생 수는 3 % 감소하고, 여학생 수는 5 % 증가하여 전체 학생 수가 12명이 감소하였다. 올해의 여학생 수는?

① 300   ② 315   ③ 321

④ 420   ⑤ 475

Help 작년의 여학생 수를 x라 하고 x를 구한 후 5 % 증가한 올해의 여학생 수를 구한다.

적중률 80%

6. 어떤 물통에 물을 가득 채우려면 A호스로는 12분, B호스로는 6분이 걸린다고 한다. A호스와 B호스로 동시에 물을 받기 시작했을 때, 물통에 물을 가득 채우려면 몇 분 동안 받아야 하는지 구하시오.

Help A호스는 1분에 물통의 $\frac{1}{12}$, B호스는 1분에 물통의 $\frac{1}{6}$만큼 채운다.

13 # 일차방정식의 활용 3

● **거리, 속력, 시간에 관한 문제**

① (거리)=(속력)×(시간)   ② (속력)=$\dfrac{(거리)}{(시간)}$ ③ (시간)=$\dfrac{(거리)}{(속력)}$

두 지점 A, B 사이를 왕복하는 데 갈 때는 시속 4 km, 올 때는 시속 6 km로 걸었더니 모두 5시간이 걸렸다. 두 지점 A, B 사이의 거리를 알아보자.

	갈 때	올 때
속력	시속 4 km	시속 6 km
거리	x km	x km
시간	$\dfrac{x}{4}$시간	$\dfrac{x}{6}$시간

(갈 때 걸린 시간)+(올 때 걸린 시간)
=(전체 걸린 시간)이므로

$$\dfrac{x}{4}+\dfrac{x}{6}=5,\ 3x+2x=60,\ 5x=60$$

$$\therefore x=12$$

바빠 꿀팁

거리, 속력, 시간에 관한 공식 쉽게 외우는 방법

• 거리를 구할 때는 거리를 가리면
 (속력)×(시간)이 남으므로
 (거리)=(속력)×(시간)
• 시간을 구할 때는 시간을 가리면
 (거리)÷(속력)이 남으므로
 (시간)=(거리)÷(속력)
• 속력을 구할 때는 속력을 가리면
 (거리)÷(시간)이 남으므로
 (속력)=(거리)÷(시간)

● **농도에 관한 문제**

① (소금물의 농도)=$\dfrac{(소금의 양)}{(소금물의 양)}$×100 (%)

② (소금의 양)=$\dfrac{(소금물의 농도)}{100}$×(소금물의 양)

③ • 소금물에 물을 더 넣거나 물을 증발시키는 문제
   ⇨ 소금의 양이 변하지 않음을 이용하여 푼다.

  • 소금을 더 넣는 문제
   ⇨ 소금의 양이 변했으므로 반드시 더 넣은 소금의 양을 더한다.

● **정가에 관한 문제**

① **원가**: 이익이 붙지 않은 물건의 원래 가격
② **정가**: 물건의 원가에 이익을 붙여서 소비자에게 판매하는 금액

원가가 x원인 물건에 25 %의 이익을 붙인 정가는 ⇨ $x+\dfrac{25}{100}x=\dfrac{125}{100}x$ (원)

 앗! 실수

'두 지점 A, B 사이를 왕복하는 데 갈 때는 분속 200 m, 올 때는 분속 300 m로 걸었더니 모두 1시간이 걸렸다. 두 지점 A, B 사이의 거리를 구하시오.'라는 문제에서 두 지점 A, B 사이의 거리를 x m라 하고 $\dfrac{x}{200}+\dfrac{x}{300}=1$로 식을 세웠다면?

이 식은 단위를 맞추지 않았기 때문에 잘못된 식이야. 속력이 분속으로 되어 있으므로

(1시간)=(60분)으로 바꾸어 $\dfrac{x}{200}+\dfrac{x}{300}=60$이라고 방정식을 세워야 해. 방정식을 세울 때는 반드시 단위를 통일해야 함을 잊지 말자.

1 km=1000 m, 1 m=$\dfrac{1}{1000}$ km, 1시간=60분, 1분=$\dfrac{1}{60}$시간

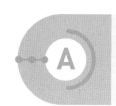

일정한 거리를 왕복할 때 거리를 구하는 문제는 거리를 x로 놓고 방정식은
총 걸린 시간으로 세워야 해.
(갈 때 걸린 시간) + (올 때 걸린 시간) = (총 걸린 시간)
잊지 말자. 꼬~옥! ⚙

1. 두 지점 A, B 사이를 **왕복하는 데** 갈 때는 시속
   ⑩ km로 자전거를 타고 갔고, 올 때는 시속 ⑥ km
   로 뛰어왔다. 왕복하는 데 걸린 시간이 ④시간일 때,
   두 지점 **A, B 사이의 거리**를 □ 안에 알맞은 수나
   식을 써넣고 구하시오.

   > A, B 사이의 거리를 x km라 하면
   >
   > 갈 때 걸린 시간은 $\dfrac{x}{10}$시간,
   >
   > 올 때 걸린 시간은 □ 시간이 걸렸다.
   >
   > 왕복하는 데 4시간이 걸렸으므로
   >
   > (갈 때 걸린 시간)+(올 때 걸린 시간)=4
   >
   > $\dfrac{x}{10}$+□=4

   _____

2. 두 지점 A, B 사이를 왕복하는 데 자동차를 타고 갈
   때는 시속 80 km로 갔고, 올 때는 시속 100 km로
   왔다. 왕복하는 데 걸린 시간이 9시간일 때, 두 지점
   A, B 사이의 거리를 구하시오.

   _____

   Help (갈 때 걸린 시간)+(올 때 걸린 시간)=9

3. 산에 올라갈 때는 등산로를 따라 시속 3 km로 걷
   고, 내려올 때는 같은 등산로를 시속 4 km로 걸었
   더니 올라갈 때보다 내려올 때가 30분이 덜 걸렸다
   고 한다. **등산로의 길이**를 □ 안에 알맞은 수나 식을
   써넣고 구하시오.

   > 등산로의 길이를 x km라 하면
   >
   > 30분은 $\dfrac{30}{60}=\dfrac{1}{2}$시간이고, 내려올 때 걸린 시간
   >
   > 이 짧으므로
   >
   > (올라갈 때 걸린 시간)
   >
   > =(내려올 때 걸린 시간)+$\dfrac{1}{2}$
   >
   > $\dfrac{x}{3}$=□+$\dfrac{1}{2}$

   _____

4. 산에 올라갈 때는 등산로를 따라 시속 4 km로 걷
   고, 내려올 때는 같은 등산로를 시속 6 km로 걸었
   더니 올라갈 때보다 내려올 때가 20분이 덜 걸렸다
   고 한다. 등산로의 길이를 구하시오.

   _____

   Help 20분은 $\dfrac{20}{60}=\dfrac{1}{3}$시간이고 내려올 때 걸린 시간이 짧
   으므로
   (올라갈 때 걸린 시간)=(내려올 때 걸린 시간)+$\dfrac{1}{3}$

B 거리, 속력, 시간에 대한 문제 2

뒤늦게 출발하여 따라잡는 유형의 문제는 시간을 x로 놓고 방정식은 두 사람이 움직인 거리가 같음을 이용해야 해.
(형이 간 거리) = (동생이 간 거리)이므로
(형의 속력) × (형이 걸린 시간) = (동생의 속력) × (동생이 걸린 시간)

앗! 실수

1. 동생이 집에서 출발한 지 ⑩분 후에 형이 동생을 따라 나섰다. 동생은 매분 60 m의 속력으로 걷고, 형은 매분 80 m의 속력으로 걸을 때, 형은 집에서 출발한 지 몇 분 후에 동생을 만나는지 □ 안에 알맞은 수나 식을 써넣고 구하시오.

> 형이 걸린 시간을 x분이라 하면
> 동생이 걸린 시간은 $(x+10)$분이고
> 둘이 만났으므로
> (형이 간 거리) = (동생이 간 거리)
> (형의 속력) × (형이 걸린 시간)
>   = (동생의 속력) × (동생이 걸린 시간)
> $80 \times x = \boxed{} \times (x+10)$

2. 동생이 집에서 출발한 지 20분 후에 형이 동생을 따라 나섰다. 동생은 매분 80 m의 속력으로 걷고, 형은 매분 100 m의 속력으로 걸어갈 때, 형은 집에서 출발한 지 몇 분 후에 동생을 만나는지 구하시오.

> **Help** 형이 걸린 시간을 x분이라 하면
> 동생이 걸린 시간은 $(x+20)$분이고
> (형이 걸은 거리) = (동생이 걸은 거리)

3. 둘레의 길이가 2200 m인 호수가 있다. 이 호수의 둘레를 시은이와 채은이가 같은 곳에서 동시에 출발하여 서로 반대 방향으로 걸어갔다. 시은이는 매분 50 m의 속력으로, 채은이는 매분 60 m의 속력으로 걸었다면 출발한 지 몇 분 후에 처음으로 만났는지 □ 안에 알맞은 수나 식을 써넣고 구하시오.

> 시은이와 채은이가 만날 때까지 걸린 시간을 x분이라 하면
> (시은이가 간 거리)
>   = (시은이의 속력) × (시은이가 걸린 시간)
>   = $50x$ (m)
> (채은이가 간 거리)
>   = (채은이의 속력) × (채은이가 걸린 시간)
>   = $\boxed{}$ (m)
> 서로 반대 방향으로 걸었으므로
> (시은이가 걸은 거리) + (채은이가 걸은 거리)
>   = (호수의 둘레의 길이)
> $50x + \boxed{} = \boxed{}$

4. 둘레의 길이가 4200 m인 호수가 있다. 이 호수의 둘레를 예림이와 지민이가 같은 곳에서 동시에 출발하여 서로 반대 방향으로 걸어갔다. 예림이는 매분 60 m의 속력으로, 지민이는 매분 80 m의 속력으로 걸었다면 출발한 지 몇 분 후에 처음으로 만났는지 구하시오.

> **Help** 출발한 지 x분 후에 만났다고 하면
> 서로 반대 방향으로 걸어가서 만났으므로
> (예림이가 걸은 거리) + (지민이가 걸은 거리)
>   = (호수의 둘레의 길이)

농도에 대한 문제

소금물의 농도가 변하는 문제는 농도가 변하기 전후의 소금의 양을 기준으로 방정식을 세워야 해.
물을 더 넣거나 증발시켜도 소금의 양은 변함이 없지만 물이 아니라 소금을 더 넣는 문제는 등식에 더 넣은 소금의 양을 따로 더해야 해.

1. ⑥ %의 소금물 ③00 g이 있다. 여기에 **몇 g의 물**을 더 넣으면 ④ %의 소금물이 되는지 □ 안에 알맞은 수나 식을 써넣고 구하시오.

6 %의 소금물 300 g에 들어 있는 소금의 양은
$\frac{6}{100} \times 300$ g

물을 x g 더 넣으면 4 %의 소금물은 (⬚) g
4 %의 소금물 (⬚) g에 들어 있는 소금의 양은 $\frac{4}{100} \times$ (⬚) g

물을 더 넣어 주어도 소금의 양은 변함이 없으므로
$\frac{6}{100} \times 300 = \frac{4}{100} \times$ (⬚)

2. 8 %의 소금물 400 g이 있다. 여기에 몇 g의 물을 더 넣으면 5 %의 소금물이 되는지 구하시오.

Help 8 %의 소금물 400 g에 들어 있는 소금의 양은
$\frac{8}{100} \times 400$ g
물을 x g 더 넣은 5 %의 소금물에 들어 있는 소금의 양은
$\frac{5}{100} \times (400 + x)$ g

3. ④ %의 소금물 ⑫00 g이 있다. 여기에 **몇 g의 소금**을 더 넣으면 ⑩ %의 소금물이 되는지 □ 안에 알맞은 수나 식을 써넣고 구하시오.

4 %의 소금물 1200 g에 들어 있는 소금의 양은
$\frac{4}{100} \times 1200$ g

더 넣은 소금의 양을 x g이라 하면 10 % 소금물은 (⬚) g
10 %의 소금물 (⬚) g에 들어 있는 소금의 양은 $\frac{10}{100} \times$ (⬚) g

(4 %의 소금물에 들어 있는 소금의 양)$+x$
$=$(10 %의 소금물에 들어 있는 소금의 양)이므로
$\frac{4}{100} \times 1200 + x = \frac{10}{100} \times$ (⬚)

4. 10 %의 소금물 200 g이 있다. 여기에 몇 g의 소금을 더 넣으면 20 %의 소금물이 되는지 구하시오.

Help 10 %의 소금물 200 g에 들어 있는 소금의 양은
$\frac{10}{100} \times 200$ g
소금을 x g 더 넣었으므로 20 %의 소금물에 들어 있는 소금의 양은
$\frac{20}{100} \times (200 + x)$ g

D 원가와 정가에 대한 문제

원가와 정가부터 무언인지 알아보자. 원가는 내가 물건을 다른 사람에게 사 온 가격이야. 그런데 1000원에 사 온 물건을 1000원에 판다면 이익이 없어서 팔고 싶지 않을 거야. 그래서 1000원에 이익을 붙여서 소비자에게 파는 가격을 정하는데, 그 가격이 정가야.

앗! 실수

1. 어떤 물건에 원가의 30 %의 이익을 붙여서 정가를 정했다가 상품이 팔리지 않아 정가에서 3000원을 할인하여 팔았더니 6000원의 이익이 생겼다. 이 물건의 원가를 □ 안에 알맞은 수나 식을 써넣고 구하시오.

> 원가를 x원이라 하면 원가의 30 % 이익은
> $\frac{30}{100}x$원이므로
> (정가)=(원가)+(원가의 30 % 이익)
> $=x+\frac{30}{100}x$(원)
> (정가에서 3000원 할인한 금액)
> $=x+\frac{30}{100}x-\square$(원)
> (정가에서 3000원 할인한 금액)−(원가)
> $=\square$(원)
> $x+\frac{30}{100}x-\square-x=\square$

____

2. 어떤 물건에 원가의 20 %의 이익을 붙여서 정가를 정했다가 상품이 팔리지 않아 정가에서 1000원을 할인하여 팔았더니 3000원의 이익이 생겼다. 이 물건의 원가를 구하시오.

____

Help 원가를 x원이라 하면 정가는 $\left(x+\frac{20}{100}x\right)$ 원
할인해서 판 금액은 $\left(x+\frac{20}{100}x-1000\right)$ 원

3. 어떤 물건에 원가의 4할의 이익을 붙여서 정가를 정했다가 상품이 팔리지 않아 정가에서 600원을 할인하여 팔았더니 200원의 손해가 생겼다. 이 물건의 원가를 □ 안에 알맞은 수나 식을 써넣고 구하시오.

> 원가를 x원이라 하면 원가의 4할의 이익은
> $\frac{4}{10}x$원이므로
> (정가)=(원가)+(원가의 이익)
> $=x+\frac{4}{10}x$ (원)
> (정가에서 600원 할인한 금액)
> $=x+\frac{4}{10}x-\square$(원)
> (정가에서 600원 할인한 금액)−(원가)
> $=-200$ (원)
> $x+\frac{4}{10}x-\square-\square=-200$

____

4. 어떤 물건에 원가의 2할의 이익을 붙여서 정가를 정했다가 상품이 팔리지 않아 정가에서 1500원을 할인하여 팔았더니 800원의 손해가 생겼다. 이 물건의 원가를 구하시오.

____

Help (정가에서 1500원 할인한 금액)−(원가)=−800 (원)

[1~6] 일차방정식의 활용

적중률 80%

1. 수민이가 등산로로 산에 올라갈 때는 시속 2 km로 걷고, 같은 등산로를 내려올 때는 시속 3 km로 걸어서 모두 5시간이 걸렸다. 등산로의 길이는?

① 4 km   ② 5 km   ③ 6 km
④ 7 km   ⑤ 8 km

적중률 70%

2. 형준이가 학교에서 도서관으로 출발한 지 5분 후에 수빈이가 학교에서 도서관으로 출발했다. 형준이는 매분 60 m의 속력으로 걷고, 수빈이는 매분 70 m의 속력으로 걸어갈 때, 수빈이는 학교에서 출발한 지 몇 분 후에 형준이를 만나는지 구하시오.

적중률 70%

3. 둘레의 길이가 800 m인 호수가 있다. 이 호수의 둘레를 혜민이와 주원이가 같은 곳에서 동시에 출발하여 서로 같은 방향으로 걸어갔다. 혜민이는 매분 50 m의 속력으로, 주원이는 매분 70 m의 속력으로 걸었다면 출발한 지 몇 분 후에 처음으로 만나는지 구하시오.

Help 주원이가 혜민이보다 빠르므로 서로 만나려면 주원이가 한바퀴보다 더 돌아서 만나야 한다.
(주원이가 걸은 거리)－(혜민이가 걸은 거리)
＝(호수의 둘레의 길이)

4. 15 %의 소금물 600 g이 있다. 여기에 몇 g의 물을 더 넣으면 10 %의 소금물이 되는가?

① 150 g   ② 200 g   ③ 240 g
④ 300 g   ⑤ 400 g

5. 5 %의 소금물 800 g과 12 %의 소금물을 섞어서 8 %의 소금물을 만들려고 한다. 12 %의 소금물을 몇 g 섞어야 하는지 구하시오.

Help (5 %의 소금물에 들어 있는 소금의 양)
+(12 %의 소금물에 들어 있는 소금의 양)
＝(8 %의 소금물에 들어 있는 소금의 양)

6. 어떤 물건에 원가의 25 %의 이익을 붙여서 정가를 정했다가 상품이 팔리지 않아 정가에서 10000원을 할인하여 팔았더니 2500원의 이익이 생겼다. 이 물건의 원가는?

① 25000원   ② 30000원   ③ 40000원
④ 45000원   ⑤ 50000원

셋째 마당
그래프와 비례

 셋째 마당에서는 그래프와 정비례, 반비례에 대하여 공부할 거야. 그래프를 이해하거나 그릴 수 있으려면 먼저 좌표평면을 이해하고 점의 좌표에 대하여 배워야 해. 또, 정비례, 반비례에 대한 개념과 식을 세우는 공부를 하고 이를 이용하여 그래프를 그리는 방법에 대해서도 공부하게 돼.
이 단원에서는 처음 배우는 용어들이 많으니 잊어버리지 않도록 주의하며 잘 익혀 보자.

14 좌표평면 위의 점의 좌표

개념 강의 보기

● 수직선 위의 점의 좌표

수직선 위의 한 점에 대응하는 수를 그 점의 좌표라 하고 점 $P(a)$와 같이 나타낸다.

⇨ $A(-3), O(0), B(1), P(a)$

● 좌표평면

두 수직선이 점 O에서 서로 수직으로 만날 때

① x축: 가로의 수직선 ┐
  y축: 세로의 수직선 ┘ ⇨ 좌표축

② 원점: 두 좌표축이 만나는 점 O

③ 좌표평면: 두 좌표축이 그려진 평면

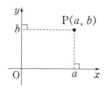

● 좌표평면 위의 점의 좌표

좌표평면 위의 점 P에서 x축, y축에 각각 수직인 선을 긋고, 이 선이 x축, y축과 만나는 점에 대응하는 수를 각각 a, b라 할 때, 순서쌍 (a, b)를 점 P의 좌표라 하고 기호로

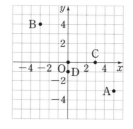

$$\underset{x\text{좌표}}{\underbrace{\quad}}P(\underset{}{a},\, \underset{y\text{좌표}}{\underbrace{b}})$$

와 같이 나타낸다.

오른쪽 좌표평면에서 점의 좌표를 구해 보면

$A(5,\ -3), B(-3,\ 4)$

x축 위의 점의 좌표: $C(3,\ 0)$

y축 위의 점의 좌표: $D(0,\ -1)$

원점의 좌표: $O(0,\ 0)$

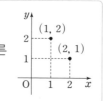

순서쌍은 말 그대로 순서가 중요해.
앞에 오는 숫자는 반드시 x좌표이고 뒤에 오는 숫자는 y좌표야.
바뀌면 다른 점이 되거든. 오른쪽 그림과 같이 점 $(2,\ 1)$과 점 $(1,\ 2)$는 다른 점이야.

내가 앞에 있으니 x좌표는 내꺼야~ 넘보지도 마.

걱정마! 난 y좌표가 더 좋거든.

수직선 위의 점의 좌표

수직선에서 점 A가 a에 대응된다면 A(a)로 써야 돼. 분수를 수직선 위에 나타낼 때는 정수 1칸이 몇 등분 되어 있는지 확인하고 점에 대응하는 값을 구해야만 실수하지 않아.

잊지 말자. 꼬~옥!

■ 다음 수직선 위의 네 점 A, B, C, D의 좌표를 기호로 나타내시오.

1.

A B C D

$-5\ -4\ -3\ -2\ -1\ \ 0\ \ 1\ \ 2\ \ 3\ \ 4\ \ 5$

_____

2.

A B C D

$-10\ -8\ -6\ -4\ -2\ \ 0\ \ 2\ \ 4\ \ 6\ \ 8\ \ 10$

_____

3.

A B C D

$-3\ \ -2\ \ -1\ \ \ 0\ \ \ 1\ \ \ 2\ \ \ 3$

_____

4.

A B C D

$-4\ -3\ -2\ -1\ \ 0\ \ 1\ \ 2\ \ 3\ \ 4$

_____

■ 다음 네 점을 수직선 위에 나타내시오.

5. $\mathrm{A}(-3), \mathrm{B}\left(-\dfrac{1}{2}\right), \mathrm{C}\left(\dfrac{3}{2}\right), \mathrm{D}(5)$

$-5\ -4\ -3\ -2\ -1\ \ 0\ \ 1\ \ 2\ \ 3\ \ 4\ \ 5$

6. $\mathrm{A}\left(-\dfrac{10}{3}\right), \mathrm{B}(-1), \mathrm{C}\left(\dfrac{7}{3}\right), \mathrm{D}(4)$

$-4\ \ -3\ \ -2\ \ -1\ \ \ 0\ \ \ 1\ \ \ 2\ \ \ 3\ \ \ 4$

7. $\mathrm{A}(-2), \mathrm{B}\left(-\dfrac{5}{4}\right), \mathrm{C}(1), \mathrm{D}\left(\dfrac{5}{2}\right)$

$-3\ \ -2\ \ -1\ \ \ 0\ \ \ 1\ \ \ 2\ \ \ 3$

8. $\mathrm{A}\left(-\dfrac{11}{4}\right), \mathrm{B}\left(-\dfrac{1}{4}\right), \mathrm{C}\left(\dfrac{1}{2}\right), \mathrm{D}\left(\dfrac{3}{2}\right)$

$-3\ \ -2\ \ -1\ \ \ 0\ \ \ 1\ \ \ 2\ \ \ 3$

순서쌍

두 순서쌍 (a, b)와 (c, d)가 같다면 x좌표는 x좌표끼리, y좌표는 y좌표끼리 같아. 즉, $a=c$, $b=d$인 거지. 끼리끼리 같다구.

아하! 그렇구나~

■ 다음 좌표평면 위의 점의 좌표를 구하시오.

앗! 실수

1. x좌표가 4, y좌표가 2인 점 A

   _____

   Help 좌표평면 위의 점의 좌표는 (x좌표, y좌표)로 나타낸다.

2. x좌표가 -3, y좌표가 1인 점 B

   _____

3. x좌표가 -5, y좌표가 -2인 점 C

   _____

4. x좌표가 1, y좌표가 -4인 점 D

   _____

5. x좌표가 $\frac{1}{2}$, y좌표가 $-\frac{2}{3}$인 점 E

   _____

6. x좌표가 $-\frac{2}{5}$, y좌표가 $\frac{7}{2}$인 점 F

   _____

■ 다음 두 순서쌍이 같을 때, a, b의 값을 각각 구하시오.

7. $(a, 2), (3, b)$

   _____

   Help x좌표는 x좌표끼리, y좌표는 y좌표끼리 같아야 한다.

8. $(a-1, 2), (-2, -b)$

   _____

9. $(a, 4), (-6, b+5)$

   _____

10. $(a, 2b), (-5, b)$

    _____

11. $(-4, 10), (3a, b+3)$

    _____

12. $(2a-1, 2), (5, 3b+5)$

    _____

좌표평면 위의 점의 좌표

점 P의 x좌표가 a이고 y좌표가 b이면 기호로
$$P(\underset{x좌표}{a},\ \underset{y좌표}{b})$$

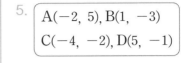

앗! 실수

■ 다음 좌표평면 위의 네 점 A, B, C, D의 좌표를 구하시오.

1.

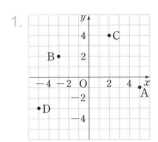

_____

2.

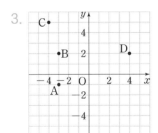

_____

3.

_____

4.

_____

■ 다음 네 점 A, B, C, D를 오른쪽 좌표평면 위에 나타내시오.

5. A(−2, 5), B(1, −3)
   C(−4, −2), D(5, −1)

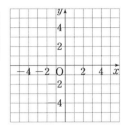

6. A(0, 3), B(−2, 3)
   C(5, −2), D(−3, −4)

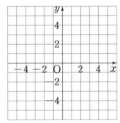

7. A(−3, −1), B(2, 2)
   C(3, 5), D(−5, 1)

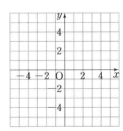

8. A(1, 4), B(2, −4)
   C(−2, 5), D(3, 2)

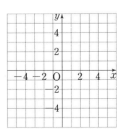

x축, y축 위의 점의 좌표

x축 위에 있는 점은 y좌표가 0이고, y축 위에 있는 점은 x좌표가 0이야.
이 정도는 암기해야 해~ 암암!

1. 다음에서 x축 위에 있는 점의 기호를 모두 쓰시오.

> ㄱ. $(1, 0)$ ㄴ. $(2, 1)$ ㄷ. $(-3, 0)$
>
> ㄹ. $\left(\dfrac{1}{2}, -\dfrac{1}{2}\right)$ ㅁ. $(0, 3)$ ㅂ. $\left(-\dfrac{1}{3}, 0\right)$
>
> ㅅ. $(0, 0)$ ㅇ. $(0, 5)$

_____

Help x축 위에 있으면 y좌표가 0

2. 다음에서 y축 위에 있는 점의 기호를 모두 쓰시오.

> ㄱ. $(-3, 1)$ ㄴ. $\left(\dfrac{2}{5}, 0\right)$ ㄷ. $(0, -5)$
>
> ㄹ. $(0, 0)$ ㅁ. $(7, 0)$ ㅂ. $(-2, 0)$
>
> ㅅ. $(0, 8)$ ㅇ. $(10, 10)$

_____

Help y축 위에 있으면 x좌표가 0

■ 다음을 구하시오.

3. x축 위에 있고, x좌표가 3인 점의 좌표

_____

4. y축 위에 있고, y좌표가 $-\dfrac{3}{2}$인 점의 좌표

_____

5. x축, y축 위에 동시에 있는 점의 좌표

_____

■ 다음에서 점 (a, b)를 구하시오.

6. 점 $(a+2, b-1)$이 x축 위에 있고,
   점 $(a-5, b+3)$이 y축 위에 있다.

_____

Help x축 위에 있으면 y좌표인 $b-1=0$
     y축 위에 있으면 x좌표인 $a-5=0$

7. 점 $(a-7, b-5)$가 x축 위에 있고,
   점 $(a-2, b+7)$이 y축 위에 있다.

_____

8. 점 $(-a+5, -b-2)$가 x축 위에 있고,
   점 $(2a, b-6)$이 y축 위에 있다.

_____

9. 점 $(3a-2, a+9)$가 x축 위에 있고,
   점 $(5b, 4b-1)$이 y축 위에 있다.

_____

10. 점 $(2a+2, a-1)$이 x축 위에 있고,
    점 $(3b-5, 2b+3)$이 y축 위에 있다.

_____

거저먹는 시험 문제

[1~2] 순서쌍

1. 두 순서쌍 $(4a-3,\ b+4)$, $(-1+2a,\ 3b-2)$가 서로 같을 때, $a+b$의 값은?

① -2　　　② 0　　　③ 2

④ 4　　　⑤ 6

2. 두 수 a, b에 대하여 $|a|=3$, $|b|=4$일 때, 순서쌍 $(a,\ b)$를 모두 구하시오.

적중률 80%

[3~4] 좌표평면 위의 점의 좌표

3. 다음 중 오른쪽 좌표평면 위의 점 A, B, C, D, E 의 좌표를 나타낸 것으로 옳지 <u>않은</u> 것은?

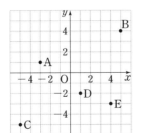

① $A(-3,\ 1)$

② $B(4,\ 4)$

③ $C(-5,\ -5)$

④ $D(1,\ -2)$

⑤ $E(4,\ -3)$

4. 다음 점들을 오른쪽 좌표 평면 위에 표시하고 순서대 로 점들을 이으면 어떤 알 파벳 모양이 되는가?

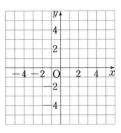

$(-4,\ 4) \longrightarrow (-2,\ -2) \longrightarrow (0,\ 1)$
$\longrightarrow (2,\ -2) \longrightarrow (4,\ 4)$

① B　　　② A　　　③ W

④ H　　　⑤ M

[5~6] x축, y축 위에 있는 점

5. 점 $(a-6,\ -4a+2)$가 x축 위에 있고, 점 $(-b+11,\ b+7)$이 y축 위에 있을 때, $2a+b$의 값은?

① 12　　　② 11　　　③ 10

④ 9　　　⑤ 8

6. 원점이 아닌 점 $(a,\ b)$가 y축 위에 있을 때, 다음 중 옳은 것은?

① $a=0, b=0$　　　② $a\neq0, b=0$

③ $a\neq0, b\neq0$　　　④ $a=0, b\neq0$

⑤ $a<0, b<0$

15 좌표평면 위의 도형의 넓이와 대칭인 점의 좌표

개념 강의 보기

● 좌표평면 위의 삼각형의 넓이

① 밑변의 길이와 높이를 구할 수 있는 경우

오른쪽 그림에서 세 점 A, B, C를 꼭짓점으로 하는 삼각형 ABC의 넓이는

밑변 BC의 길이는 $2-(-3)=5$

높이 AD의 길이는 $3-(-3)=6$

따라서 삼각형 ABC의 넓이는 $\dfrac{1}{2}\times 5\times 6=15$

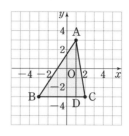

② (삼각형 ABC의 넓이)

$=$(사각형 DBEF의 넓이)

$\quad-$(① 삼각형 DBA의 넓이)

$\quad-$(② 삼각형 BEC의 넓이)

$\quad-$(③ 삼각형 ACF의 넓이)

$=5\times 6-\dfrac{1}{2}\times 3\times 6-\dfrac{1}{2}\times 5\times 2-\dfrac{1}{2}\times 2\times 4=12$

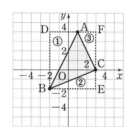

● 대칭인 점의 좌표

좌표평면 위의 점 $(a,\ b)$에 대하여

① x축에 대하여 대칭인 점의 좌표

$\quad\Rightarrow y$좌표의 부호만 바뀜: $(a,\ b)\Rightarrow(a,\ -b)$

② y축에 대하여 대칭인 점의 좌표

$\quad\Rightarrow x$좌표의 부호만 바뀜: $(a,\ b)\Rightarrow(-a,\ b)$

③ 원점에 대하여 대칭인 점의 좌표

$\quad\Rightarrow x$좌표, y좌표의 부호가 모두 바뀜: $(a,\ b)\Rightarrow(-a,\ -b)$

점 $(4,\ 2)$에 대하여 $\begin{cases} x$축에 대하여 대칭인 점의 좌표 $\ \Rightarrow(4,\ -2) \\ y$축에 대하여 대칭인 점의 좌표 $\ \Rightarrow(-4,\ 2) \\ 원점에 대하여 대칭인 점의 좌표 $\ \Rightarrow(-4,\ -2)\end{cases}$

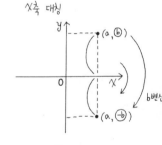

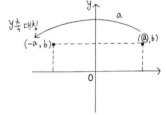

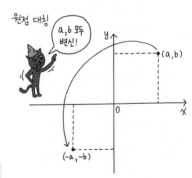

어떤 점을 x축, y축, 원점에 대하여 대칭시켜 네 점을 이으면 직사각형이 돼. 원래 점이 어떤 사분면에 있던지 상관없이 항상 직사각형이 되기 때문에 대칭을 여러 번 반복하는 문제도 직사각형을 이용하면 틀리지 않아. 네 꼭짓점 중에 답이 꼭 있거든!

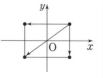

좌표평면 위의 사각형의 넓이

네 점을 좌표평면에 찍어 보기 전에는 어떤 도형인지 알 수 없으므로 반드시 점을 찍고 어떤 도형인지 확인해야 해.

(사다리꼴의 넓이) $= \frac{1}{2} \times$ {(윗변의 길이) $+$ (아랫변의 길이)} $\times$ (높이)

■ 좌표평면 위에서 다음 네 점을 꼭짓점으로 하는 사각형 ABCD의 이름을 쓰고 넓이를 구하시오.

1.
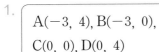
$A(-3, 4), B(-3, 0),$
$C(0, 0), D(0, 4)$

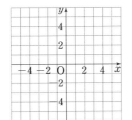

이름: _____

넓이: _____

2.

$A(0, -2), B(0, -5),$
$C(5, -5), D(5, -2)$

이름: _____

넓이: _____

3.
$A(-1, 5), B(-1, -1),$
$C(4, -1), D(4, 5)$

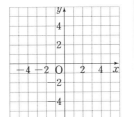

이름: _____

넓이: _____

4.
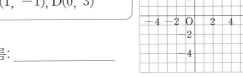
$A(-3, 3), B(-4, -1),$
$C(1, -1), D(0, 3)$

이름: _____

넓이: _____

5.
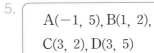
$A(-1, 5), B(1, 2),$
$C(3, 2), D(3, 5)$

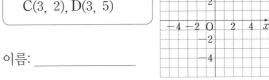

이름: _____

넓이: _____

6.
$A(-3, 4), B(-1, -1),$
$C(3, -1), D(1, 4)$

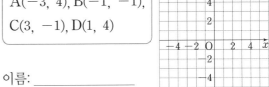

이름: _____

넓이: _____

B 좌표평면 위의 삼각형의 넓이

삼각형의 넓이를 구할 때, 세 꼭짓점 중 두 점의 x좌표나 y좌표가 같으면 밑변과 높이를 구하기가 쉬워! 그런데 밑변이 x축이나 y축에 평행하지 않으면 삼각형을 둘러싸고 있는 큰 직사각형의 넓이에서 넓이를 구하는 삼각형이 아닌 3개의 삼각형의 넓이를 빼면 돼.

■ 좌표평면 위에서 다음 세 점을 꼭짓점으로 하는 삼각형 ABC의 넓이를 구하시오.

1. $A(-4, 4), B(2, 2),$
$C(2, 5)$

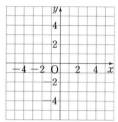

_____

Help (삼각형의 넓이)$=\dfrac{1}{2}\times$(밑변의 길이)$\times$(높이)

4. $A(-2, 5), B(0, 2),$
$C(2, 3)$

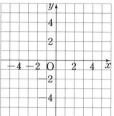

_____

Help 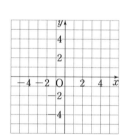 $\triangle = \square - (①+②+③)$

2. $A(-1, 5), B(-3, 1),$
$C(4, 1)$

_____

5. $A(-4, 3), B(0, 1),$
$C(1, 5)$

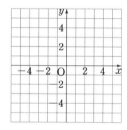

_____

3. $A(-4, 6), B(-4, -2),$
$C(2, 1)$

_____

6. $A(-5, 1), B(-1, -5),$
$C(3, 0)$

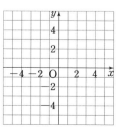

_____

x축, y축, 원점에 대하여 대칭인 점 1

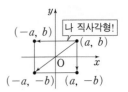

점 (a, b)에 대하여
x축에 대하여 대칭인 점 ⇨ $(a, -b)$
y축에 대하여 대칭인 점 ⇨ $(-a, b)$
원점에 대하여 대칭인 점 ⇨ $(-a, -b)$

앗! 실수
■ 다음을 구하시오.

1. 점 $(-1, 3)$의 x축에 대하여 대칭인 점의 좌표

_____

Help x축에 대하여 대칭이면 y좌표의 부호가 반대이고 x좌표는 같다.

2. 점 $(2, -5)$의 x축에 대하여 대칭인 점의 좌표

_____

3. 점 $(-3, -6)$의 y축에 대하여 대칭인 점의 좌표

_____

Help y축에 대하여 대칭이면 x좌표의 부호가 반대이고 y좌표는 같다.

4. 점 $(1, 6)$의 y축에 대하여 대칭인 점의 좌표

_____

5. 점 $(-2, 7)$의 원점에 대하여 대칭인 점의 좌표

_____

Help 원점에 대하여 대칭이면 x좌표, y좌표의 부호가 모두 반대이다.

6. 점 $(7, -10)$의 원점에 대하여 대칭인 점의 좌표

_____

7. 점 $(10, 3)$의 y축에 대하여 대칭인 점의 좌표

_____

8. 점 $(-8, 5)$의 x축에 대하여 대칭인 점의 좌표

_____

9. 점 $(-4, -2)$의 원점에 대하여 대칭인 점의 좌표

_____

10. 점 $(3, -7)$의 x축에 대하여 대칭인 점의 좌표

_____

11. 점 $(5, 15)$의 원점에 대하여 대칭인 점의 좌표

_____

12. 점 $(-6, -5)$의 y축에 대하여 대칭인 점의 좌표

_____

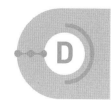

D x축, y축, 원점에 대하여 대칭인 점 2

두 점 (a, b)와 (c, d)가
x축에 대하여 대칭 ⇨ y좌표의 부호가 반대 ⇨ $a=c, b=-d$
y축에 대하여 대칭 ⇨ x좌표의 부호가 반대 ⇨ $a=-c, b=d$

■ 다음을 구하시오.

1. 두 점 $(a, 7), (-3, b)$가 y축에 대하여 대칭일 때, a, b의 값

   Help 두 점이 y축에 대하여 대칭이면 y좌표는 같고 x좌표는 절댓값이 같고 부호가 반대인 수이다.

2. 두 점 $(-4, a), (b, 5)$가 x축에 대하여 대칭일 때, a, b의 값

3. 두 점 $(a, -10), (9, b)$가 원점에 대하여 대칭일 때, a, b의 값

   Help 두 점이 원점에 대하여 대칭이면 x좌표, y좌표는 모두 절댓값이 같고 부호가 반대이다.

4. 두 점 $(a+2, 8), (5, b-1)$이 y축에 대하여 대칭일 때, a, b의 값

5. 두 점 $(10, 2a-1), (2b, 9)$가 원점에 대하여 대칭일 때, a, b의 값

6. 점 $A(4, 5)$와 x축에 대하여 대칭인 점을 P, y축에 대하여 대칭인 점을 Q, 원점에 대하여 대칭인 점을 R이라 할 때, 삼각형 PQR의 넓이

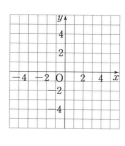

7. 점 $A(-2, -4)$와 x축에 대하여 대칭인 점을 P, y축에 대하여 대칭인 점을 Q, 원점에 대하여 대칭인 점을 R이라 할 때, 삼각형 PQR의 넓이

8. 점 $A(5, -3)$과 x축에 대하여 대칭인 점을 P, y축에 대하여 대칭인 점을 Q, 원점에 대하여 대칭인 점을 R이라 할 때, 사각형 $APRQ$의 넓이

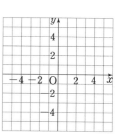

시험 문제

적중률 70%

[1~3] 좌표평면에서의 도형의 넓이

1. 다음 조건을 모두 만족시키는 세 점 A, B, O를 꼭 짓점으로 하는 삼각형 ABO의 넓이를 구하시오.

> (가) 점 A는 x축 위에 있고, x좌표는 -6이다.
> (나) 점 B의 좌표는 $(-2, -4)$이다.
> (다) 점 O는 x축과 y축이 만나는 점이다.

2. 다음 조건을 모두 만족시키는 세 점 A, B, C를 꼭짓점으로 하는 삼각형 ABC의 넓이를 구하시오.

> (가) 점 A는 점 $(2, -3)$을 x축에 대하여 대칭시킨 점이다.
> (나) 점 B의 좌표는 y축 위에 있고, y좌표는 5이다.
> (다) 점 C는 점 B를 x축에 대하여 대칭인 점이다.

앗! 실수

3. 좌표평면 위의 두 점 A$(-3, 2)$, B$(2, 2)$와 한 점 C를 꼭짓점으로 하는 삼각형 ABC의 넓이가 15일 때, 다음 중 점 C의 좌표가 될 수 있는 것은?

① $(2, 5)$ ② $(1, -4)$ ③ $(1, -1)$

④ $(-3, -2)$ ⑤ $(-5, 6)$

Help 선분 AB의 길이를 밑변으로 하면 밑변의 길이가 5이므로 높이가 6이 되어야 한다.

적중률 70%

[4~6] x축, y축, 원점에 대하여 대칭인 점

4. 두 점 A$(a+3, 2)$, B$(-5, 4-b)$는 원점에 대하여 대칭이고 점 C$(3, c-8)$은 x축 위의 점일 때, $a+b-c$의 값을 구하시오.

5. 두 점 A$(a-4, 3)$, B$(7, 5-2b)$는 y축에 대하여 대칭이고 점 C$(7-c, 5)$는 y축 위의 점일 때, $a-b+c$의 값을 구하시오.

6. 두 점 A$(6-2a, 5)$, B$(-2, 2b+1)$은 x축에 대하여 대칭이고 점 C$(0, c+2)$는 원점일 때, $a-b-c$의 값을 구하시오.

16 사분면

● 사분면 위의 점

좌표평면은 오른쪽 그림과 같이 좌표축에 의해
네 개의 부분으로 나누어진다.
이때 각각을 제1사분면, 제2사분면, 제3사분면,
제4사분면이라 한다.

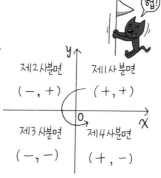

좌표평면 위의 점 $P(a, b)$가
제1사분면 위의 점이면 $a>0, b>0$
제2사분면 위의 점이면 $a<0, b>0$
제3사분면 위의 점이면 $a<0, b<0$
제4사분면 위의 점이면 $a>0, b<0$

점 $A(-4, 4)$는 $(x$좌표$)<0, (y$좌표$)>0$이므로 제2사분면 위의 점이다.
점 $B(4, -4)$는 $(x$좌표$)>0, (y$좌표$)<0$이므로 제4사분면 위의 점이다.

사분면은 넉 사(四), 나눌 분(分),
면 면(面)으로 4개로 나누어진
면이란 뜻이야. 평면을 4개의 평
면으로 나누어 놓은 것이지. 그럼
모든 점들이 어느 한 사분면 위에
있을까?
NO! x축 또는 y축 위에 있는 점
들은 어느 사분면에도 속하지 않
는 점이야. 물론 원점도 어느 사
분면에도 속하지 않아.

● 점의 위치 구하기

$a>0, b<0$이면 점 (a, b)는 제4사분면 위의 점이므로

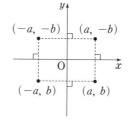

① 점 $(a, -b)$는 $a>0, -b>0$
  ⇨ 제1사분면 위의 점

② 점 $(-a, b)$는 $-a<0, b<0$
  ⇨ 제3사분면 위의 점

③ 점 $(-a, -b)$는 $-a<0, -b>0$
  ⇨ 제2사분면 위의 점

앗! 실수

a, b가 식으로 주어질 때, a, b의 부호를 실수하는 경우가 많으니 확실히 정리해 보자.

• $a+b>0, ab>0$일 때
  먼저 $ab>0$에서 힌트를 얻어야 해.
  ⇨ $a>0, b>0$ 또는 $a<0, b<0$ (a와 b는 같은 부호니까.)
  그런데 $a+b>0$을 만족하려면
  a는 양수, b는 양수이어야 (양수)+(양수)>0이므로 $a>0, b>0$

• $a-b<0, ab<0$일 때 먼저 $ab<0$에서 힌트를 얻어야 해.
  ⇨ $a<0, b>0$ 또는 $a>0, b<0$ (a와 b는 다른 부호니까.)
  그런데 $a-b<0$을 만족하려면
  a는 음수, b는 양수이어야 (음수)-(양수)=(음수)+(음수)<0이므로 $a<0, b>0$
  예를 들면 $a=-1, b=+3$일 때, $(-1)-(+3)=(-1)+(-3)=-4$이므로 $a-b<0$이 성
  립해.

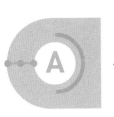

A 사분면 위의 점

(양수, 양수) ⇨ 제1사분면, (음수, 양수) ⇨ 제2사분면
(음수, 음수) ⇨ 제3사분면, (양수, 음수) ⇨ 제4사분면
(유리수, 0), (0, 유리수), (0, 0) ⇨ 어느 사분면에도 속하지 않는다.

이 정도는 암기해야 해~ 암암!

■ 다음 점은 어느 사분면 위의 점인지 ☐ 안에 써넣으시오.

1. $(-3, 4)$

제☐사분면

Help (음수, 양수)

2. $(2, 10)$

제☐사분면

3. $\left(-1, -\dfrac{2}{3}\right)$

제☐사분면

4. $(3, -8)$

제☐사분면

5. $\left(\dfrac{1}{2}, 4\right)$

제☐사분면

6. $(-5, 6)$

제☐사분면

7. $(-0.3, -5)$

제☐사분면

8. $(1, -12)$

제☐사분면

9. $(-8, -2)$

제☐사분면

10. $(-3, 5.5)$

제☐사분면

11. $\left(\dfrac{5}{3}, 7\right)$

제☐사분면

12. $\left(-4, \dfrac{1}{2}\right)$

제☐사분면

이 정도는 암기해야 해~ 암암!

B 점의 위치 구하기 1

$(+, +) \Rightarrow$ 제1사분면, $(-, +) \Rightarrow$ 제2사분면
$(-, -) \Rightarrow$ 제3사분면, $(+, -) \Rightarrow$ 제4사분면
이 정도는 암기해야 해~ 암암! 🐷

■ $a>0$, $b<0$일 때, 다음 점은 어느 사분면 위의 점인지 □ 안에 써넣으시오.

1. (a, b)

　　제□사분면

Help $(+, -)$

2. $(-a, b)$

　　제□사분면

Help $-a<0$, $b<0$이므로 $(-, -)$

3. $(a, -b)$

　　제□사분면

4. $(-a, -b)$

　　제□사분면

5. (ab, b)

　　제□사분면

6. $(a, -ab)$

　　제□사분면

■ $a<0$, $b<0$일 때, 다음 점은 어느 사분면 위의 점인지 □ 안에 써넣으시오.

7. (a, b)

　　제□사분면

8. $(-a, b)$

　　제□사분면

9. $(a, -b)$

　　제□사분면

10. $(-ab, a)$

　　제□사분면

11. $\left(\dfrac{a}{b}, ab\right)$

　　제□사분면

12. $(-b, -ab)$

　　제□사분면

점의 위치 구하기 2

$a>0, b>0$이면 $ab>0, -a-b<0$
$a>0, b<0$이면 $ab<0, a-b>0$
$a<0, b>0$이면 $ab<0, a-b<0$
$a<0, b<0$이면 $ab>0, -a-b>0$

앗! 실수

■ 다음 □ 안에 알맞은 기호나 수를 써넣으시오.

1. 점 (a, b)가 제1사분면 위의 점일 때

   (1) $a \boxed{} 0, b \boxed{} 0 \Rightarrow a+b \boxed{} 0, ab \boxed{} 0$

   (2) 점 $(a+b, ab)$는 제 $\boxed{}$ 사분면 위의 점이다.

2. 점 (a, b)가 제2사분면 위의 점일 때,

   (1) $a \boxed{} 0, b \boxed{} 0 \Rightarrow a-b \boxed{} 0, ab \boxed{} 0$

   (2) 점 $(a-b, ab)$는 제 $\boxed{}$ 사분면 위의 점이다.

3. 점 (a, b)가 제3사분면 위의 점일 때,

   (1) $a \boxed{} 0, b \boxed{} 0 \Rightarrow ab \boxed{} 0, a+b \boxed{} 0$

   (2) 점 $(ab, a+b)$는 제 $\boxed{}$ 사분면 위의 점이다.

4. 점 (a, b)가 제4사분면 위의 점일 때,

   (1) $a \boxed{} 0, b \boxed{} 0 \Rightarrow ab \boxed{} 0, a-b \boxed{} 0$

   (2) 점 $(ab, a-b)$는 제 $\boxed{}$ 사분면 위의 점이다.

■ 다음 점은 어느 사분면 위의 점인지 □ 안에 써넣으시오.

5. 점 (a, b)가 제2사분면 위의 점일 때, 점 $(a, a-b)$

   제 $\boxed{}$ 사분면

   Help $a<0, b>0$이므로 $a-b<0$

6. 점 (a, b)가 제3사분면 위의 점일 때, 점 $\left(a+b, \dfrac{b}{a}\right)$

   제 $\boxed{}$ 사분면

7. 점 (a, b)가 제1사분면 위의 점일 때, 점 $(ab, -a-b)$

   제 $\boxed{}$ 사분면

8. 점 (a, b)가 제4사분면 위의 점일 때, 점 $(a, a-b)$

   제 $\boxed{}$ 사분면

9. 점 (a, b)가 제1사분면 위의 점일 때, 점 $(-ab, a+b)$

   제 $\boxed{}$ 사분면

- $a+b>0$, $ab>0 \Rightarrow ab>0$에서 $a>0$, $b>0$ 또는 $a<0$, $b<0$
  그런데 $a+b>0$을 만족하려면 $a>0$, $b>0$
- $a-b<0$, $ab<0 \Rightarrow ab<0$에서 $a<0$, $b>0$ 또는 $a>0$, $b<0$
  그런데 $a-b<0$을 만족하려면 $a<0$, $b>0$

앗! 실수

■ 다음 □ 안에 알맞은 기호나 수를 써넣으시오.

1. $a+b<0$, $ab>0$일 때,

   (1) $ab>0 \Rightarrow a>0$, $b \square 0$ 또는 $a<0$, $b \square 0$

   (2) (1)번 중 $a+b<0$을 만족하는 것은

   $a \square 0$, $b \square 0$

   (3) 점 $(a,\ b)$는 제 □ 사분면 위의 점이다.

2. $a-b<0$, $ab<0$일 때,

   (1) $ab<0 \Rightarrow a>0$, $b \square 0$ 또는 $a<0$, $b \square 0$

   (2) (1)번 중 $a-b<0$을 만족하는 것은

   $a \square 0$, $b \square 0$

   (3) 점 $(a,\ b)$는 제 □ 사분면 위의 점이다.

앗! 실수

3. $a-b>0$, $ab<0$일 때,

   (1) $ab<0 \Rightarrow a>0$, $b \square 0$ 또는 $a<0$, $b \square 0$

   (2) (1)번 중 $a-b>0$을 만족하는 것은

   $a \square 0$, $b \square 0$

   (3) 점 $(a,\ -b)$는 제 □ 사분면 위의 점이다.

■ 다음 점은 어느 사분면 위의 점인지 구하시오.

4. $a+b<0$, $ab>0$일 때, 점 $(a,\ -b)$

   제 □ 사분면

   Help $ab>0$이므로 $a>0$, $b>0$ 또는 $a<0$, $b<0$

5. $a-b>0$, $ab<0$일 때, 점 $(-a,\ b)$

   제 □ 사분면

   Help $ab<0$이므로 $a>0$, $b<0$ 또는 $a<0$, $b>0$

6. $a+b>0$, $ab>0$일 때, 점 $(-a,\ -b)$

   제 □ 사분면

7. $a-b<0$, $ab<0$일 때, 점 $(-a,\ b)$

   제 □ 사분면

8. $-a+b>0$, $ab<0$일 때, 점 $(b,\ a)$

   제 □ 사분면

시험 문제

시험에 자주 나오는 문제로 마무리

* 정답과 해설 26쪽

* 정답과 해설 26쪽

적중률 80%

[1~3] 사분면

1. 다음 중 옳은 것은?

　① 점 $(-2, 0)$은 y축 위에 있다.

　② 점 (a, b)가 제2사분면 위의 점이면 $a>0$, $b<0$이다.

　③ 점 $(0, 3)$은 어느 사분면에도 속하지 않는다.

　④ 점 $(-1, 3)$은 제4사분면 위의 점이다.

　⑤ x축 위의 점은 x좌표가 0이다.

2. 다음 중 옳지 <u>않은</u> 것은?

　① 점 $(1, 3)$과 점 $(3, 1)$은 같은 사분면에 있다.

　② $a<0$, $b<0$이면 점 (a, b)가 제3사분면 위의 점이다.

　③ 제1사분면과 제2사분면에 속하는 점의 y좌표는 양수이다.

　④ 점 $(0, 0)$은 모든 사분면에 속하는 점이다.

　⑤ 좌표축 위에 있는 점은 어느 사분면에도 속하지 않는다.

3. 다음 보기 중 제4사분면 위의 점을 모두 기호로 쓰시오.

보 기	
ㄱ. $(2, -3)$	ㄴ. $(-2, -3)$
ㄷ. $\left(-\dfrac{7}{2}, 5\right)$	ㄹ. $(3.3, -1)$
ㅁ. $(1, -10)$	ㅂ. $(-5, -8)$

적중률 70%

[4~6] 점의 위치 구하기

4. 점 $(ab, -a-b)$가 제4사분면 위의 점일 때, 점 (a, b)는 제 몇 사분면 위의 점인가?

　① 제1사분면　　　　② 제2사분면

　③ 제3사분면　　　　④ 제4사분면

　⑤ 어느 사분면에도 속하지 않는다.

5. 점 (a, b)가 제2사분면 위의 점일 때, 다음 중 다른 네 점과 항상 같은 사분면 위에 있지 <u>않은</u> 점은?

　① $(a, -b)$　　② (ab, a)　　③ $(a-b, ab)$

　④ $(a+b, a)$　　⑤ $(-b, a)$

6. 점 (a, b)가 제4사분면 위의 점일 때, 다음 중 다른 네 점과 같은 사분면 위에 있지 <u>않은</u> 점은?

　① $(a, -b)$　　② $(-ab, a)$　　③ $(a-b, ab)$

　④ $(a, a-b)$　　⑤ $(-b, a)$

17 그래프 그리기

● 그래프

① **변수**: x, y와 같이 여러 가지로 변하는 값을 나타내는 문자

② **그래프**: 두 변수 x, y의 순서쌍 (x, y)를 좌표로 하는 점을 좌표평면 위에 그림으로 나타낸 것

● 그래프의 이해

① 준서가 등산을 시작한 지 x분 후에 지면으로부터의 높이를 y m라 할 때, 오른쪽 그림은 x와 y 사이의 관계를 그래프로 나타낸 것이다. 그래프를 해석해 보면

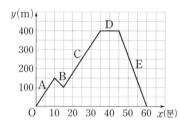

A구간: 10분 동안 150 m까지 산을 올랐다.

B구간: 5분 동안 50 m만큼 내리막길을 걸었다.

C구간: 20분 동안 400 m까지 산을 올랐다.

D구간: 높이가 변함이 없으므로 10분 동안 쉬거나 평지를 걷고 있다.

E구간: 15분 동안 내리막길을 걸어 등산을 시작한지 60분 만에 내려왔다.

② 아래 물통에 물을 일정한 속력으로 넣을 때, 시간과 물통의 높이 사이의 관계를 그래프로 나타내어 보자.

물통 모양				
그래프의 모양				

바빠꿀팁

아래 그래프에서 x의 값이 증가함에 따른 y의 값의 변화는 다음과 같아.

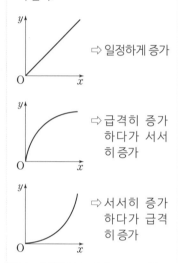

⇨ 일정하게 증가

⇨ 급격히 증가하다가 서서히 증가

⇨ 서서히 증가하다가 급격히 증가

앗! 실수

자동차가 움직일 때, 거리와 시간 사이의 관계를 나타낸 그래프인지 속력과 시간 사이의 관계를 나타낸 그래프인지에 따라 아래와 같이 그래프를 해석하는 내용이 다르니 주의해야 해.

A구간: 속력이 일정
B구간: 거리가 일정하므로 정지

A구간: 속력이 증가, B구간: 속력이 일정
C구간: 속력이 0이므로 정지

그래프 해석하기 1

거리와 시간 사이의 관계를 나타낸 그래프에서는 그래프 모양이 x축에 평행하면 거리가 변하지 않는 구간이므로 멈춘 것이고, 속력과 시간 사이의 관계를 나타낸 그래프에서는 그래프 모양이 x축에 평행하면 일정한 속력으로 움직이고 있는 거야. 아하! 그렇구나~

■ 지윤이가 자전거를 타고 집에서 9 km 떨어진 도서관에 가려고 한다. 집을 나서서 편의점에 들러 음료수를 산 후, 문방구에 들러 노트를 사가지고 갈 때, 아래 그래프는 지윤이가 x분 동안 이동한 거리 y km를 나타낸 것이다. 다음 물음에 답하시오.

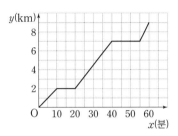

1. 편의점은 집에서 몇 km 떨어져 있는지 구하시오.

_____

2. 편의점에서 음료수를 사는데 걸린 시간을 구하시오.

_____

3. 문방구는 집에서 몇 km 떨어져 있는지 구하시오.

_____

4. 집에서 도서관까지 가는데 걸린 시간을 구하시오.

_____

■ 아래 그래프는 규호네 가족이 자동차를 타고 집에서 출발하여 휴가 장소에 도착할 때까지 자동차의 속력 시속 y km를 x시간에 따라 나타낸 것이다. 다음 물음에 답하시오.

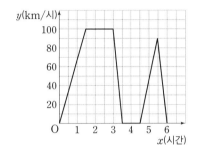

5. 집에서 휴가 장소까지 가는데 걸린 시간을 구하시오.

_____

6. 집에서 휴가 장소까지 가는 사이에 최대 속력을 구하시오.

_____

7. 집에서 출발하여 도착할 때까지 중간에 자동차가 얼마 동안 정지했었는지 구하시오.

_____

8. 속력이 일정했던 시간은 몇 시간인지 구하시오.
(단, 속력이 0인 경우는 제외한다.)

_____

그래프 해석하기 2

두 사람의 거리와 시간 사이의 관계를 나타낸 그래프가 한 평면에 같이 있는 경우 두 그래프가 만나는 점이 두 사람이 만나는 시점이야.

아하! 그렇구나~

■ 다음은 승아가 백화점 1층에서 10층까지 엘리베이터를 타고 올라갔을 때, 시간 x초와 엘리베이터 y층을 나타낸 그래프이다. 다음 설명이 옳으면 ○표, 옳지 <u>않으면</u> ×표를 하시오.

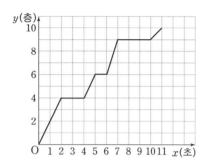

1. 엘리베이터는 4층에서 처음으로 멈추었다.

   _____

2. 엘리베이터는 10층까지 가는데 중간에 4번 멈추었다.

   _____

3. 엘리베이터가 가장 길게 머문 층은 9층이다.

   _____

4. 엘리베이터가 10층까지 가는데 걸린 시간은 10초이다.

   _____

■ 다음은 근영이와 의현이가 10 km 단축마라톤을 했을 때, 시간 x분과 달린 거리 y km를 나타낸 그래프이다. 다음 설명이 옳으면 ○표, 옳지 <u>않으면</u> ×표를 하시오.

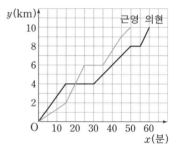

5. 의현이는 마라톤 중 2번 쉬었다.

   _____

6. 근영이가 의현이를 추월한 시간은 출발한 지 20분 후이다.

   _____

7. 근영이와 의현이가 출발한 후 25분이 지났을 때 의현이가 근영이를 4 km 앞섰다.

   _____

   [Help] 25분이 지났을 때 근영이는 6 km되는 부분을 지난다.

8. 근영이와 의현이가 마라톤을 완주하는데 걸린 시간의 차는 10분이다.

   _____

그래프 변화 파악하기 1

• 기온이 시간이 지남에 따라 높아지면
  그래프의 모양은   ⇨
• 기온이 시간이 지남에 따라 낮아지면
  그래프의 모양은   ⇨

■ 다음은 태환이가 집에서 출발하여 공원에 갈 때, 태환이의 집으로부터의 거리의 변화를 시간에 따라 나타낸 그래프이다. 보기의 그래프를 보고 아래 상황에 맞는 그래프의 기호를 써넣으시오.

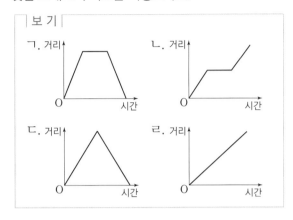

1. 공원에 도착하자마자 집에서 전화가 와서 돌아왔다.

_____

2. 공원에 가다가 잠시 의자에서 쉬었다가 다시 갔다.

_____

3. 공원까지 일정한 속력으로 갔다.

_____

4. 공원에 도착해서 잠시 쉬었다가 집으로 돌아왔다.

_____

■ 다음은 하루 동안의 기온을 시간에 따라 나타낸 그래프이다. 다음 보기의 그래프를 보고 아래 상황에 맞는 그래프의 기호를 써넣으시오.

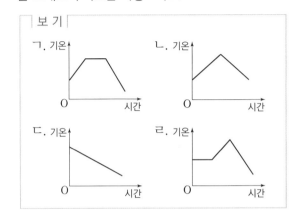

5. 아침에는 기온이 높았는데 시간이 지날수록 기온이 떨어졌다.

_____

6. 아침부터 기온이 오르다가 몇 시간 동안 일정한 기온을 유지한 후 오후에 비가 와서 기온이 떨어졌다.

_____

7. 아침에는 기온이 일정했는데 오후가 되어서 점차 기온이 오르다가 해가 지면서 기온이 떨어졌다.

_____

8. 아침에는 기온이 낮았는데 낮 동안 점차 기온이 오르다가 해가 지면서 기온이 떨어졌다.

_____

그래프 변화 파악하기 2

그릇에 일정한 양의 물을 부을 때 그릇의 모양이 위로 갈수록 넓어지면 높이가 처음에는 빠르게 올라가다가 점차 증가폭이 줄어들고, 그릇의 모양이 위로 갈수록 좁아지면 높이가 처음에는 느리게 올라가다가 점차 증가폭이 늘어나게 돼. 아하! 그렇구나~ 🥤

■ 다음 보기의 그래프는 아래 컵에 일정한 속력으로 물을 넣을 때, 물의 높이와 시간 사이의 관계를 그래프로 나타낸 것이다. 아래 컵 모양에 맞는 그래프의 기호를 써넣으시오.

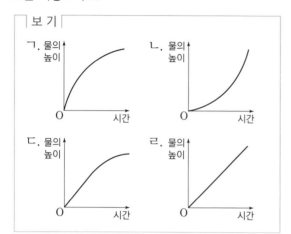

1. 　　　　　　_____

2. _____

3. 　　　　　　_____

4. 　　　　　　_____

■ 다음 보기의 그래프는 아래 컵에 일정한 속력으로 물을 넣을 때, 물의 높이와 시간 사이의 관계를 그래프로 나타낸 것이다. 아래 컵 모양에 맞는 그래프의 기호를 써넣으시오.

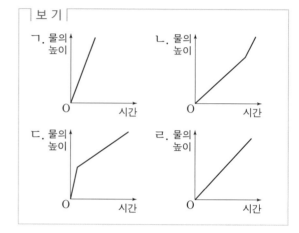

5. 　　　　　　_____

6. 　　　　　　_____

7. 　　　　　　_____

8. 　　　　　　_____

시험 문제

시험에 자주 나오는 문제로 마무리

* 정답과 해설 27쪽

적중률 80%

[1~2] 그래프 해석하기

1. 다음 그래프는 서영이가 자전거를 타고 자전거 여행을 할 때, x시간에 따라 자전거의 속력을 시속 y km로 나타낸 것이다. 여행 중 자전거가 정지한 시간은 총 몇 시간인가?

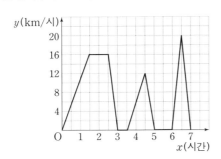

① 30분   ② 1시간   ③ 1시간 30분

④ 2시간   ⑤ 2시간 30분

2. 성아는 집에서 출발하여 인라인스케이트를 타고 한강 주변을 오전 10시부터 오후 4시까지 다녀왔다.

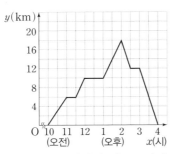

위의 그래프는 시각 x시에 따라 성아의 집으로부터의 거리 y km를 나타낸 것이다. 다음 중 옳은 것을 모두 고르면? (정답 2개)

① 성아가 집에서 출발한 지 1시간 후에 처음으로 쉬었다.

② 성아는 인라인스케이트를 타는 동안 4번 쉬었다.

③ 성아가 집으로 돌아오기 시작한 시각은 오후 2시 30분이다.

④ 성아가 쉬었던 총 시간은 2시간이다.

⑤ 성아는 집으로 돌아올 때는 쉬지 않았다.

적중률 70%

[3~4] 그래프 변화 파악하기

3. 다음은 신차 출시 후 경과 시간 x에 따른 판매량 y 사이의 관계를 그래프로 나타낸 것이다. 판매량이 처음에는 느리게 증가하다가 점점 빠르게 증가하는 그래프로 알맞은 것은?

①   ②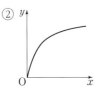

③   ④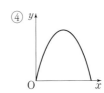

⑤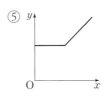

4. 다음은 양초의 길이와 시간 사이의 관계를 그래프로 나타낸 것이다. 양초에 불을 붙였다가 잠시 후에 끄고 외출한 후, 다시 돌아와서 불을 붙이고 양초가 다 탈 때까지 두는 그래프로 알맞은 것은?

① 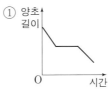   ②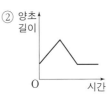

③    ④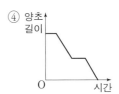

⑤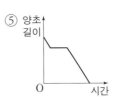

18 정비례

- ● **정비례**

   두 변수 x와 y 사이에 x의 값이 2배, 3배, 4배, …가 됨에 따라 y의 값도 2배, 3배, 4배, …가 되는 관계가 있을 때 y는 x에 정비례한다고 한다.

- ● **정비례 관계의 식**

   y가 x에 정비례할 때, x와 y 사이의 관계의 식은
   $$y=ax \ (a \neq 0)$$

- ● **정비례의 성질**

   y가 x에 정비례할 때, x의 값에 대한 y의 값의 비 $\dfrac{y}{x} \ (x \neq 0)$의 값은 항상 a로 일정하다.

   $y=ax \Rightarrow \dfrac{y}{x}=a$ **(일정)**

   한 개에 500원 하는 음료수 x개의 값이 y원이라 하면 x의 값의 변화에 따른 y의 값의 변화는 다음과 같다.

		2배	3배	4배	
x(개)	1	2	3	4	…
y(원)	500	1000	1500	2000	…
		2배	3배	4배	

   따라서 x의 값이 2배, 3배, 4배, …가 될 때, y의 값도 2배, 3배, 4배, … 가 되므로 y는 x에 정비례한다.
   그러므로 x와 y 사이의 관계의 식은 $y=500x$이다.

우린 한 배를 탄 운명이야. 커져도 같이 커지고, 줄어들어도 같이 줄고~

출동! X맨과 O맨

절대 아니야

- • $y=x-3$, $y=-4x+2$는 정비례 관계의 식이 아니야.
   ➡ 정비례 관계의 식은 상수항이 있으면 안 돼.
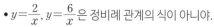
- • $y=\dfrac{2}{x}$, $y=\dfrac{6}{x}$은 정비례 관계의 식이 아니야.
   ➡ 분모에 x가 있으면 안 돼.

이게 정답이야

- • $y=\dfrac{x}{4}$는 정비례 관계의 식이야.
   ➡ $y=\dfrac{x}{4}=\dfrac{1}{4}x$이므로 분자에 x가 있어도 정비례 관계의 식이야.

표 완성하고 관계의 식 구하기

먼저 표를 완성하고, 정비례하면 관계의 식을 $y=ax$ $(a\neq0)$로 놓은 다음 x의 값과 y의 값을 대입하여 a의 값을 구하면 돼.

아하! 그렇구나~

■ 한 개의 무게가 40 g인 구슬 x개의 무게를 y g이라 할 때, 다음 물음에 답하시오.

1. 다음 표를 완성하시오.

x	1	2	3	4	⋯
y	40			160	⋯

2. y가 x에 정비례하는지 안하는지 말하시오.

_____

Help x의 값이 2배, 3배, 4배, ⋯가 될 때,
y의 값도 2배, 3배, 4배, ⋯가 되는지 확인한다.

3. x와 y 사이의 관계의 식은 $y=\boxed{}x$이다.

■ 매일 1000원씩 x일 동안 저금한 저축액을 y원이라 할 때, 다음 물음에 답하시오.

4. 다음 표를 완성하시오.

x	1	2	3	4	⋯
y	1000		3000		⋯

5. y가 x에 정비례하는지 안하는지 말하시오.

_____

6. x와 y 사이의 관계의 식은 $y=\boxed{}x$이다.

■ 넓이가 y cm²인 직사각형의 가로의 길이가 x cm, 세로의 길이가 5 cm일 때, 다음 물음에 답하시오.

7. 다음 표를 완성하시오.

x	1	2	3	4	⋯
y					⋯

8. x와 y 사이의 관계의 식을 구하시오.

_____

■ 시속 80 km로 달리는 자동차가 x시간 동안 달린 거리를 y km라 할 때, 다음 물음에 답하시오.

9. 다음 표를 완성하시오.

x	1	2	3	4	⋯
y					⋯

10. x와 y 사이의 관계의 식을 구하시오.

_____

정비례 관계의 식 찾기 1

정비례 관계의 식을 찾을 때는 $y=ax$, $\dfrac{y}{x}=a\,(a\neq0)$의 모양을 찾으면 돼. 아하! 그렇구나~

■ 다음 중 y가 x에 정비례하는 것은 ○표, 정비례하지 <u>않는</u> 것은 ×표를 하시오.

1. $y=3x$

   ───────

2. $y=x+5$

   ───────

3. $\dfrac{y}{x}=-5$

   ───────

4. $y=4x-1$

   ───────

5. $xy=10$

   ───────

6. $y=-\dfrac{x}{8}$

   ───────

7. $y=\dfrac{12}{x}$

   ───────

8. $y=\dfrac{3}{4}x-6$

   ───────

9. $y=2+\dfrac{3}{x}$

   ───────

앗! 실수

10. $\dfrac{x}{y}=8$

   ───────

   Help $x=8y$이므로 $y=\dfrac{x}{8}$

11. $y=7$

   ───────

12. $xy=\dfrac{5}{6}$

   ───────

C 정비례 관계의 식 찾기 2

x의 값이 2배, 3배, 4배, …가 됨에 따라 y의 값이 2배, 3배, 4배, …가 되는 관계가 있을 때 y가 x에 정비례해. 아하! 그렇구나~

■ 다음 중 y가 x에 정비례하는 것은 ○표, 정비례하지 않는 것은 ×표를 하시오.

1. 한 변의 길이가 x cm인 정삼각형의 둘레의 길이 y cm

   _____

2. 한 개의 무게가 32 g인 물건 x개의 무게 y g

   _____

3. 30 L 들이 물통에 매분 x L씩 물을 넣을 때, 물이 가득 찰 때까지 걸린 시간 y분

   _____

   Help 1분에 1 L씩 물을 넣으면 30분이 걸리고 2 L씩 물을 넣으면 15분이 걸린다.

4. 반지름의 길이가 x cm인 원의 둘레의 길이 y cm
   (단, 원주율은 3.14이다.)

   _____

5. 시속 x km로 y시간 동안 간 거리 60 km

   _____

   Help (시간)$=\dfrac{(거리)}{(속력)}$

6. 가로, 세로의 길이가 각각 x cm, y cm인 직사각형의 둘레의 길이 50 cm

   _____

7. 총 쪽수가 260쪽인 책을 x쪽 읽고 남은 쪽수 y쪽

   _____

8. 시속 x km로 10시간 동안 간 거리 y km

   _____

9. 물 2000 mL를 x명이 똑같이 나누어 마실 때, 한 사람이 마시는 물의 양 y mL

   _____

10. 한 권에 3000원인 공책 x권의 값 y원

    _____

11. 80 L의 물이 들어 있는 물통에서 1분에 10 L씩 물을 빼낼 때, 물을 빼기 시작한 지 x분 후 물통에 남은 물의 양 y L

    _____

12. 하루 중 밤의 길이 x시간과 낮의 길이 y시간

    _____

    Help 하루는 24시간이므로 낮의 길이는 24시간에서 밤의 길이를 빼면 된다.

y가 x에 정비례하고 $x=3$일 때 $y=12$이다. $x=-1$일 때, y의 값을 구해 보자.
정비례하므로 $y=ax\ (a\neq0)$라 하고 $x=3$, $y=12$를 대입하면 $a=4$
따라서 $y=4x$가 되고 $x=-1$을 대입하면 $y=-4$

■ y가 x에 정비례하고 x의 값에 대한 y의 값이 다음과 같을 때, x와 y 사이의 관계의 식을 구하시오.

1. $x=2$일 때 $y=10$

_____

2. $x=-1$일 때 $y=8$

_____

3. $x=4$일 때 $y=-12$

_____

4. $x=2$일 때 $y=7$

_____

5. $x=-3$일 때 $y=5$

_____

앗! 실수
6. $x=-\dfrac{1}{3}$일 때 $y=2$

_____

■ y가 x에 정비례하고 x의 값에 대한 y의 값이 다음과 같을 때, ☐ 안에 알맞은 수를 써넣으시오.

7. $x=2$일 때 $y=14$이면, $x=-5$일 때 $y=$☐

8. $x=-3$일 때 $y=-6$이면, $x=4$일 때 $y=$☐

9. $x=4$일 때 $y=-2$이면, $x=3$일 때 $y=$☐

10. $x=-4$일 때 $y=1$이면, $x=$☐일 때 $y=2$

11. $x=\dfrac{1}{2}$일 때 $y=3$이면, $x=$☐일 때 $y=-12$

12. $x=\dfrac{1}{5}$일 때 $y=2$이면, $x=$☐일 때 $y=30$

적중률 70%

[1~3] 정비례

1. 다음 중 y가 x에 정비례하는 것은?

① $y=x+1$ ② $\dfrac{y}{x}=-3$ ③ $y=\dfrac{5}{x}$

④ $xy=1$ ⑤ $y=\dfrac{x}{2}+3$

2. 다음 중 y가 x에 정비례하는 것을 모두 고르면?

(정답 2개)

① 두 대각선의 길이가 x cm, y cm인 마름모의 넓이는 40 cm²

② x명이 y장씩 돌린 전단지 100장

③ 밑변의 길이가 3 cm, 높이가 x cm인 삼각형의 넓이 y cm²

④ 시속 x km로 y시간 동안 간 거리 10 km

⑤ 하루에 50쪽씩 책을 x일 동안 읽었을 때 책을 읽은 쪽수 y쪽

앗! 실수

3. 다음 보기에서 y가 x에 정비례하는 것의 개수를 구하시오.

┌ 보 기 ┐

ㄱ. 오렌지 80개를 남김없이 x명에게 똑같이 나누어줄 때 한 명이 받는 오렌지의 개수 y

ㄴ. 길이가 30 cm인 양초를 x cm 태우고 남은 양초의 길이 y cm

ㄷ. 8 %의 소금물 x g에 들어 있는 소금의 양 y g

ㄹ. 50 L의 물이 들어 있는 물통에서 1분에 2 L씩 물을 빼낼 때, 물을 빼기 시작한 지 x분 후 물통에 남은 물의 양 y L

ㅁ. 시속 60 km로 x시간을 가는 거리 y km

적중률 80%

[4~6] 정비례 관계의 식 구하기

4. 다음 표는 공책의 개수에 따른 값을 나타낸 것이다. 공책 x권의 값을 y원이라 할 때, x와 y 사이의 관계의 식은?

x	1	2	3	4	⋯
y	2500	5000	7500	10000	⋯

① $xy=5000$ ② $y=\dfrac{x}{2500}$ ③ $y=2500x$

④ $y=\dfrac{5000}{x}$ ⑤ $y=2500x+300$

5. x와 y 사이에 $y=ax$ $(a\neq0)$인 관계의 식이 성립할 때, x와 y 사이의 관계를 표로 나타내면 다음과 같다. $a+b-c$의 값을 구하시오.

x	b	-1	0	2	3
y	20	5	0	-10	c

6. y가 x에 정비례하고, $x=6$일 때 $y=-2$이다. $y=-7$일 때, x의 값은?

① 7 ② 15 ③ 18

④ 21 ⑤ 35

19 정비례 관계 $y=ax$ $(a\neq0)$의 그래프

● **정비례 관계 $y=2x$의 그래프**

① x의 값이 -2, -1, 0, 1, 2일 때,
정비례 관계 $y=2x$의 그래프는 오른쪽 그림과 같이 5개의 점이다.

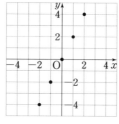

x	-2	-1	0	1	2
y	-4	-2	0	2	4

② x의 값이 수 전체일 때,
정비례 관계 $y=2x$의 그래프는 오른쪽 그림과 같이 원점 O를 지나는 직선이 된다.

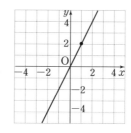

⇨ 원점과 다른 한 점 $(1, 2)$를 잡아서 두 점을 연결한다.
　　　　　　　다른 점이어도 된다.

● **정비례 관계 $y=ax$ $(a\neq0)$의 그래프의 성질**

	$a>0$	$a<0$
그래프		
지나는 사분면	제1사분면과 제3사분면	제2사분면과 제4사분면
그래프의 모양	원점을 지나고 오른쪽 위로 향하는 직선	원점을 지나고 오른쪽 아래로 향하는 직선
증가, 감소	x의 값이 커지면 y의 값도 커진다.	x의 값이 커지면 y의 값은 작아진다.

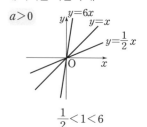
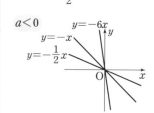
 앗! 실수

정비례 관계 $y=ax$ $(a\neq0)$의 그래프를 그릴 때 x에 대한 조건이 주어져 있지 않으면 그래프가 직선이 돼.
그래서 x의 값이 몇 개만 주어져 있는 그래프를 그릴 때도 점을 찍고 점들을 직선으로 연결하는 실수를 많이 해. x의 값이 셀 수 있는 점으로 주어져 있으면 오른쪽 그림과 같이 몇 개의 점만 찍은 것이 그래프라는 사실을 절대로 잊어서는 안 돼.
직선으로 나타낼 수 있는 것은 x의 값이 수 전체일 때만이야.

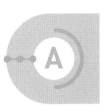

A 정비례 관계 $y=ax$ $(a \neq 0)$의 그래프

x의 값이 몇 개 주어져 있을 때는 정비례 관계의 식에 x의 값을 대입하여 y의 값을 구해서 점의 좌표를 구한 후 점만 찍으면 그래프야. 그러나 x의 값이 수 전체이거나 아무런 조건이 없으면 수 전체로 생각하여 가장 쉽게 구할 수 있는 한 점과 원점을 이으면 돼. 아하! 그렇구나~

앗! 실수

■ 다음 정비례 관계에 대하여 x의 값이 -2, -1, 0, 1, 2일 때, 아래 표의 빈칸을 채우고 정비례 관계의 그래프를 좌표평면 위에 나타내시오.

1. $y=3x$

x	-2	-1	0	1	2
y					

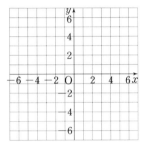

Help 표에 있는 5개의 점을 좌표평면에 찍으면 그래프이다.

2. $y=-3x$

x	-2	-1	0	1	2
y					

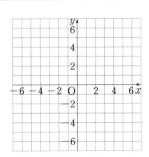

■ 다음은 x의 값이 수 전체일 때 정비례 관계의 그래프를 그리는 방법이다. □ 안에 알맞은 수를 써넣고 그래프를 그리시오.

3. $y=\dfrac{1}{2}x$

  ⇨ $(0, \boxed{})$, $(2, \boxed{})$

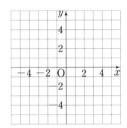

Help 위의 두 점을 직선으로 연결한다.

4. $y=4x$

  ⇨ $(0, \boxed{})$, $(1, \boxed{})$

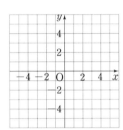

5. $y=-\dfrac{3}{2}x$

  ⇨ $(0, \boxed{})$, $(2, \boxed{})$

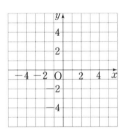

6. $y=-5x$

  ⇨ $(0, \boxed{})$, $(1, \boxed{})$

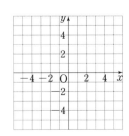

B 정비례 관계 $y=ax\ (a\neq0)$의
그래프와 a의 값 사이의 관계

정비례 관계 $y=ax\ (a\neq0)$의 그래프는
• $a>0$이면 제1사분면과 제3사분면을 지나는 직선이야.
• $a<0$이면 제2사분면과 제4사분면을 지나는 직선이야.
• a의 절댓값이 클수록 y축에 가까워져.

■ 다음 정비례 관계의 그래프는 어느 사분면을 지나는
지 □ 안에 써넣으시오.

1. $y=3x$

제 □ , □ 사분면

2. $y=-\dfrac{2}{3}x$

제 □ , □ 사분면

3. $y=5x$

제 □ , □ 사분면

4. $y=-\dfrac{1}{2}x$

제 □ , □ 사분면

5. $y=-6x$

제 □ , □ 사분면

6. $y=\dfrac{5}{2}x$

제 □ , □ 사분면

■ 다음 정비례 관계의 그래프를 보고, 각 정비례 관계의
식에 맞는 기호를 써넣으시오.

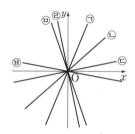

7. $y=-3x$

_____

8. $y=\dfrac{1}{2}x$

_____

9. $y=2x$

_____

10. $y=-\dfrac{1}{4}x$

_____

11. $y=-\dfrac{5}{2}x$

_____

12. $y=x$

_____

정비례 관계 $y=ax$ $(a \neq 0)$의 그래프의 성질

 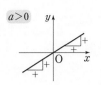 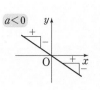

■ 다음 정비례 관계 $y=-2x$의 그래프에 대한 설명으로 옳은 것은 ○표, 옳지 <u>않은</u> 것은 ×표를 하시오.

1. 원점을 지나는 직선이다.

   _____

2. $y=-x$보다 x축에 더 가깝다.

   _____

3. x의 값이 증가할 때, y의 값도 증가한다.

   _____

4. 점 $(-2, \ 4)$를 지난다.

   _____

5. 제2사분면과 제4사분면을 지난다.

   _____

6. 오른쪽 위로 향하는 직선이다.

   _____

7. $y=10x$와 원점에서 만난다.

   _____

■ 다음 정비례 관계 $y=ax$ $(a \neq 0)$의 그래프에 대한 설명으로 옳은 것은 ○표, 옳지 <u>않은</u> 것은 ×표를 하시오.

8. a의 값에 관계없이 항상 원점을 지난다.

   _____

9. 점 $(1, \ a)$를 지난다.

   _____

10. a의 절댓값이 클수록 x축에 가까워진다.

    _____

11. $a>0$일 때, 오른쪽 위로 향하는 그래프이다.

    _____

12. $a<0$일 때, x의 값이 증가하면 y의 값도 증가한다.

    _____

13. $a>0$일 때, 제1사분면과 제3사분면을 지난다.

    _____

14. 점 $(a, \ 1)$을 지난다.

    _____

정비례 관계 $y=ax\ (a\neq0)$의 그래프 위의 점

정비례 관계 $y=ax\ (a\neq0)$에 주어진 점의 x의 값을 대입하여 나온 값이 그 점의 y의 값과 같은지 확인해 봐. 같다면 이 점은 정비례 관계 $y=ax\ (a\neq0)$의 그래프 위의 점이야. 아하! 그렇구나~

■ 다음 정비례 관계의 그래프에 대하여 주어진 점이 그래프 위의 점이면 ○표, 그래프 위의 점이 <u>아니면</u> × 표를 하시오.

1. 정비례 관계 $y=6x$

   (1) $(1,\ -6)$

   _____

   (2) $(-2,\ -12)$

   _____

   (3) $(2,\ 12)$

   _____

   (4) $(-3,\ 18)$

   _____

2. 정비례 관계 $y=\dfrac{5}{2}x$

   (1) $\left(1,\ \dfrac{5}{2}\right)$

   _____

   (2) $(-2,\ 5)$

   _____

   (3) $(4,\ 10)$

   _____

   (4) $(-6,\ 15)$

   _____

3. 정비례 관계 $y=-4x$

   (1) $(1,\ 4)$

   _____

   (2) $(-3,\ 12)$

   _____

   (3) $(4,\ 16)$

   _____

   (4) $(2,\ 6)$

   _____

4. 정비례 관계 $y=-\dfrac{3}{2}x$

   (1) $\left(3,\ -\dfrac{9}{2}\right)$

   _____

   (2) $(-2,\ 5)$

   _____

   (3) $(4,\ 10)$

   _____

   (4) $(-6,\ 9)$

   _____

적중률 80%

[1~3] 정비례 관계 $y=ax$ ($a≠0$)의 그래프

1. 다음 중 정비례 관계 $y=-\dfrac{3}{2}x$의 그래프는?

① 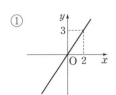　②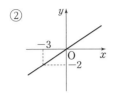

③ 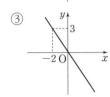　④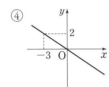

⑤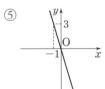

앗! 실수

2. x의 값이 $-2, -1, 0, 1, 2$일 때, 다음 중 정비례 관계 $y=x$의 그래프는?

① 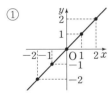　②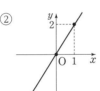

③ 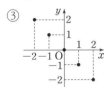　④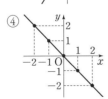

⑤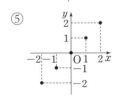

3. 다음 중 정비례 관계 $y=\dfrac{1}{3}x$의 그래프에 대한 설명으로 옳지 <u>않은</u> 것은?

① 점 $\left(2, \dfrac{2}{3}\right)$를 지난다.

② 제1사분면과 제3사분면을 지난다.

③ $y=3x$의 그래프보다 x축에 가깝다.

④ x의 값이 증가하면 y의 값은 감소한다.

⑤ 원점을 지난다.

적중률 70%

[4~5] 정비례 관계 $y=ax$ ($a≠0$)의 그래프와 a의 값의 관계

앗! 실수

4. 오른쪽 그림은 정비례 관계 $y=ax$의 그래프이다. a의 값이 가장 큰 것은?

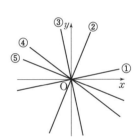

5. 다음 정비례 관계의 그래프 중 x축에 가장 가까운 것은?

① $y=3x$　　　② $y=-5x$

③ $y=\dfrac{5}{3}x$　　　④ $y=-\dfrac{1}{2}x$

⑤ $y=-x$

그래프에서 정비례 관계의 식 구하기

개념 강의 보기

● **정비례 관계 $y=ax$ ($a\neq0$)의 그래프 위의 점**

점 (p, q)는 정비례 관계 $y=ax$의 그래프 위의 점이다.
⇨ 정비례 관계 $y=ax$의 그래프가 점 (p, q)를 지난다.
⇨ 정비례 관계의 식 $y=ax$에 $x=p$, $y=q$를 대입하면 등식이 성립한다.
$y=5x$에서 $x=-1$을 대입하면 $y=-5$
　　　　　 $x=2$를 대입하면 $y=10$
따라서 두 점 $(-1, -5)$, $(2, 10)$은 $y=5x$의 그래프 위에 있는 점이다.

● **정비례 관계 $y=ax$ ($a\neq0$)의 그래프에서 상수 a의 값 구하기**

점 $(2, 6)$이 정비례 관계 $y=ax$의 그래프 위에 있을 때
$x=2$, $y=6$을 $y=ax$에 대입하면 $6=a\times2$
따라서 $a=3$이다.

● **그래프에서 정비례 관계의 식 구하기**

그래프가 원점을 지나는 직선이면 x와 y는 정비례 관계이다.
따라서 정비례 관계의 식을 $y=ax$ ($a\neq0$)로 놓고 그래프 위의 한 점을 대입하여 구한다.
오른쪽 그림에서 직선 위의 한 점이 $(1, 4)$이므로
$y=ax$에 $x=1$, $y=4$를 대입하면
$4=a\times1$　　∴ $a=4$
따라서 구하는 정비례 관계의 식은 $y=4x$이다.

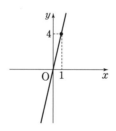

좀·더·알기

모든 직선이 정비례 관계인 것은 아니야. 직선인데 원점을 지나지 않으면 정비례 관계가 아니거든. 따라서 모든 직선을 $y=ax$ ($a\neq0$)로 놓고 풀면 안 되겠지. 그럼 어떻게 식을 구하냐고?
중1에서는 정비례 관계인 직선만 배우고 중2가 되면 원점을 지나지 않는 직선을 식으로 나타내는 방법을 배우니까 내년에 배우자고. 올해는 정비례 관계인 직선을 열심히 공부하고~

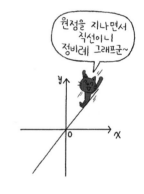

원점을 지나면서 직선이니 정비례 그래프군~

앗! 실수

정비례 관계의 식을 구할 때 많은 학생들이 x와 y의 좌표를 바꾸어 대입하는 실수를 해.
오른쪽 그림과 같이 그래프가 점 $(6, 2)$를 지나는데 $x=2$, $y=6$을 대입하면 전혀 다른 식이 나오니까 주의해야 해.

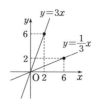

$y=ax$에 $x=6$, $y=2$를 대입하면 $2=a\times6$에서 $a=\dfrac{1}{3}$ ⇨ $y=\dfrac{1}{3}x$
$y=ax$에 $x=2$, $y=6$을 대입하면 $6=a\times2$에서 $a=3$ ⇨ $y=3x$

A 정비례 관계 $y=ax$ $(a \neq 0)$의 그래프에서 a의 값 구하기 1

점 (p, q)가 정비례 관계 $y=ax$ $(a \neq 0)$의 그래프 위의 점이면 $x=p$, $y=q$를 $y=ax$에 대입하여 상수 a의 값을 구할 수 있어.

아하! 그렇구나~

■ 다음 점이 정비례 관계 $y=ax$의 그래프 위에 있을 때, 상수 a의 값을 구하시오.

1. $(1, 2)$

_____

Help $y=ax$에 $x=1, y=2$를 대입하여 a의 값을 구한다.

2. $(-1, 2)$

_____

3. $(2, -6)$

_____

4. $(-3, -15)$

_____

5. $(3, -21)$

_____

6. $(-2, 12)$

_____

7. $(-5, -20)$

_____

8. $(2, 1)$

_____

9. $(-2, 3)$

_____

10. $(3, -4)$

_____

11. $(-4, -5)$

_____

12. $(5, -1)$

_____

두 점 $(2,\ 2)$, $(4,\ b)$가 정비례 관계 $y=ax$ $(a \neq 0)$의 그래프 위에 있을 때, 먼저 미지수가 없는 점 $(2,\ 2)$를 대입하여 a의 값을 구하고 점 $(4,\ b)$를 대입하여 b의 값을 구해야 해. 아하! 그렇구나~

■ 다음 두 점이 정비례 관계 $y=ax$의 그래프 위에 있을 때, a, b의 값을 각각 구하시오. (단, a는 상수)

1. $(1,\ 1)$, $(-3,\ b)$

   _____

   Help $y=ax$ $(a \neq 0)$에 $x=1$, $y=1$을 대입하여 a의 값을 먼저 구한 후 $x=-3$, $y=b$를 대입하여 b의 값을 구한다.

2. $(-1,\ 3)$, $(b,\ 6)$

   _____

3. $(2,\ -4)$, $(3,\ b)$

   _____

4. $(-3,\ -12)$, $(b,\ 4)$

   _____

5. $(-4,\ 4)$, $(5,\ b)$

   _____

6. $(6,\ -30)$, $(b,\ 10)$

   _____

7. $(7,\ 49)$, $(-2,\ b)$

   _____

8. $(3,\ 1)$, $(6,\ b)$

   _____

9. $(-4,\ 2)$, $(b,\ 3)$

   _____

10. $(-9,\ -2)$, $\left(\dfrac{9}{2},\ b\right)$

    _____

11. $(2,\ -5)$, $\left(\dfrac{4}{5},\ b\right)$

    _____

12. $(6,\ -4)$, $\left(b,\ \dfrac{4}{3}\right)$

    _____

그래프에서 정비례 관계의 식 구하기 1

정비례 관계의 식을 구할 때는 먼저 그래프를 지나는 점의 좌표를 확인해 봐. 그 다음 점의 좌표를 $y=ax$에 대입하면 상수 a의 값을 구할 수 있어. 이때 x좌표와 y좌표가 바뀌지 않도록 주의해야 해.

잊지 말자. 꼬~옥! ✌

앗! 실수

■ 다음 그림과 같은 그래프의 식을 구하시오.

1.

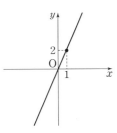

Help $y=ax$ $(a\neq 0)$라 하고 $x=1$, $y=2$를 대입하여 a의 값을 구한다.

2.

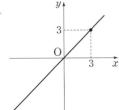

3.

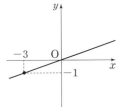

4.

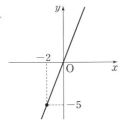

5.

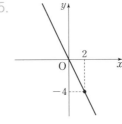

6.

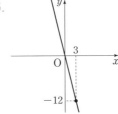

7.

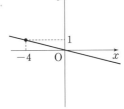

8.

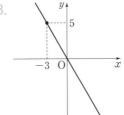

그래프에서 정비례 관계의 식 구하기 2

앗! 실수

■ 다음 그림과 같은 그래프에서 b의 값을 구하시오.

1.

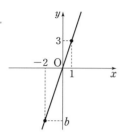

Help $y=ax \, (a \neq 0)$라 하고 $x=1, y=3$을 대입하여 a의 값을 먼저 구한 후 $x=-2, y=b$를 대입하여 b의 값을 구한다.

2.

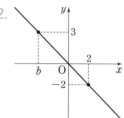

3.

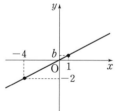

4.

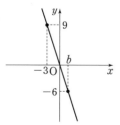

5.

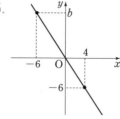

6.

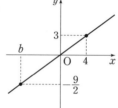

7.

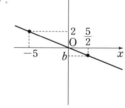

8.

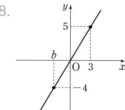

적중률 80%

[1~2] 그래프에서 정비례 관계의 식 구하기

1. 다음 조건을 모두 만족시키는 관계의 식을 구하시오.

> (가) 그래프가 원점을 지나는 직선이다.
> (나) $x=4$일 때, $y=-20$이다.

2. 다음 조건을 모두 만족시키는 관계의 식을 구하시오.

> (가) y는 x에 정비례한다.
> (나) 점 $(5, 20)$을 지난다.

적중률 80%

[3~4] 그래프 위에 있는 점 찾기

3. 정비례 관계 $y=ax$의 그래프가 점 $(3, -9)$를 지날 때, 다음 중 이 그래프 위에 있지 <u>않은</u> 점은?

① $(-1, 3)$　　　　② $(-2, -6)$

③ $\left(\dfrac{5}{3}, -5\right)$　　　④ $\left(\dfrac{3}{2}, -\dfrac{9}{2}\right)$

⑤ $(5, -15)$

4. 다음 중 오른쪽 그래프 위에 있는 점은?

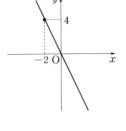

① $(-5, -10)$

② $(-3, 3)$

③ $(0, 1)$

④ $(1, -2)$

⑤ $(3, 6)$

[5~6] 정비례 관계 $y=ax$, $y=bx$에서 상수 a, b의 값 구하기

5. 오른쪽 그림은 두 정비례 관계 $y=ax$, $y=bx$의 그래프이다. 상수 a, b에 대하여 ab의 값을 구하시오.

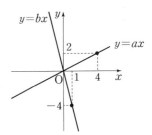

6. 오른쪽 그림은 두 정비례 관계 $y=ax$, $y=bx$의 그래프이다. 상수 a, b에 대하여 ab의 값을 구하시오.

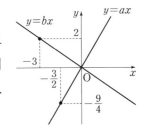

반비례

● 반비례

두 변수 x와 y 사이에 x의 값이 2배, 3배, 4배, …가 됨에 따라 y의 값은 $\frac{1}{2}$배, $\frac{1}{3}$배, $\frac{1}{4}$배, …가 되는 관계가 있을 때 y를 x에 반비례한다고 한다.

바빠꿀팁

$y=\frac{a}{x}\ (a\neq0)$의 모양일 때, 반비례 관계의 식인 것은 많은 학생들이 쉽게 아는데 $xy=a$ (일정)인 성질을 가진다는 것은 잘 모르는 경우가 많아.
하지만 $xy=a$인 성질을 이용하여 문제를 푸는 경우가 많으니 반드시 익혀 두자.

● 반비례 관계의 식

y가 x에 반비례할 때, x와 y 사이의 관계의 식은

$$y=\frac{a}{x}\ (a\neq0)$$

● 반비례의 성질

y가 x에 반비례할 때, xy의 값은 항상 a로 일정하다.

$$y=\frac{a}{x}\ \Rightarrow\ xy=a\ \text{(일정)}$$

1명이 하면 60일이 걸리는 일이 있다. 이 일을 x명이 함께 하면 y일이 걸린다고 할 때, x의 값의 변화에 따른 y의 값의 변화는 다음과 같다.

x(명)	1	2	3	4	…
y(일)	60	30	20	15	…

따라서 x의 값이 2배, 3배, 4배, …가 될 때, y의 값이 $\frac{1}{2}$배, $\frac{1}{3}$배, $\frac{1}{4}$배, … 가 되므로 y는 x에 반비례한다.

그러므로 x와 y 사이의 관계의 식은 $y=\frac{60}{x}$이다.

출동! X맨과 O맨

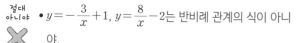

절대 아니야 · $y=-\frac{3}{x}+1,\ y=\frac{8}{x}-2$는 반비례 관계의 식이 아니야.
➡ 반비례 관계의 식은 상수항이 있으면 안 돼.

이게 정답이야 · $y=\frac{2}{5x}$는 반비례 관계의 식이야.
➡ $y=\frac{2}{5x}$는 $y=\frac{2}{5}\times\frac{1}{x}$이 되므로 $xy=\frac{2}{5}$가 되어 반비례 관계의 식이야.

A 표 완성하고 관계의 식 구하기

먼저 표를 완성하고, 반비례하면 $y=\dfrac{a}{x}\ (a\neq 0)$로 놓은 다음 x의 값과 y의 값을 대입하여 a의 값을 구하면 돼. 아하! 그렇구나~

■ 넓이가 24 cm²인 직사각형의 가로의 길이가 x cm, 세로의 길이가 y cm라 한다. 다음 물음에 답하시오.

1. 다음 표를 완성하시오.

x	1	2	3	4	…
y	24				…

2. y가 x에 정비례하는지 반비례하는지 말하시오.

_____

3. x와 y 사이의 관계의 식은 $y=\boxed{}$이다.

■ 공책 48권을 x명이 똑같이 나누어 가질 때, 한 사람이 가지는 공책을 y권이라 한다. 다음 물음에 답하시오.

4. 다음 표를 완성하시오.

x	1	2	3	4	…
y					…

5. y가 x에 정비례하는지 반비례하는지 말하시오.

_____

6. x와 y 사이의 관계의 식은 $y=\boxed{}$이다.

■ 1200 mL의 주스를 x명이 똑같이 나누어 마실 때, 한 사람이 마신 주스의 양을 y mL라 한다. 다음 물음에 답하시오.

7. 다음 표를 완성하시오.

x	1	2	3	4	…
y					…

8. x와 y 사이의 관계의 식을 구하시오.

_____

■ 한 반의 학생 32명을 x조로 나누었을 때, 한 조에 속한 학생 수를 y명이라 한다. 다음 물음에 답하시오.

9. 다음 표를 완성하시오.

x	1	2	4	8	…
y					…

10. x와 y 사이의 관계의 식을 구하시오.

_____

반비례 관계의 식 찾기 1

반비례 관계의 식을 찾을 때는 $y=\dfrac{a}{x}$ 또는 $xy=a \ (a\neq0)$의 모양을 찾으면 돼. 아하! 그렇구나~

■ 다음 중 y가 x에 반비례하는 것은 ○표, 반비례하지 <u>않는</u> 것은 ×표를 하시오.

1. $y=\dfrac{7}{x}$

_____

2. $y=-x+\dfrac{1}{2}$

_____

3. $\dfrac{y}{x}=9$

_____

4. $xy=-3$

_____

5. $y=\dfrac{x}{2}$

_____

6. $\dfrac{x}{y}=-10$

_____

7. $y=x-2$

_____

8. $y=\dfrac{3}{x}-4$

_____

9. $xy=\dfrac{1}{5}$

_____

10. $y=8x$

_____

앗! 실수
11. $y=\dfrac{7}{3x}$

_____

12. $y=-\dfrac{3}{5}x+1$

_____

반비례 관계의 식 찾기 2

x의 값이 2배, 3배, 4배, …가 됨에 따라 y의 값이 $\frac{1}{2}$배, $\frac{1}{3}$배, $\frac{1}{4}$배, … 가 되는 관계가 있으면 y가 x에 반비례해. 아하! 그렇구나~

■ 다음 중 y가 x에 반비례하는 것은 ○표, 반비례하지 <u>않는</u> 것은 ×표를 하시오.

1. 하루에 2시간씩 공부를 할 때, x일 동안 공부한 시간 y시간

2. 4명씩 한 모둠을 만들 때, 모둠의 수 x 모둠과 전체 학생 수 y명

3. 한 명이 하면 50일이 걸리는 일이 있을 때, x명이 함께 하면 걸리는 날 수 y일

4. 가로의 길이가 8 cm, 세로의 길이가 x cm인 직사각형의 둘레의 길이 y cm

5. 100000원을 모으기 위해 매달 저축하는 금액 x원과 저축하는 기간 y개월

6. 올해 14살인 시은이의 x년 후의 나이 y살

7. 시속 x km로 y시간 동안 간 거리 80 km

8. 무게가 500 g인 그릇에 물 x g을 넣었을 때의 전체 무게 y g

9. 넓이가 50 cm²인 평행사변형의 밑변의 길이가 x cm, 높이가 y cm

앗! 실수
10. 농도가 x %인 설탕물 y g 속에 녹아 있는 설탕의 양이 30 g

11. 두께가 12 mm인 책 x권을 쌓았을 때의 전체 두께 y mm

12. 밑면의 넓이가 8 cm²이고 높이가 x cm인 각기둥의 부피 y cm³

D 반비례 관계의 식 구하기

y가 x에 반비례하고 $x=-4$, $y=3$일 때, 관계의 식을 구해 보자.

반비례하므로 $y=\dfrac{a}{x}$ $(a\neq0)$라 하고 $x=-4$, $y=3$을 대입하면

$a=-12$　∴ $y=-\dfrac{12}{x}$

■ y가 x에 반비례하고 x의 값에 대한 y의 값이 다음과 같을 때, x와 y 사이의 관계의 식을 구하시오.

1. $x=3$일 때 $y=2$

　Help $y=\dfrac{a}{x}$ $(a\neq0)$라 하면 a는 $a=xy$로 빠르게 구할 수 있다.

2. $x=1$일 때 $y=8$

3. $x=-2$일 때 $y=5$

4. $x=-\dfrac{1}{3}$일 때 $y=6$

5. $x=\dfrac{2}{5}$일 때 $y=-10$

6. $x=-\dfrac{5}{6}$일 때 $y=-18$

■ y가 x에 반비례하고 x의 값에 대한 y의 값이 다음과 같을 때, □ 안에 알맞은 수를 써넣으시오.

7. $x=-3$일 때 $y=4$이면, $x=2$일 때 $y=$□

8. $x=2$일 때 $y=-8$이면, $x=4$일 때 $y=$□

9. $x=\dfrac{1}{6}$일 때 $y=18$이면, $x=3$일 때 $y=$□

10. $x=-8$일 때 $y=3$이면, $x=$□일 때 $y=6$

11. $x=\dfrac{1}{8}$일 때 $y=16$이면, $x=$□일 때 $y=\dfrac{1}{7}$

12. $x=\dfrac{1}{4}$일 때 $y=-20$이면, $x=$□일 때 $y=5$

적중률 70%

[1~2] 반비례

1. 다음 보기 중 y가 x에 반비례하는 것을 모두 고른 것은?

   ┌ 보 기 ┐

   ㄱ. 1 m 당 무게가 20 g인 철사 x m의 무게 y g

   ㄴ. 합이 80인 두 자연수 x와 y

   ㄷ. 가로의 길이가 x cm, 세로의 길이가 y cm 이고 넓이가 12 cm²인 직사각형

   ㄹ. 사과 300개를 x상자에 똑같이 나누어 담을 때, 한 상자에 담기는 사과의 개수 y

   ㅁ. 길이가 5 m인 테이프를 x m 사용하고 남은 길이 y m

   ① ㄱ, ㄴ　　② ㄱ, ㄷ　　③ ㄴ, ㄷ

   ④ ㄷ, ㄹ　　⑤ ㄷ, ㄹ, ㅁ

앗! 실수

2. 다음 중 y가 x에 반비례하는 것을 모두 고르면?

   (정답 3개)

   ① $y=12-x$　② $xy=3$　③ $x=-\dfrac{8}{y}$

   ④ $\dfrac{y}{x}=6$　　⑤ $y=\dfrac{14}{x}$

적중률 80%

[3~6] 반비례 관계의 식 구하기

3. x의 값이 2배, 3배, 4배, …가 될 때 y의 값은 $\dfrac{1}{2}$배, $\dfrac{1}{3}$배, $\dfrac{1}{4}$배, …가 되고, $x=-3$일 때, $y=2$이다. $x=-6$일 때, y의 값을 구하시오.

4. 3000 mL의 매실즙을 x병에 똑같이 나누어 담은 양을 y mL라 할 때, 다음 표를 보고 x와 y 사이의 관계의 식을 구하시오.

x	1	2	3	4	…
y	3000	1500	1000	750	…

5. 다음 중 y가 x에 반비례하고 $x=5$일 때, $y=-2$ 이다. x와 y 사이의 관계의 식은?

   ① $y=x-10$　② $y=-\dfrac{10}{x}$　③ $y=\dfrac{10}{x}$

   ④ $y=-\dfrac{x}{10}$　⑤ $y=-\dfrac{2}{5x}$

6. 다음 표에서 y가 x에 반비례할 때, $a-b$의 값은?

x	-3	-2	b	5
y	a	15	-10	-6

   ① 5　　　② 6　　　③ 7

   ④ 8　　　⑤ 9

22 반비례 관계 $y=\dfrac{a}{x}$ $(a\neq0)$의 그래프

개념 강의 보기

● 반비례 관계 $y=\dfrac{6}{x}$의 그래프

① x의 값이 $-6, -3, -2, -1, 1, 2, 3, 6$일 때, 그래프는 오른쪽 그림과 같다.

x	-6	-3	-2	-1	1	2	3	6
y	-1	-2	-3	-6	6	3	2	1

② x의 값이 수 전체일 때,
제1사분면 위의 두 점 $(1,\ 6)$, $(6,\ 1)$,
제3사분면 위의 두 점 $(-1,\ -6)$, $(-6,\ -1)$
을 잡아서 두 점을 매끄러운 곡선으로 연결한다.

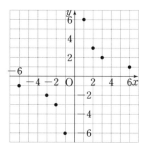

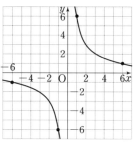

좀·더·알기

반비례 관계 $y=\dfrac{a}{x}$ $(a\neq0)$의 그 래프는 x축, y축과 절대로 만나지 않아. 왜 그럴까?
x축과 만나려면 y좌표가 0이어야 하는데, $0=\dfrac{a}{x}$를 만족하는 x의 값이 존재하지 않아서야.
또한, y축과 만나지 않는 이유는 분모인 x가 0이 될 수 없기 때문이지.

● 반비례 관계 $y=\dfrac{a}{x}$ $(a\neq0)$의 그래프의 성질

	$a>0$	$a<0$
그래프		
지나는 사분면	제1사분면과 제3사분면	제2사분면과 제4사분면
증가, 감소	각 사분면에서 x의 값이 증가하면 y의 값은 감소	각 사분면에서 x의 값이 증가하면 y의 값도 증가

● 반비례 관계 $y=\dfrac{a}{x}$ $(a\neq0)$의 그래프와 a의 값 사이의 관계

a의 절댓값이 클수록 좌표축에서 멀리 떨어진다. 즉, 원점에서 멀리 떨어진다.

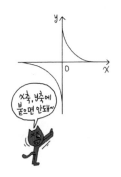

반비례 관계의 그래프를 그릴 때 많이 실수하는 것은 한 쌍의 곡선을
• 좌표축에 닿게 또는 좌표축을 지나서 그리는 경우
• 곡선이 x축, y축에 끝없이 가까워져야 하는데 끝이 구부러진 경우
• 곡선으로 그리지 않고 각이 생기게 그리는 경우
• 한 쌍의 곡선으로 그려야 하는데 한쪽 곡선만 그리는 경우가 있어.
  x축, y축을 따라가면서 닿지 않는 연습을 해 볼까?

A 반비례 관계 $y=\dfrac{a}{x}\,(a\neq0)$의 그래프

x의 값이 수 전체일 때의 그래프는 한 사분면에 2개의 점을 구하여 매끄러운 곡선으로 연결하면 돼. 이때 좌표축에 닿거나 좌표축을 지나서 그리면 안 되고, x축, y축에 끝없이 가까워져야 하는데 끝이 구부러져도 안 돼. 아하! 그렇구나~

■ 다음 반비례 관계에 대하여 x의 값이 -4, -2, -1, 1, 2, 4일 때, 아래 표의 빈칸을 채우고 반비례 관계의 그래프를 좌표평면 위에 나타내시오.

1. $y=\dfrac{4}{x}$

x	-4	-2	-1	1	2	4
y						

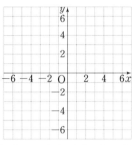

Help 위의 표에 있는 6개의 점을 좌표평면에 나타내면 그래프가 된다.

2. $y=-\dfrac{4}{x}$

x	-4	-2	-1	1	2	4
y						

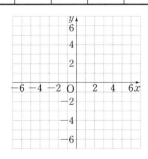

■ 다음은 x의 값이 수 전체일 때, 반비례 관계의 그래프를 그리는 방법이다. ☐ 안에 알맞은 수를 써넣고 그래프를 그리시오.

3. $y=\dfrac{2}{x}$

⇨ $(1,\ \square)$, $(2,\ \square)$, $(-1,\ \square)$, $(-2,\ \square)$

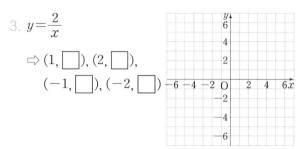

Help 위에서 구한 같은 사분면의 두 점을 매끄러운 곡선으로 연결한다.

4. $y=\dfrac{10}{x}$

⇨ $(2,\ \square)$, $(5,\ \square)$, $(-2,\ \square)$, $(-5,\ \square)$

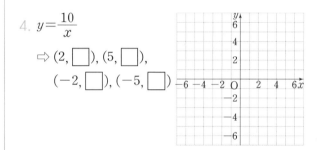

5. $y=-\dfrac{3}{x}$

⇨ $(1,\ \square)$, $(3,\ \square)$, $(-1,\ \square)$, $(-3,\ \square)$

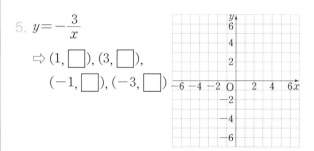

6. $y=-\dfrac{8}{x}$

⇨ $(2,\ \square)$, $(4,\ \square)$, $(-2,\ \square)$, $(-4,\ \square)$

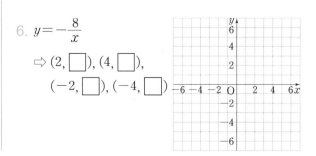

B 반비례 관계 $y = \dfrac{a}{x} \ (a \neq 0)$의 그래프와 a의 값 사이의 관계

반비례 관계 $y = \dfrac{a}{x} \ (a \neq 0, \ x \neq 0)$의 그래프는

- $a > 0$이면 제1사분면과 제3사분면을 지나고 $a < 0$이면 제2사분면과 제4사분면을 지나.
- a의 절댓값이 클수록 원점에서 멀어져.

■ 다음 반비례 관계의 그래프는 어느 사분면을 지나는지 □ 안에 써넣으시오.

1. $y = \dfrac{1}{x}$

    제□, □사분면

2. $y = -\dfrac{2}{x}$

    제□, □사분면

3. $y = -\dfrac{4}{x}$

    제□, □사분면

4. $y = \dfrac{3}{x}$

    제□, □사분면

5. $y = \dfrac{10}{x}$

    제□, □사분면

6. $y = -\dfrac{9}{x}$

    제□, □사분면

■ 다음 반비례 관계의 그래프를 보고, 각 반비례 관계의 식에 맞는 그래프의 기호를 써넣으시오.

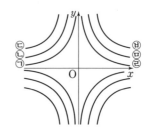

7. $y = -\dfrac{1}{x}$

    _____

8. $y = \dfrac{2}{x}$

    _____

9. $y = -\dfrac{4}{x}$

    _____

10. $y = -\dfrac{3}{x}$

    _____

11. $y = \dfrac{3}{x}$

    _____

12. $y = \dfrac{5}{x}$

    _____

C 반비례 관계 $y=\dfrac{a}{x}\ (a\neq0)$의 그래프의 성질

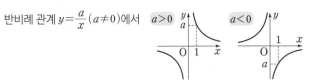

■ 다음 반비례 관계 $y=\dfrac{2}{x}$의 그래프에 대한 설명으로 옳은 것은 ○표, 옳지 <u>않은</u> 것은 ×표를 하시오.

1. 원점을 지나는 한 쌍의 곡선이다.

2. 점 $(-1,\ -2)$를 지난다.

3. $y=\dfrac{6}{x}$의 그래프보다 원점에서 더 멀다.

4. x축 또는 y축과 만난다.

5. 제2사분면과 제4사분면을 지난다.

6. x와 y는 반비례 관계이다.

7. 각 사분면에서 x의 값이 증가하면 y의 값은 감소한다.

■ 다음 반비례 관계 $y=\dfrac{a}{x}\ (a\neq0)$의 그래프에 대한 설명으로 옳은 것은 ○표, 옳지 <u>않은</u> 것은 ×표를 하시오.

8. a의 값에 관계없이 원점에 대하여 대칭인 한 쌍의 곡선이다.

9. $a<0$일 때, 제1사분면, 제3사분면을 지난다.

10. a의 절댓값이 클수록 원점에서 멀어진다.

11. x의 값이 2배, 3배, 4배가 되면 y의 값도 2배, 3배, 4배가 된다.

12. 점 $(1,\ a)$를 지난다.

13. y축과 한 점에서 만난다.

14. 점 $(a,\ 1)$을 지난다.

D 반비례 관계 $y=\dfrac{a}{x}\,(a\neq0)$의 그래프 위의 점

반비례 관계 $y=\dfrac{a}{x}\,(a\neq0)$에 주어진 점의 x의 값을 대입하여 나온 값이 y의 값과 같은지 확인해 봐. 같다면 이 점은 $y=\dfrac{a}{x}$의 그래프 위의 점이야. 아하! 그렇구나~

■ 다음 반비례 관계의 그래프에 대하여 주어진 점이 그래프 위의 점이면 ○표, 그래프 위의 점이 아니면 ×표를 하시오.

1. 반비례 관계 $y=\dfrac{8}{x}$

   (1) $(1,\ 8)$ _____

   (2) $(-2,\ -6)$ _____

   (3) $(4,\ -2)$ _____

   (4) $(-8,\ -1)$ _____

2. 반비례 관계 $y=\dfrac{12}{x}$

   (1) $(1,\ -12)$ _____

   (2) $(-3,\ -4)$ _____

   (3) $(4,\ 3)$ _____

   (4) $(-6,\ 2)$ _____

3. 반비례 관계 $y=-\dfrac{4}{x}$

   (1) $(2,\ 2)$ _____

   (2) $\left(-8,\ \dfrac{1}{2}\right)$ _____

   (3) $(4,\ -1)$ _____

   (4) $(-1,\ -4)$ _____

4. 반비례 관계 $y=-\dfrac{6}{x}$

   (1) $(3,\ -2)$ _____

   (2) $(-2,\ -3)$ _____

   (3) $\left(4,\ -\dfrac{3}{2}\right)$ _____

   (4) $(-6,\ 1)$ _____

거처먹는 시험 문제

[1~3] 반비례 관계 $y=\dfrac{a}{x}$ $(a\neq 0)$의 그래프

앗! 실수

1. 다음 중 $x<0$에서 반비례 관계 $y=-\dfrac{6}{x}$의 그래프는?

① 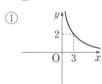   ②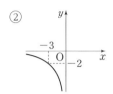

③ 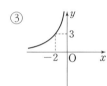   ④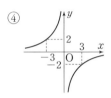

⑤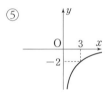

앗! 실수

2. x의 값이 $-6, -2, 2, 6$일 때, 다음 중 반비례 관계 $y=\dfrac{12}{x}$의 그래프는?

① 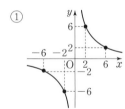   ②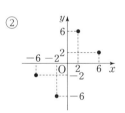

③ 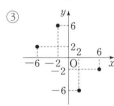   ④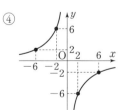

⑤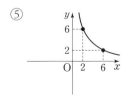

3. 다음 중 반비례 관계 $y=\dfrac{5}{x}$의 그래프에 대한 설명으로 옳지 <u>않은</u> 것은?

① 점 $\left(4, \dfrac{5}{4}\right)$를 지난다.

② 제1사분면과 제3사분면을 지난다.

③ $y=\dfrac{3}{x}$의 그래프보다 좌표축에서 멀리 떨어져 있다.

④ 각 사분면에서 x의 값이 증가하면 y의 값도 증가한다.

⑤ 원점에 대하여 대칭인 한 쌍의 곡선이다.

[4~5] 반비례 관계 $y=\dfrac{a}{x}$ $(a\neq 0)$의 그래프와 a의 값의 관계

4. 오른쪽 그림은 반비례 관계 $y=\dfrac{a}{x}$의 그래프이다. 이때 상수 a의 값이 가장 작은 것은?

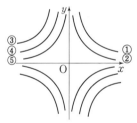

Help 음수는 절댓값이 클수록 작은 수이다.

5. 다음 반비례 관계의 그래프 중 좌표축에서 가장 멀리 떨어진 것은?

① $y=-\dfrac{8}{x}$ ② $y=\dfrac{3}{x}$ ③ $y=-\dfrac{1}{x}$

④ $y=\dfrac{5}{x}$ ⑤ $y=-\dfrac{6}{x}$

23 그래프에서 반비례 관계의 식 구하기

● **반비례 관계 $y=\dfrac{a}{x}$ $(a \neq 0)$의 그래프 위의 점**

점 (p, q)는 반비례 관계 $y=\dfrac{a}{x}$ $(a \neq 0)$의 그래프 위의 점이다.

⇨ 반비례 관계 $y=\dfrac{a}{x}$의 그래프가 점 (p, q)를 지난다.

⇨ 반비례 관계의 식 $y=\dfrac{a}{x}$에 $x=p, y=q$를 대입하면 등식이 성립한다.

$y=\dfrac{8}{x}$에서 $x=-2$일 때 $y=-4$이고, $x=4$일 때 $y=2$이다.

따라서 두 점 $(-2, -4), (4, 2)$는 $y=\dfrac{8}{x}$의 그래프 위에 있는 점이다.

바빠꿀팁

반비례 관계 $y=\dfrac{a}{x}$ $(a \neq 0)$에서 a를 구할 때 쉽게 구하는 방법이 있어.

$y=\dfrac{a}{x}$에서 $xy=a$가 되니까 그래프를 지나는 점의 x좌표와 y좌표를 곱하면 항상 a가 되는 거지.

만약 점 $(2, 3)$이 이 그래프 위에 있다면 2와 3을 곱한 값 6이 a가 되는 거야. 아주 쉽지!

● **반비례 관계 $y=\dfrac{a}{x}$ $(a \neq 0)$의 그래프에서 a의 값 구하기**

점 $(2, 5)$가 반비례 관계 $y=\dfrac{a}{x}$ $(a \neq 0)$의 그래프 위에 있을 때, $x=2, y=5$를 대입하면

$5=\dfrac{a}{2}$ ∴ $a=10$

● **그래프에서 반비례 관계의 식 구하기**

① 그래프가 원점에 대하여 대칭인 한 쌍의 곡선이다.

② 그래프가 좌표축에 한없이 가까워지는 한 쌍의 곡선이다.

③ x와 y는 반비례 관계이다.

⇨ 반비례 관계의 식을 $y=\dfrac{a}{x}$ $(a \neq 0)$로 놓는다.

오른쪽 그림에서 곡선 위의 한 점이 $(1, 4)$이므로

$y=\dfrac{a}{x}$에 $x=1, y=4$를 대입하면 $a=4$

따라서 구하는 반비례 관계의 식은 $y=\dfrac{4}{x}$이다.

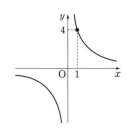

앗! 실수

정비례 관계의 식과 반비례 관계의 식을 모두 배우면 두 그래프가 헷갈려서 직선 위의 점을 $y=\dfrac{a}{x}$에, 곡선 위의 점을 $y=ax$에 대입하여 틀리는 경우가 많아.

기억하자. 그래프의 모양이 원점을 지나는 직선이면 $y=ax$에, 원점을 사이에 둔 한 쌍의 곡선이면 $y=\dfrac{a}{x}$에 대입하여 a의 값을 구한다는 것.

A 반비례 관계 $y=\dfrac{a}{x}\ (a\neq0)$의 그래프에서 a의 값 구하기 1

점 $(p,\ q)$가 반비례 관계 $y=\dfrac{a}{x}\ (a\neq0)$의 그래프 위에 있을 때, $x=p,\ y=q$를 $y=\dfrac{a}{x}$에 대입하면 상수 a의 값을 구할 수 있어.

아하! 그렇구나~

■ 다음 점이 반비례 관계 $y=\dfrac{a}{x}$의 그래프 위에 있을 때, 상수 a의 값을 구하시오.

1. $(1,\ 4)$

_____

Help $y=\dfrac{a}{x}$에 $x=1,\ y=4$를 대입하여 a의 값을 구한다.

2. $(-1,\ 3)$

_____

Help 상수 a는 $a=xy$로 빠르게 구할 수 있다.

3. $(2,\ -5)$

_____

4. $(-1,\ -6)$

_____

5. $(4,\ -3)$

_____

6. $(-2,\ 7)$

_____

7. $(-5,\ -3)$

_____

8. $(9,\ 1)$

_____

9. $(-10,\ 2)$

_____

10. $(4,\ -4)$

_____

11. $(-6,\ -5)$

_____

12. $(5,\ -2)$

_____

반비례 관계 $y=\dfrac{a}{x}\,(a\neq0)$의 그래프에서 a의 값 구하기 2

두 점 $(1,\ b)$, $(3,\ 2)$가 반비례 관계 $y=\dfrac{a}{x}\,(a\neq0)$의 그래프 위의 점일 때, 먼저 미지수가 없는 점 $(3,\ 2)$를 대입하여 a의 값을 구하고 점 $(1,\ b)$를 대입하여 b의 값을 구해야 해. 아하! 그렇구나~

■ 다음 두 점이 반비례 관계 $y=\dfrac{a}{x}$의 그래프 위에 있을 때, a, b의 값을 각각 구하시오. (단, a는 상수)

1. $(2,\ -4)$, $(8,\ b)$

    _____

    Help $y=\dfrac{a}{x}\,(a\neq0)$에 $x=2$, $y=-4$를 대입하여 a의 값을 먼저 구한 후 $x=8$, $y=b$를 대입하여 b의 값을 구한다.

2. $(-3,\ -10)$, $(b,\ 6)$

    _____

3. $(-4,\ 3)$, $(2,\ b)$

    _____

4. $(6,\ -6)$, $(b,\ 12)$

    _____

5. $(5,\ 4)$, $(-2,\ b)$

    _____

6. $(-3,\ -2)$, $(b,\ 3)$

    _____

7. $(-8,\ 3)$, $(6,\ b)$

    _____

8. $(4,\ -1)$, $(-2,\ b)$

    _____

9. $(-1,\ -2)$, $(b,\ 8)$

    _____

10. $(3,\ 1)$, $(2,\ b)$

    _____

11. $(-9,\ 2)$, $(b,\ -4)$

    _____

12. $(-5,\ -2)$, $(4,\ b)$

    _____

그래프에서 반비례 관계의 식 구하기 1

반비례 관계 $y=\dfrac{a}{x}\,(a\neq0)$의 그래프가 점 $(p,\ q)$를 지나면 $q=\dfrac{a}{p}$가 되어 $pq=a$가 되겠지. 따라서 x좌표와 y좌표를 곱하면 a의 값을 바로 구할 수 있어. 아하! 그렇구나~

앗! 실수

■ 다음 그림과 같은 그래프의 식을 구하시오.

1.

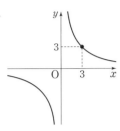

_____

Help $y=\dfrac{a}{x}\,(a\neq0)$라 하면 a는 그래프 위의 점의 x좌표와 y좌표를 곱한 값이다.

2.

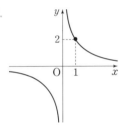

_____

3.

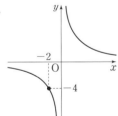

_____

4.

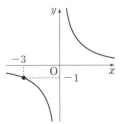

_____

5.

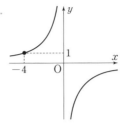

_____

6.

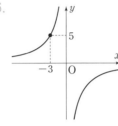

_____

7.

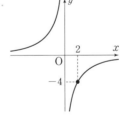

_____

8.

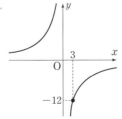

_____

그래프에서 반비례 관계의 식 구하기 2

두 점 중 미지수가 없는 점의 x좌표와 y좌표를 곱하여 a의 값을 구한 후 다른 점의 x좌표와 y좌표의 곱이 a임을 이용하여 b의 값을 구해.

아하! 그렇구나~

■ 다음 그림과 같은 그래프에서 b의 값을 구하시오.

1.

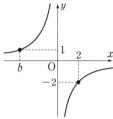

Help $y=\dfrac{a}{x}\ (a\neq 0)$라 하면 $a=2\times(-2)=-4$

2.

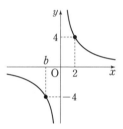

3.

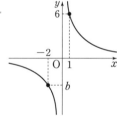

4.

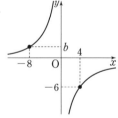

5.

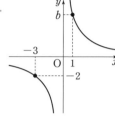

6.

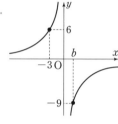

7.

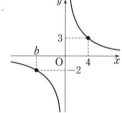

8.

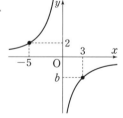

거저먹는 시험 문제

적중률 80%

[1~2] 반비례 관계의 식 구하기

1. 다음 조건을 모두 만족시키는 그래프의 식을 구하시오.

> (가) y는 x에 반비례 한다.
> (나) 점 $(-2,\ 4)$를 지난다.

2. 다음 조건을 모두 만족시키는 그래프의 식을 구하시오.

> (가) 그래프 위의 임의의 점 $(p,\ q)$에 대하여 pq의 값은 일정하다.
> (나) 점 $(6,\ 1)$을 지난다.

적중률 90%

[3~4] 반비례 관계 $y=\dfrac{a}{x}\ (a\neq0)$의 그래프 위에 있는 점 찾기

3. 반비례 관계 $y=\dfrac{a}{x}\ (a\neq0)$의 그래프가 점 $(3,\ -4)$를 지날 때, 다음 중 이 그래프 위에 있지 <u>않은</u> 점은?

① $(-3,\ 4)$ ② $(-2,\ -6)$
③ $\left(-7,\ \dfrac{12}{7}\right)$ ④ $\left(8,\ -\dfrac{3}{2}\right)$
⑤ $(-6,\ 2)$

4. 다음 중 오른쪽 그래프 위에 있지 <u>않은</u> 점은?

① $(-2,\ 10)$
② $(4,\ -5)$
③ $(1,\ -20)$
④ $\left(\dfrac{1}{2},\ -8\right)$
⑤ $\left(-\dfrac{5}{2},\ 8\right)$

적중률 70%

[5~6] 그래프가 나타내는 식 구하기

5. $y=ax,\ y=\dfrac{b}{x}$의 그래프가 오른쪽 그림과 같을 때, 상수 $a,\ b$에 대하여 $a+b$의 값을 구하시오.

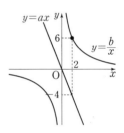

6. 오른쪽 그래프를 나타내는 관계의 식으로 옳지 <u>않은</u> 것은?

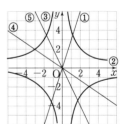

① $y=3x$
② $y=\dfrac{4}{x}$
③ $y=-\dfrac{6}{x}$
④ $y=-\dfrac{4}{3}x$
⑤ $y=-2x$

Help 각 그래프 위에 있는 점을 찾아서 관계의 식에 대입한다.

24 $y=ax \, (a\neq0), \, y=\dfrac{b}{x} \, (b\neq0)$의 그래프의 응용

개념 강의 보기

● **$y=ax \, (a\neq0), \, y=\dfrac{b}{x} \, (b\neq0)$의 그래프가 만나는 점**

점 (p, q)는 정비례 관계 $y=ax$의 그래프 위의 점인 동시에 반비례 관계 $y=\dfrac{b}{x}$의 그래프 위의 점이다.

⇨ $y=ax, \, y=\dfrac{b}{x}$에 $x=p, \, y=q$를 대입하여 a, b의 값을 각각 구한다.

오른쪽 그림에서 $y=\dfrac{8}{x}$에 $x=2$를 대입하면

$y=4$가 된다.

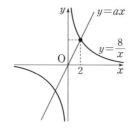

이때 점 $(2, 4)$는 두 그래프가 만나는 점이므로

$y=ax$에 $x=2, \, y=4$를 대입하면

$4=2\times a \qquad \therefore a=2$

바빠꿀팁

다음 그림에서 색칠한 부분의 넓이를 구해 보자.
삼각형 AOM에서 밑변을 $\overline{\rm AM}$으로 생각하면 높이는 $\overline{\rm OB}$가 되고 삼각형 AOM의 넓이는
$\dfrac{1}{2}\times4\times4=8$이 되는 거지.

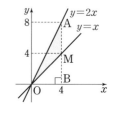

● **정비례 관계 $y=ax \, (a\neq0)$의 그래프와 도형의 넓이**

오른쪽 그림과 같이 점 P에서 x축에 내린 수선과 x축이 만나는 점 Q의 x좌표가 2이면 점 P의 좌표는 $(2, 6)$이다.

따라서 삼각형 POQ의 넓이는 $\dfrac{1}{2}\times2\times6=6$

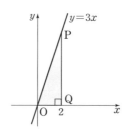

● **반비례 관계 $y=\dfrac{a}{x} \, (a\neq0)$의 그래프와 도형의 넓이**

점 $P(p, q)$가 $y=\dfrac{a}{x}$의 그래프 위에 있다면 $q=\dfrac{a}{p}$이고 $pq=a$

그런데 pq는 직사각형의 넓이가 된다. 넓이는 항상 양수이므로 오른쪽 그림과 같이 색칠한 직사각형의 넓이는 $|a|$이다.

$y=\dfrac{2}{x}$의 그래프 위의 한 점에서 x축과 y축에 수선을 내렸을 때 생기는 어떤 직사각형도 그 넓이는 모두 2이다.

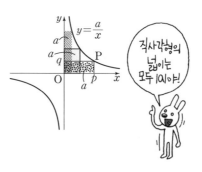

직사각형의 넓이는 모두 |a|야!

앗! 실수

반비례 관계의 그래프와 정비례 관계의 그래프가 만나는 점에 대한 문제는 먼저 x좌표를 관계의 식에 대입해서 y좌표를 구해야 하는데, 이때 두 관계의 식 중 미지수가 없는 식에 대입해야 만나는 점의 좌표를 구할 수 있어. 오른쪽 그림에서 미지수가 없는 식 $y=3x$에 $x=1$을 대입해야 만나는 점 $(1, 3)$을 구할 수 있지.

만약에 $x=1$을 $y=\dfrac{a}{x}$에 대입하면 $y=a$가 되니까 답을 구하기 어려워져.

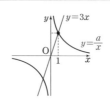

$y=ax\ (a\neq0),\ y=\dfrac{b}{x}\ (b\neq0)$의 그래프가 만나는 점

$y=ax,\ y=\dfrac{b}{x}$가 함께 나오는 문제는 학교 시험에 자주 나와.

조금 어려워 보여도 당황하지 말고 두 그래프가 만나는 점의 좌표를 구해 보자. 아하! 그렇구나~

앗! 실수

■ 다음을 만족하는 상수 a의 값을 구하시오.

1. 오른쪽 그림은 정비례 관계 $y=ax$, 반비례 관계 $y=\dfrac{4}{x}$의 그래프이고 두 그래프가 만나는 점 A의 x좌표가 2이다.

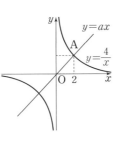

_____

Help $y=\dfrac{4}{x}$에 $x=2$를 대입하여 만나는 점의 y좌표를 구하고, 이 점을 다시 $y=ax$에 대입한다.

2. 오른쪽 그림은 정비례 관계 $y=ax$, 반비례 관계 $y=\dfrac{6}{x}$의 그래프이고 두 그래프가 만나는 점 A의 y좌표가 6이다.

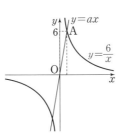

_____

3. 오른쪽 그림은 정비례 관계 $y=\dfrac{5}{2}x$, 반비례 관계 $y=\dfrac{a}{x}$의 그래프이고 두 그래프가 만나는 점 A의 y좌표가 5이다.

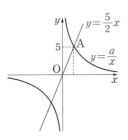

_____

4. 오른쪽 그림은 정비례 관계 $y=ax$, 반비례 관계 $y=-\dfrac{3}{x}$의 그래프이고 두 그래프가 만나는 점 A의 x좌표가 -1이다.

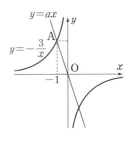

_____

5. 오른쪽 그림은 정비례 관계 $y=-\dfrac{1}{2}x$, 반비례 관계 $y=\dfrac{a}{x}$의 그래프이고 두 그래프가 만나는 점 A의 x좌표가 -6이다.

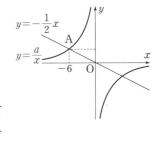

_____

6. 오른쪽 그림은 정비례 관계 $y=-\dfrac{3}{4}x$, 반비례 관계 $y=\dfrac{a}{x}$의 그래프이고 두 그래프가 만나는 점 A의 y좌표가 3이다.

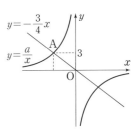

_____

정비례 관계 $y=ax\ (a\neq0)$의 그래프와 도형의 넓이

두 삼각형 AOB의 넓이를 구할 때 두 점 A, B의 y좌표의 차가 밑변이 되고 x좌표가 높이가 돼.

아하! 그렇구나~

■ 다음을 만족하는 삼각형 AOB의 넓이를 구하시오.

1. 오른쪽 그림과 같이 정비례 관계 $y=2x$의 그래프 위의 한 점 A에서 x축에 수직인 직선을 그었을 때, x축과 만나는 점 B의 x좌표가 3이다.

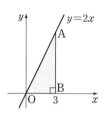

Help 삼각형의 밑변의 길이는 3, 높이는 $y=2x$에 $x=3$을 대입한 값이다.

2. 오른쪽 그림과 같이 정비례 관계 $y=3x$의 그래프 위의 한 점 A에서 x축에 수직인 직선을 그었을 때, x축과 만나는 점 B의 x좌표가 4이다.

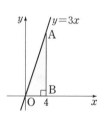

3. 오른쪽 그림과 같이 정비례 관계 $y=\frac{5}{4}x$의 그래프 위의 한 점 A에서 y축에 수직인 직선을 그었을 때, y축과 만나는 점 B의 y좌표가 5이다.

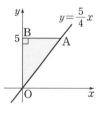

4. 오른쪽 그림은 두 정비례 관계 $y=3x,\ y=-\frac{1}{3}x$의 그래프이고, 점 A와 점 B의 x좌표가 모두 3이다.

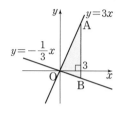

Help $y=3x$에 $x=3$을 대입하면 $y=9$
$y=-\frac{1}{3}x$에 $x=3$을 대입하면 $y=-1$
따라서 선분 AB의 길이는 $9-(-1)=10$

5. 오른쪽 그림은 두 정비례 관계 $y=4x,\ y=-\frac{2}{5}x$의 그래프이고, 점 A와 점 B의 x좌표가 모두 5이다.

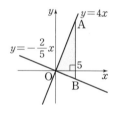

6. 오른쪽 그림은 두 정비례 관계 $y=\frac{2}{3}x,\ y=\frac{4}{3}x$의 그래프이고, 점 A와 점 B의 y좌표가 모두 4이다.

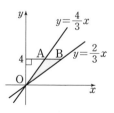

반비례 관계 $y = \dfrac{a}{x}$ $(a \neq 0)$의 그래프와 도형의 넓이

점 $P(p, q)$가 $y = \dfrac{a}{x}$의 그래프 위에 있다면 $q = \dfrac{a}{p}$이고 $pq = a$인데 pq는 직사각형의 넓이야. 그런데 넓이는 양수이므로 직사각형의 넓이는 무조건 $|a|$야.

■ 다음에 주어진 반비례 관계의 그래프에 대하여 직사각형 AOBC의 넓이를 구하시오.

1. $y = \dfrac{12}{x}$

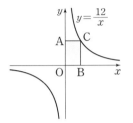

 $y = \dfrac{a}{x}$에서 직사각형의 넓이는 $|a|$이다.

2. $y = \dfrac{18}{x}$

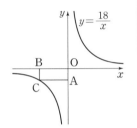

3. $y = -\dfrac{21}{x}$

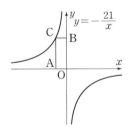

4. $y = -\dfrac{9}{x}$

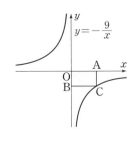

■ 다음을 만족하는 삼각형 AOB의 넓이를 구하시오.

5. 반비례 관계 $y = \dfrac{6}{x}$의 그래프 위의 한 점 A에서 x축에 수선을 그었을 때, x축과 만나는 점을 B라 하고 점 B의 좌표가 $(2, 0)$이다.

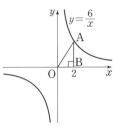

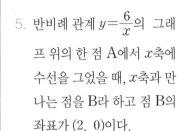 $y = \dfrac{6}{x}$에 $x = 2$를 대입하여 점 A의 y의 값을 구한다.

6. 반비례 관계 $y = \dfrac{10}{x}$의 그래프 위의 한 점 B에서 y축에 수선을 그었을 때, y축과 만나는 점을 A라 하고 점 A의 좌표가 $(0, 5)$이다.

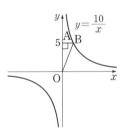

7. 반비례 관계 $y = -\dfrac{16}{x}$의 그래프 위의 한 점 B에서 x축에 수선을 그었을 때, x축과 만나는 점을 A라 하고 점 A의 좌표가 $(-8, 0)$이다.

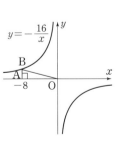

159

적중률 60%

[1~2] 두 그래프가 만나는 점

1. 오른쪽 그림과 같이 정비례 관계 $y=3x$, 반비례 관계 $y=\dfrac{a}{x}$의 그래프가 점 $(2,\ b)$에서 만날 때, a, b에 대하여 $a+b$의 값을 구하시오.

(단, a는 상수)

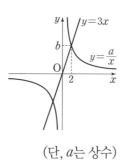

2. 오른쪽 그림과 같이 정비례 관계 $y=-2x$, 반비례 관계 $y=\dfrac{a}{x}$의 그래프가 점 $(-4,\ b)$에서 만날 때, a, b에 대하여 $\dfrac{a}{b}$의 값을 구하시오. (단, a는 상수)

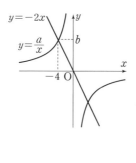

적중률 60%

[3~4] 정비례 관계 $y=ax\ (a\neq0)$의 그래프와 도형의 넓이

3. 오른쪽 그림과 같이 두 정비례 관계 $y=2x$, $y=-\dfrac{1}{2}x$의 그래프가 점 $(4,\ 0)$을 지나고 y축과 평행한 직선과 만나는 점을 각각 A, B라 할 때, 삼각형 AOB의 넓이를 구하시오.

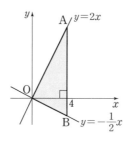

4. 오른쪽 그림과 같이 두 정비례 관계 $y=\dfrac{4}{5}x$, $y=\dfrac{2}{5}x$의 그래프가 점 $(5,\ 0)$을 지나고 y축에 평행한 직선과 만나는 점을 각각 A, B라 할 때, 삼각형 AOB의 넓이를 구하시오.

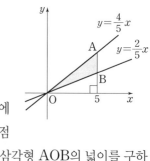

[5~6] 반비례 관계 $y=\dfrac{a}{x}\ (a\neq0)$의 그래프와 도형의 넓이

5. 오른쪽 그림은 반비례 관계 $y=\dfrac{a}{x}$의 그래프이다. 두 점 B, D는 원점에 대하여 대칭이고, 직사각형 ABCD의 넓이가 32일 때, 상수 a의 값을 구하시오.

Help 제1사분면의 직사각형의 넓이가 a의 값이다.

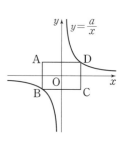

앗! 실수

6. 오른쪽 그림은 반비례 관계 $y=\dfrac{a}{x}\ (a\neq0)$의 그래프이다. 두 점 A, C는 원점에 대하여 대칭이고, 직사각형 ABCD의 넓이가 40일 때, 상수 a의 값은?

① -40 ② -20 ③ -10
④ 10 ⑤ 40

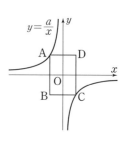

25 # 정비례, 반비례 관계의 활용

● **정비례 관계의 활용**

① **두 변수 x와 y 사이가 정비례 관계인지 알아보는 방법**

⇨ x의 값이 2배, 3배, …로 변할 때, y의 값도 2배, 3배, …로 변하는 경우

⇨ $\dfrac{y}{x}$의 값이 일정하거나 $x:y$의 비가 일정한 경우

② **정비례 관계일 때, $y=ax\ (a\neq0)$라 하고 a의 값을 구한다.**

1분에 3 L씩 나오는 수도꼭지에서 x분 동안 나오는 물의 양을 y L라 할 때, x와 y는 어떤 관계일까?

1분 ⇨ 3 L, 2분 ⇨ 6 L, 3분 ⇨ 9 L, …

이므로 x의 값이 2배, 3배, …로 변할 때 y의 값도 2배, 3배, …로 변한다.

따라서 정비례 관계이고 $y=ax\ (a\neq0)$라 하면 $a=3$이 되므로 $y=3x$이다.

● **반비례 관계의 활용**

① **두 변수 x와 y 사이가 반비례 관계인지 알아보는 방법**

⇨ x의 값이 2배, 3배, …로 변할 때 y의 값이 $\dfrac{1}{2}$배, $\dfrac{1}{3}$배, …로 변하는 경우

⇨ xy의 값이 일정한 경우

② **반비례 관계일 때, $y=\dfrac{a}{x}\ (a\neq0)$라 하고 a의 값을 구한다.**

48개의 과자를 x명이 모두 나누어 먹으면 1명당 y개씩 먹을 수 있다고 할 때, x와 y는 어떤 관계일까?

사람 수가 2배로 늘어나면 먹을 수 있는 과자의 개수가 $\dfrac{1}{2}$배로 작아진다.

1명 ⇨ 48개, 2명 ⇨ 24개, 3명 ⇨ 16개, …

이므로 x의 값이 2배, 3배, … 로 변할 때, y의 값은 $\dfrac{1}{2}$배, $\dfrac{1}{3}$배, … 로 변한다.

따라서 반비례 관계이고 $y=\dfrac{a}{x}\ (a\neq0)$라 하면 $a=xy=1\times48=48$이 되므로 $y=\dfrac{48}{x}$이다.

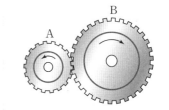
😮 **앗! 실수**

반비례 관계를 x의 값이 증가할 때 y의 값은 감소한다고 생각하는 경우가 있어서 오른쪽 표와 같은 경우 반비례 관계라고 생각하기 쉬워. 그러나 x의 값이 증가할 때, y의 값이	x	1	2	3	4
	y	-2	-4	-6	-8

감소하고 있지만 x의 값이 2배, 3배, …로 변할 때, y의 값도 2배, 3배, …로 변했으니 반비례 관계가 아니라 정비례 관계야. 자칫 실수할 수 있으니까 조심해야 해.

정비례 관계 $y=ax$ $(a\neq0)$의 활용 1

- (거리)＝(속력)×(시간)
- 물건을 살 때 물건의 값이 1 g, 1 kg 등의 단위로 표시되어 있지 않은 식은 1 g, 1 kg에 얼마인지 계산해서 식을 세워야 해.

아하! 그렇구나~

1. y km의 거리를 시속 60 km의 일정한 속력으로 자동차를 타고 가면 x시간이 걸릴 때, 다음 물음에 답하시오.

   (1) x와 y 사이의 관계의 식을 구하시오.

   ―――――――――

   (2) 자동차를 타고 6시간 동안 가면 몇 km를 갈 수 있는가?

   Help (거리)＝(속력)×(시간)

   ―――――――――

2. y km의 거리를 시속 20 km의 일정한 속력으로 자전거를 타고 가면 x시간이 걸릴 때, 다음 물음에 답하시오.

   (1) x와 y 사이의 관계의 식을 구하시오.

   ―――――――――

   (2) 자전거를 타고 100 km를 달렸다면 몇 시간이 걸렸겠는가?

   ―――――――――

3. 1 kg에 8000원인 토마토를 x kg 살 때, 지불해야 하는 금액을 y원이라 하자. 다음 물음에 답하시오.

   (1) x와 y 사이의 관계의 식을 구하시오.

   ―――――――――

   (2) 토마토를 5 kg 살 때, 지불해야 할 금액을 구하시오.

   ―――――――――

앗! 실수

4. 100 g에 2500원인 삼겹살을 x g 살 때, 지불해야 하는 금액을 y원이라 하자. 다음 물음에 답하시오.

   (1) x와 y 사이의 관계의 식을 구하시오.

   ―――――――――

   Help 1 g 단위로 표시되어 있지 않으므로 1 g에 얼마인지 계산해서 식을 세워야 한다. 100 g에 2500원이므로 1 g에는 25원이다.

   (2) 삼겹살을 2 kg 살 때, 지불해야 할 금액을 구하시오.

   ―――――――――

정비례 관계 $y=ax$ $(a \neq 0)$의 활용 2

· (A의 톱니의 수)×(A의 회전 수)=(B의 톱니의 수)×(B의 회전 수)
· 자동차로 달릴 때 소모되는 연료가 1 L 단위로 표시되어 있지 않은 식은 1 L에 얼마만큼 갈 수 있는지 계산해서 식을 세워야 해.

아하! 그렇구나~

1. 1 L의 휘발유로 10 km를 갈 수 있는 자동차가 있다. 이 자동차가 휘발유 x L로 y km를 갈 수 있을 때, 다음 물음에 답하시오.

   (1) x와 y 사이의 관계의 식을 구하시오.

   _____

   (2) 휘발유 15 L로 몇 km를 갈 수 있는지 구하시오.

   _____

2. 4 L의 휘발유로 24 km를 갈 수 있는 자동차가 있다. 이 자동차가 휘발유 x L로 y km를 갈 수 있을 때, 다음 물음에 답하시오.

   (1) x와 y 사이의 관계의 식을 구하시오.

   _____

   Help 1 L 단위로 표시되어 있지 않으므로 1 L에 몇 km를 갈 수 있는지 계산해서 식을 세워야 한다. 4 L로 24 km를 갈 수 있으므로 1 L로는 6 km를 갈 수 있다.

   (2) 휘발유 10 L로 몇 km를 갈 수 있는지 구하시오.

   _____

3. 톱니의 수가 각각 6개, 8개인 두 톱니바퀴 A, B가 서로 맞물려 돌고 있다. 톱니바퀴 A가 x번 회전할 때, 톱니바퀴 B는 y번 회전한다. 다음 물음에 답하시오.

   (1) x와 y 사이의 관계의 식을 구하시오.

   _____

   Help (A의 톱니의 수)×(A의 회전 수)
   =(B의 톱니의 수)×(B의 회전 수)이므로
   $6 \times x = 8 \times y$

   (2) 톱니바퀴 A가 4번 회전할 때, 톱니바퀴 B는 몇 번 회전하는가?

   _____

4. 톱니의 수가 각각 20개, 30개인 두 톱니바퀴 A, B가 서로 맞물려 돌고 있다. 톱니바퀴 A가 x번 회전할 때, 톱니바퀴 B는 y번 회전한다. 다음 물음에 답하시오.

   (1) x와 y 사이의 관계의 식을 구하시오.

   _____

   (2) 톱니바퀴 B가 6번 회전할 때, 톱니바퀴 A는 몇 번 회전하는가?

두 정비례 관계의 그래프 비교하기

1. 재아가 집에서 1.8 km 떨어진 도서관까지 가는 방법은 걸어가는 경우와 자전거를 타고 가는 경우가 있다. 오른쪽 그림은 재아가 두 가지 경우로 x분 동안 y m를 갔을 때, x와 y 사이의 관계를 그래프로 나타낸 것이다. 다음 물음에 답하시오.

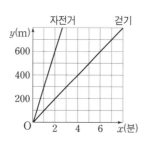

   (1) 걸어서 집에서 도서관까지 갈 때, x와 y 사이의 관계의 식을 구하시오.

   _____

   (2) 걸어서 도서관까지 가는 데 걸리는 시간을 구하시오. _____

   (3) 자전거를 타고 집에서 도서관까지 갈 때, x와 y 사이의 관계의 식을 구하시오.

   _____

   (4) 자전거를 타고 도서관까지 가는 데 걸리는 시간을 구하시오. _____

2. 오른쪽 그림은 정연이와 진용이가 자전거를 타고 경주하였을 때, x분 동안 달린 거리 y m 사이의 관계를 그래프로 나타낸 것이다. 20분이 지났을 때, 거리의 차를 구하시오.

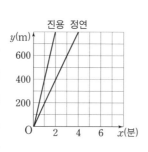

   _____

   Help 먼저 그래프의 식을 각각 구하고 $x = 20$을 대입하여 거리의 차를 구한다.

3. 오른쪽 그림은 재원이가 줄넘기를 할 때와 러닝머신에서 달리기 운동을 할 때, 운동 시간 x분과 소모되는 열량 y kcal 사이의 관계를 그래프로 나타낸 것이다. 줄넘기와 러닝머신에서 달리기 운동을 50분 동안 할 때, 소모되는 열량의 차를 구하시오.

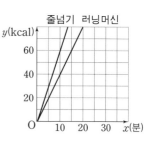

   _____

4. 택시와 버스가 같은 지점에서 동시에 출발하여 일정한 속력으로 시내를 달리고 있다. 오른쪽 그림은 택시와 버스가 x분 동안 y km를 갈 때, x와 y 사이의 관계를 그래프로 나타낸 것이다. 택시와 버스가 동시에 출발한 지 60분 후에 택시와 버스 사이의 거리는 몇 km인지 구하시오.

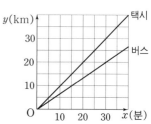

   _____

반비례 관계 $y=\dfrac{a}{x}\ (a\neq0)$의 활용 1

$a=xy$와 같이 곱이 일정하면 x의 값이 2배, 3배, … 커질 때, y의 값이 $\dfrac{1}{2}$배, $\dfrac{1}{3}$배, … 가 되겠지. 아하! 그렇구나~ 🐾

앗! 실수

1. 넓이가 50 cm²인 직사각형의 가로의 길이가 x cm이고 세로의 길이가 y cm이다. 다음 물음에 답하시오.

   (1) x와 y 사이의 관계의 식을 구하시오.

   _____

   Help 넓이가 일정하므로 가로의 길이가 2배로 늘어나면 세로의 길이는 $\dfrac{1}{2}$배로 줄어든다. 따라서 x와 y는 반비례 관계이다.

   (2) 직사각형의 가로의 길이가 10 cm일 때, 세로의 길이를 구하시오.

   _____

2. 넓이가 20 cm²인 평행사변형의 밑변의 길이를 x cm, 높이를 y cm라 하자. 평행사변형의 높이가 5 cm일 때, 밑변의 길이를 구하시오.

   _____

3. 넓이가 300 cm²인 직사각형의 가로의 길이를 x cm, 세로의 길이를 y cm라 하자. 세로의 길이가 15 cm일 때, 가로의 길이를 구하시오.

   _____

4. 똑같은 기계 4대로 6시간을 작업해야 끝나는 일이 있다. 기계의 수를 x대, 작업 시간을 y시간이라 할 때, 다음 물음에 답하시오.

   (1) x와 y 사이의 관계의 식을 구하시오.

   _____

   Help 기계가 2배로 많아지면 작업 시간은 $\dfrac{1}{2}$배로 줄어든다. 따라서 x와 y는 반비례 관계이다.

   (2) 이 일을 4시간에 끝내려면 몇 대의 기계가 필요한지 구하시오.

   _____

5. 똑같은 기계 30대로 4시간을 작업해야 끝나는 일이 있다. 기계의 수를 x대, 작업 시간을 y시간이라 하자. 기계가 20대라면 작업 시간이 얼마나 걸리는지 구하시오.

   _____

6. 10명이 15시간을 작업해야 끝나는 일이 있다. 이 일을 5시간에 끝내려면 몇 명의 사람이 필요한지 구하시오.

   _____

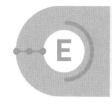
• 기체의 부피는 압력이 클수록 줄어들고 압력이 약할수록 늘어나. 따라서 기체의 부피와 압력은 반비례 관계이지.
• 두 톱니바퀴가 맞물려 돌고 있다면 두 톱니바퀴 중 톱니의 수가 많을수록 톱니바퀴의 회전 수가 작아져. 아하! 그렇구나~

1. 온도가 일정할 때 기체의 부피는 압력에 반비례한다. 어떤 기체의 부피가 30 cm³일 때, 압력이 2기압이라고 한다. 기체의 압력을 x기압, 부피를 y cm³이라 할 때, 다음 물음에 답하시오.

   (1) x와 y 사이의 관계의 식을 구하시오.

   Help 압력과 부피는 반비례 관계이므로 관계의 식을 $y=\dfrac{a}{x}\,(a\neq0)$로 놓고 구한다.

   (2) 이 기체의 압력이 5기압일 때, 부피를 구하시오.

2. 온도가 일정할 때 기체의 부피는 압력에 반비례한다. 어떤 기체의 부피가 25 cm³일 때, 압력이 4기압이라면 이 기체의 부피가 5 cm³일 때, 압력을 구하시오.

3. 온도가 일정할 때 기체의 부피는 압력에 반비례한다. 어떤 기체의 부피가 60 cm³일 때, 압력이 5기압이라면 이 기체의 압력이 25기압일 때, 부피를 구하시오.

4. 톱니바퀴 A는 톱니의 수가 20개이고 6번 회전할 때, 이와 맞물려 돌고 있는 톱니바퀴 B는 톱니의 수가 x개이고 y번 회전한다고 한다.

   (1) x와 y 사이의 관계의 식을 구하시오.

   Help (A의 톱니의 수)×(A의 회전 수)
   =(B의 톱니의 수)×(B의 회전 수)이므로
   $20\times6=x\times y$

   (2) 톱니바퀴 B가 4번 회전할 때, 톱니바퀴 B의 톱니의 수를 구하시오.

5. 톱니바퀴 A는 톱니의 수가 30개이고 8번 회전할 때, 이와 맞물려 돌고 있는 톱니바퀴 B의 톱니의 수가 20개라면 톱니바퀴 B는 몇 번 회전하는지 구하시오.

6. 톱니바퀴 A는 톱니의 수가 12개이고 4번 회전할 때, 이와 맞물려 돌고 있는 톱니바퀴 B의 톱니의 수가 8개라면 톱니바퀴 B는 몇 번 회전하는지 구하시오.

[1~6] 정비례, 반비례 관계의 활용

적중률 80%

1. 옥상 위의 비어 있는 물탱크에 물을 채우려고 할 때, 물을 넣기 시작한 지 10분 후에 물의 높이를 재어보니 30 cm가 되었다. 물을 넣기 시작한 지 x분 후의 수면의 높이를 y cm라 할 때, x와 y 사이의 관계의 식은?

① $y=3x$　　② $y=10x$　　③ $y=\dfrac{3}{x}$

④ $y=30x$　　⑤ $y=\dfrac{300}{x}$

2. 옥상 위의 비어 있는 물탱크에 매분 20 L씩 40분 동안 물을 넣으면 가득 찬다고 한다. 매분 x L씩 y분 동안 물을 넣으면 가득 채울 수 있다고 할 때, x와 y 사이의 관계의 식을 구하시오.

적중률 60%

3. 톱니의 수가 각각 8개, 14개인 두 톱니바퀴 A, B가 서로 맞물려 돌고 있다. 톱니바퀴 A가 x번 회전할 때, 톱니바퀴 B는 y번 회전한다. 톱니바퀴 B가 12번 회전할 때, 톱니바퀴 A는 몇 번 회전하는가?

① 6번　　② 10번　　③ 15번

④ 18번　　⑤ 21번

4. 톱니바퀴 A는 톱니의 수가 15개이고 6번 회전할 때, 이와 맞물려 돌고 있는 톱니바퀴 B는 톱니의 수가 x개이고 y번 회전한다고 한다. 톱니바퀴 B가 9번 회전할 때, 톱니바퀴 B의 톱니의 수를 구하시오.

5. 오른쪽 그림과 같이 가로, 세로의 길이가 각각 12 cm, 8 cm인 직사각형 ABCD에서 점 P가 점 B에서 점 C방향으로 x cm만큼 움직였을 때의 삼각형 ABP의 넓이를 y cm²라 한다. 삼각형 ABP의 넓이가 24 cm²일 때, 점 P는 얼마만큼 움직였는지 구하시오.

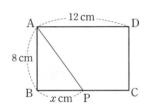

6. 교실을 청소하는데 3명의 학생이 함께 청소하면 30분이 걸린다고 한다. 학생 수를 x명, 청소 시간을 y분이라 할 때, 청소를 10분 만에 끝내려면 몇 명의 학생이 필요한지 구하시오.

MEMO

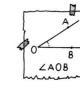

허세 없는 기본 문제집 — 새 교육과정 반영 (2025년 중1 적용)

바빠
중학연산
시리즈

대치동 임쌤 수학
임미연 지음

바쁜 중1을 위한
빠른 중학연산

2권 **1학년 1학기**
3, 4단원

정답과 해설

기말고사 범위

- 일차방정식
- 그래프와 비례

"쉬운 문제부터 풀면
수포자가 되지 않습니다."

— 전국의 명강사들이 박수 치며 추천한 책!

이지스에듀

이번 학기
가장 먼저 푸는 책!

01 곱셈과 나눗셈 기호의 생략

A 곱셈 기호의 생략   13쪽

1 $3a$ 2 $-3a$ 3 $\frac{1}{2}x$ 4 $-x$

5 $0.1x$ 6 xyz 7 $3ab$ 8 $-2ax^2$

9 $\frac{1}{3}x^2y$ 10 $-0.1ab$ 11 abc 12 $5ax^2y^2$

B 나눗셈 기호의 생략   14쪽

1 $4 \,/\, \dfrac{a}{4}$ 2 $\dfrac{1}{b}$ 3 $-\dfrac{2}{c}$ 4 $a, b \,/\, \dfrac{2}{ab}$

5 $\dfrac{3}{2a}$ 6 $\dfrac{x}{yz}$ 7 $\dfrac{y}{5z}$ 8 $\dfrac{2a}{3}$

9 $\dfrac{3a}{2b}$ 10 $\dfrac{10a}{b}$ 11 $\dfrac{1}{6xy}$ 12 $\dfrac{10x}{3y}$

1 $a \div 4 = a \times \dfrac{1}{4} = \dfrac{a}{4}$

2 $1 \div b = 1 \times \dfrac{1}{b} = \dfrac{1}{b}$

3 $-2 \div c = -2 \times \dfrac{1}{c} = -\dfrac{2}{c}$

4 $2 \div a \div b = 2 \times \dfrac{1}{a} \times \dfrac{1}{b} = \dfrac{2}{ab}$

5 $3 \div 2 \div a = 3 \times \dfrac{1}{2} \times \dfrac{1}{a} = \dfrac{3}{2a}$

6 $x \div y \div z = x \times \dfrac{1}{y} \times \dfrac{1}{z} = \dfrac{x}{yz}$

7 $y \div 5 \div z = y \times \dfrac{1}{5} \times \dfrac{1}{z} = \dfrac{y}{5z}$

8 $a \div \dfrac{1}{2} \div 3 = a \times 2 \times \dfrac{1}{3} = \dfrac{2a}{3}$

9 $a \div b \div \dfrac{2}{3} = a \times \dfrac{1}{b} \times \dfrac{3}{2} = \dfrac{3a}{2b}$

10 $a \div b \div 0.1 = a \div b \div \dfrac{1}{10} = a \times \dfrac{1}{b} \times 10 = \dfrac{10a}{b}$

11 $1 \div 2x \div 3y = 1 \times \dfrac{1}{2x} \times \dfrac{1}{3y} = \dfrac{1}{6xy}$

12 $x \div 0.3 \div y = x \div \dfrac{3}{10} \div y = x \times \dfrac{10}{3} \times \dfrac{1}{y} = \dfrac{10x}{3y}$

C 곱셈, 나눗셈 기호가 같이 있는 식에서의 생략   15쪽

1 $5 \,/\, \dfrac{3a}{5}$ 2 $\dfrac{ab}{3}$ 3 $\dfrac{5a}{b}$ 4 $\dfrac{a}{2b}$

5 $\dfrac{xz}{y}$ 6 $\dfrac{x^2y}{z}$ 7 $\dfrac{4a}{bc}$ 8 $\dfrac{a^3}{b}$

9 $\dfrac{ab^2}{c}$ 10 $3a + \dfrac{2}{b}$ 11 $\dfrac{3}{a} + \dfrac{2b}{c}$ 12 $\dfrac{p}{2} + \dfrac{5q}{3}$

1 $3 \div 5 \times a = 3 \times \dfrac{1}{5} \times a = \dfrac{3a}{5}$

2 $a \div 3 \times b = a \times \dfrac{1}{3} \times b = \dfrac{ab}{3}$

3 $a \times 5 \div b = a \times 5 \times \dfrac{1}{b} = \dfrac{5a}{b}$

4 $a \div b \times \dfrac{1}{2} = a \times \dfrac{1}{b} \times \dfrac{1}{2} = \dfrac{a}{2b}$

5 $x \div y \times z = x \times \dfrac{1}{y} \times z = \dfrac{xz}{y}$

6 $x \times x \times y \div z = x \times x \times y \times \dfrac{1}{z} = \dfrac{x^2y}{z}$

7 $4 \times \dfrac{a}{b} \div c = 4 \times \dfrac{a}{b} \times \dfrac{1}{c} = \dfrac{4a}{bc}$

8 $a \times a \div b \times a = a \times a \times \dfrac{1}{b} \times a = \dfrac{a^3}{b}$

9 $a \times b \div c \times b = a \times b \times \dfrac{1}{c} \times b = \dfrac{ab^2}{c}$

10 $a \div \dfrac{1}{3} + 2 \times \dfrac{1}{b} = a \times 3 + 2 \times \dfrac{1}{b} = 3a + \dfrac{2}{b}$

11 $3 \div a + 2 \times \dfrac{b}{c} = 3 \times \dfrac{1}{a} + 2 \times \dfrac{b}{c} = \dfrac{3}{a} + \dfrac{2b}{c}$

12 $p \div 2 + q \div 3 \times 5 = p \times \dfrac{1}{2} + q \times \dfrac{1}{3} \times 5 = \dfrac{p}{2} + \dfrac{5q}{3}$

D 괄호가 있는 식에서 곱셈, 나눗셈 기호의 생략   16쪽

1 $\dfrac{a}{2b}$ 2 $-\dfrac{x}{5y}$ 3 $\dfrac{a}{a+b}$ 4 $\dfrac{x-2y}{z}$

5 $\dfrac{2(a-b)}{c}$ 6 $z, z \,/\, \dfrac{xz}{y}$ 7 $-\dfrac{6x}{y-2z}$ 8 $\dfrac{a}{3(b+c)}$

9 $\dfrac{c(a+b)}{4}$ 10 $\dfrac{a+b}{7c}$ 11 $\dfrac{3ac}{b}$ 12 $\dfrac{a}{5bc}$

1 $a \div (b \times 2) = a \times \dfrac{1}{2b} = \dfrac{a}{2b}$

2 $x \div (-5 \times y) = x \times \left(\dfrac{1}{-5y}\right) = -\dfrac{x}{5y}$

3 $a \div (a+b) = a \times \dfrac{1}{a+b} = \dfrac{a}{a+b}$

4 $(x-2y) \div z = (x-2y) \times \dfrac{1}{z} = \dfrac{x-2y}{z}$

5 $2 \times (a-b) \div c = 2 \times (a-b) \times \dfrac{1}{c} = \dfrac{2(a-b)}{c}$

6 $x \div (y \div z) = x \div \left(y \times \dfrac{1}{z}\right) = x \times \dfrac{z}{y} = \dfrac{xz}{y}$

7 $x \div (y-2z) \times (-6) = x \times \dfrac{1}{(y-2z)} \times (-6) = -\dfrac{6x}{y-2z}$

8 $a \div (b+c) \div 3 = a \times \dfrac{1}{(b+c)} \times \dfrac{1}{3} = \dfrac{a}{3(b+c)}$

9 $(a+b) \times c \div 4 = (a+b) \times c \times \dfrac{1}{4} = \dfrac{c(a+b)}{4}$

10 $(a+b) \div 7 \div c = (a+b) \times \dfrac{1}{7} \times \dfrac{1}{c} = \dfrac{a+b}{7c}$

11 $a \div (b \div 3) \times c = a \div \dfrac{b}{3} \times c = a \times \dfrac{3}{b} \times c = \dfrac{3ac}{b}$

12 $a \div (b \times 5) \div c = a \times \dfrac{1}{5b} \times \dfrac{1}{c} = \dfrac{a}{5bc}$

1

1 ③	2 ⑤	3 ④	4 ②, ⑤
5 ④	6 ②, ④		

1 ① $a \times 5 + b = 5a + b$

② $(-1) \times x \times y = -xy$

④ $a + b \div 2 = a + \dfrac{b}{2}$

⑤ $x \div 3 \div y = \dfrac{x}{3y}$

2 ⑤ $x \div y \times \dfrac{1}{2} = x \times \dfrac{1}{y} \times \dfrac{1}{2}$
$= \dfrac{x}{2y}$

3 ① $2 \times (x + y) = 2x + 2y$

② $0.1 \times x \times y = 0.1xy$

③ $a \times a \div b \times (-1) = -\dfrac{a^2}{b}$

⑤ $a \times a \times a \div b \div c = \dfrac{a^3}{bc}$

4 ① $a \div b \times c = a \times \dfrac{1}{b} \times c = \dfrac{ac}{b}$

② $a \div (b \times c) = a \times \dfrac{1}{bc} = \dfrac{a}{bc}$

③ $a \times b \div c = a \times b \times \dfrac{1}{c} = \dfrac{ab}{c}$

④ $a \div (b \div c) = a \div \dfrac{b}{c} = a \times \dfrac{c}{b} = \dfrac{ac}{b}$

⑤ $a \div b \div c = a \times \dfrac{1}{b} \times \dfrac{1}{c} = \dfrac{a}{bc}$

따라서 $\dfrac{a}{bc}$와 같은 것은 ②, ⑤이다.

5 $x \div (y \times z) = x \times \dfrac{1}{yz} = \dfrac{x}{yz}$

① $x \times y \times z = xyz$

② $x \div y \times z = x \times \dfrac{1}{y} \times z = \dfrac{xz}{y}$

③ $x \times y \div z = x \times y \times \dfrac{1}{z} = \dfrac{xy}{z}$

④ $x \div y \div z = x \times \dfrac{1}{y} \times \dfrac{1}{z} = \dfrac{x}{yz}$

⑤ $x \div (y \div z) = x \div \dfrac{y}{z} = x \times \dfrac{z}{y} = \dfrac{xz}{y}$

따라서 $x \div (y \times z)$와 같은 것은 ④이다.

6 ① $3 \div x \times y \div b = 3 \times \dfrac{1}{x} \times y \times \dfrac{1}{b} = \dfrac{3y}{bx}$

② $3 \times b \div x \div y = 3 \times b \times \dfrac{1}{x} \times \dfrac{1}{y} = \dfrac{3b}{xy}$

③ $x \div (3 \times b) \div y = x \times \dfrac{1}{3b} \times \dfrac{1}{y} = \dfrac{x}{3by}$

④ $3 \div x \div (y \div b) = 3 \times \dfrac{1}{x} \times \dfrac{b}{y} = \dfrac{3b}{xy}$

⑤ $y \div x \times 3 \times b = y \times \dfrac{1}{x} \times 3 \times b = \dfrac{3by}{x}$

따라서 옳은 것은 ②, ④이다.

02 문자를 사용한 식

A 가격, 수   19쪽

1 a / 700a원	2 1200a원
3 250x원	4 $(800x + 1500y)$원
5 $(5000 - 1900x)$원	6 $10a + b$
7 $100a + 10b + c$	8 $300 + 10a + b$
9 $0.1a + 0.01b$	10 $0.5 + 0.01a + 0.001b$

1 (물건의 가격)=(물건 1개의 가격)×(물건의 개수)
$= 700 \times a = 700a$(원)

2 $1200 \times a = 1200a$(원)

3 $250 \times x = 250x$(원)

4 $800 \times x + 1500 \times y = 800x + 1500y$(원)

5 배의 가격이 $1900 \times x$이므로 5000원을 내고 남은 금액은
$5000 - 1900 \times x = 5000 - 1900x$(원)

6 십의 자리의 숫자가 a, 일의 자리의 숫자가 b인 두 자리의 자연수는 십의 자리의 숫자에 10을 곱해야 하므로
$a \times 10 + b = 10a + b$

7 백의 자리의 숫자가 a, 십의 자리의 숫자가 b, 일의 자리의 숫자가 c인 세 자리의 자연수는 백의 자리의 숫자에 100, 십의 자리의 숫자에 10을 곱해야 하므로
$a \times 100 + b \times 10 + c = 100a + 10b + c$

8 백의 자리의 숫자가 3, 십의 자리의 숫자가 a, 일의 자리의 숫자가 b인 세 자리의 자연수는 백의 자리의 숫자에 100, 십의 자리의 숫자에 10을 곱해야 하므로
$3 \times 100 + a \times 10 + b = 300 + 10a + b$

9 소수 첫째 자리의 숫자가 a, 소수 둘째 자리의 숫자가 b인 수는 소수 첫째 자리의 숫자에 0.1, 소수 둘째 자리의 숫자에 0.01을 곱해야 하므로
$0.1 \times a + 0.01 \times b = 0.1a + 0.01b$

10 소수 첫째 자리의 숫자가 5, 소수 둘째 자리의 숫자가 a, 소수 셋째 자리의 숫자가 b인 수는 소수 첫째 자리의 숫자에 0.1, 소수 둘째 자리의 숫자에 0.01, 소수 셋째 자리의 숫자에는 0.001을 곱해야 하므로
$0.1 \times 5 + 0.01 \times a + 0.001 \times b = 0.5 + 0.01a + 0.001b$

B 길이, 넓이   20쪽

1 $4a$ cm	2 $3x$ cm	3 $2(x+y)$ cm	4 xy cm²
5 $\dfrac{1}{2}xy$ cm²	6 x^2 cm²	7 $6x^2$ cm²	8 x^3 cm³
9 xyz cm³	10 $\dfrac{1}{2}ah$	11 ah	12 $\dfrac{1}{2}h(a+b)$

1 정사각형은 네 변의 길이가 모두 같은 사각형이므로 한 변의 길이가 a cm인 정사각형의 둘레의 길이는

$4 \times a = 4a\,(\text{cm})$

2 정삼각형은 세 변의 길이가 모두 같은 삼각형이므로 한 변의 길이가 x cm인 정삼각형의 둘레의 길이는

$3 \times x = 3x\,(\text{cm})$

3 가로의 길이가 x cm, 세로의 길이가 y cm인 직사각형의 둘레의 길이는

$2 \times (x+y) = 2(x+y)\,(\text{cm})$

4 (직사각형의 넓이)=(가로의 길이)×(세로의 길이)이므로

$x \times y = xy\,(\text{cm}^2)$

5 (마름모의 넓이)

$=\dfrac{1}{2} \times$ (한 대각선의 길이)×(다른 대각선의 길이)이므로

$\dfrac{1}{2} \times x \times y = \dfrac{1}{2}xy\,(\text{cm}^2)$

6 정육면체의 한 면은 정사각형이므로 한 모서리의 길이가 x cm인 정사각형의 넓이는

$x \times x = x^2\,(\text{cm}^2)$

7 정육면체의 겉넓이는 정육면체를 둘러싸고 있는 6개의 정사각형의 넓이의 합이므로 한 모서리의 길이가 x cm인 정육면체의 겉넓이는

$6 \times x \times x = 6x^2\,(\text{cm}^2)$

8 한 변의 길이가 x cm인 정육면체의 부피는

$x \times x \times x = x^3\,(\text{cm}^3)$

9 가로의 길이가 x cm, 세로의 길이가 y cm, 높이가 z cm인 직육면체의 부피는

$x \times y \times z = xyz\,(\text{cm}^3)$

10 (삼각형의 넓이)$=\dfrac{1}{2} \times$ (밑변의 길이)×(높이)이므로

$\dfrac{1}{2} \times a \times h = \dfrac{1}{2}ah$

11 (평행사변형의 넓이)=(밑변의 길이)×(높이)이므로

$a \times h = ah$

12 (사다리꼴의 넓이)

$=\dfrac{1}{2} \times \{$(윗변의 길이)+(아랫변의 길이)$\} \times$ (높이)이므로

$\dfrac{1}{2} \times (a+b) \times h = \dfrac{1}{2}h(a+b)$

C 거리, 속력, 시간
21쪽

1 시속 $\dfrac{5}{t}$ km 2 시속 $\dfrac{x}{2}$ km 3 $3t$ km 4 $2x$ km

5 $\dfrac{25}{a}$ 시간 6 $\dfrac{a}{80}$ 시간 7 $2 \Big/ \dfrac{x}{10}$ 시간

8 $\left(\dfrac{40}{a} + \dfrac{40}{b}\right)$ 시간 9 $(6a+8b)$ km

1 (속력)$=\dfrac{(\text{거리})}{(\text{시간})}=\dfrac{5}{t}$ 이므로 속력은 시속 $\dfrac{5}{t}$ km

2 (속력)$=\dfrac{(\text{거리})}{(\text{시간})}=\dfrac{x}{2}$ 이므로 속력은 시속 $\dfrac{x}{2}$ km

3 (거리)=(속력)×(시간)$=3 \times t = 3t$ 이므로 거리는 $3t$ km

4 (거리)=(속력)×(시간)이므로 거리는 $x \times 2 = 2x\,(\text{km})$

5 (시간)$=\dfrac{(\text{거리})}{(\text{속력})}$ 이므로 걸린 시간은 $\dfrac{25}{a}$ 시간

6 (시간)$=\dfrac{(\text{거리})}{(\text{속력})}$ 이므로 걸린 시간은 $\dfrac{a}{80}$ 시간

7 왕복이므로 거리를 2배 하면 왕복 거리는 $2x$ km이다.

(시간)$=\dfrac{(\text{거리})}{(\text{속력})}$ 이므로 걸린 시간은 $\dfrac{2x}{20}=\dfrac{x}{10}$ (시간)

8 갈 때 걸린 시간은 $\dfrac{40}{a}$ 시간, 올 때 걸린 시간은 $\dfrac{40}{b}$ 시간

따라서 왕복하는 데 걸린 시간은 $\left(\dfrac{40}{a} + \dfrac{40}{b}\right)$ 시간

9 A~B 구간의 거리는 $6a$ km
B~C 구간의 거리는 $8b$ km
따라서 전체 이동 거리는 $(6a+8b)$ km

D 농도, 정가
22쪽

1 30, $x \Big/ \dfrac{3000}{x}$ % 2 $2x$ %

3 x, 100 / x g 4 $5a$ g 5 $\dfrac{a}{10}$ g

6 x / $(1000-10x)$원 7 $(5000-50a)$원

8 $\dfrac{9}{10}a$원 9 $\dfrac{4}{5}b$원 10 $1000a$원

1 (소금물의 농도)$=\dfrac{(\text{소금의 양})}{(\text{소금물의 양})} \times 100$ 이므로

$\dfrac{30}{x} \times 100 = \dfrac{3000}{x}$ (%)

2 $\dfrac{x}{50} \times 100 = 2x$ (%)

3 (소금의 양)$=\dfrac{(\text{소금물의 농도})}{100} \times$ (소금물의 양)이므로

$\dfrac{x}{100} \times 100 = x$ (g)

4 $\dfrac{a}{100} \times 500 = 5a$ (g)

5 $\dfrac{10}{100} \times a = \dfrac{a}{10}$ (g)

6 (할인된 물건의 가격)=(물건의 가격)-(할인 가격)

$=1000 - \dfrac{x}{100} \times 1000$

$=1000 - 10x$(원)

7 $5000 - \dfrac{a}{100} \times 5000 = 5000 - 50a$(원)

8 정가의 10 %를 할인하는 물건을 구입할 때 지불하는 가격은 정가의 90 %이므로

$a \times \dfrac{90}{100} = \dfrac{9}{10}a$ (원)

9 정가의 20 %를 할인하는 물건을 구입할 때 지불하는 가격은 정가의 80 %이므로

$b \times \dfrac{80}{100} = \dfrac{4}{5}b$ (원)

10 (아이스크림 한 개의 가격)$=2000-\dfrac{50}{100}\times 2000$

$\qquad\qquad\qquad\qquad\quad=1000$ (원)

$\therefore$ (아이스크림 a개의 가격)$=1000\times a=1000a$ (원)

 시험 문제 23쪽

1 ③, ⑤	2 $\dfrac{x}{15}$시간	3 $(12-4a)$ km
4 ⑤	5 $\dfrac{7}{2}a$원	6 $(3x+5y)$ g

1 ③ 가로의 길이가 x cm, 세로의 길이가 y cm인 직사각형의
　둘레의 길이는 $2(x+y)$ cm이다.
　⑤ 두 대각선의 길이가 x cm, y cm인 마름모의 넓이는
　$\dfrac{1}{2}xy$ cm²이다.

2 (시간)$=\dfrac{(거리)}{(속력)}$이므로 걸린 시간은 $\dfrac{2\times x}{30}=\dfrac{x}{15}$ (시간)

3 (이동한 거리)$=4\times a=4a$ (km)
　$\therefore$ (남은 거리)$=(12-4a)$ km

4 ⑤ 백의 자리의 숫자가 a, 십의 자리의 숫자가 b, 일의 자리의
　숫자가 c인 수는 $100a+10b+c$이다.

5 정가의 30 %를 할인하는 물건을 구입할 때 지불하는 가격은
　정가의 70 %이고 5개를 구입하므로
　$a\times\dfrac{70}{100}\times 5=\dfrac{7}{2}a$ (원)

6 (소금의 양)$=\dfrac{(농도)}{100}\times$(소금물의 양)이므로

　$\dfrac{x}{100}\times 300+\dfrac{y}{100}\times 500=3x+5y$ (g)

03 식의 값 구하기

A 양의 정수 대입하기 25쪽

1 4	2 9	3 -5	4 -3
5 7	6 -1	7 13	8 -2
9 0	10 6	11 26	12 -10

1 $2a=2\times a=2\times 2=4$

2 $2a+5=2\times a+5=2\times 2+5=4+5=9$

3 $-3a+1=-3\times a+1=-3\times 2+1=-6+1=-5$

4 $-6a+9=-6\times a+9=-6\times 2+9=-12+9=-3$

5 $a^2+a+1=2^2+2+1=4+2+1=7$

6 $-a^2+3=-2^2+3=-4+3=-1$

7 $5x-2=5\times x-2=5\times 3-2=15-2=13$

8 $-2x+4=-2\times x+4=-2\times 3+4=-6+4=-2$

9 $3x-9=3\times x-9=3\times 3-9=9-9=0$

10 $2x^2-4x=2\times x^2-4\times x=2\times 3^2-4\times 3=18-12=6$

11 $x^3-1=3^3-1=27-1=26$

12 $-2x^2+x+5=-2\times 3^2+3+5=-18+8=-10$

B 음의 정수 대입하기 26쪽

1 -4	2 $-2,2$ / 1	3 4	4 -4
5 -15	6 -6	7 -3	8 3
9 $-1,1$ / 2	10 0	11 1	12 -2

1 $3a+2=3\times a+2=3\times(-2)+2=-6+2=-4$

2 $-a-1=-(-2)-1=2-1=1$

3 $a^2=(-2)^2=4$

4 $-a^2=-(-2)^2=-4$

5 $1-4a^2=1-4\times(-2)^2=1-16=-15$

6 $a-a^2=(-2)-(-2)^2=-2-4=-6$

7 $x-2=(-1)-2=-3$

8 $-x+2=-(-1)+2=1+2=3$

9 $x^2+1=(-1)^2+1=2$

10 $-x^2+1=-(-1)^2+1=-1+1=0$

11 $3x^2+2x=3\times(-1)^2+2\times(-1)=3-2=1$

12 $3-5x^2=3-5\times(-1)^2=-2$

C 여러 문자에 대입하기 27쪽

1 5	2 $-2,3,2,3,$ / 2	3 -5	
4 -11	5 -10	6 1	7 -2 / -19
8 3	9 10	10 25	11 2
12 5			

1 $2x+3y=2\times(-2)+3\times 3=-4+9=5$

2 $-x+y-3=-(-2)+3-3=2$

3 $x^2-y^2=(-2)^2-3^2=4-9=-5$

4 $-2x^2-y=-2\times(-2)^2-3=-8-3=-11$

5 $xy-x^2=(-2)\times 3-(-2)^2=-6-4=-10$

6 $(x+y)^2=\{(-2)+3\}^2=1$

7 $3xy-1=3\times 3\times(-2)-1=-18-1=-19$

8 $x(x+y)=3\times\{3+(-2)\}=3$

9 $2x^2-2y^2=2\times 3^2-2\times(-2)^2=18-8=10$

10 $(x-y)^2=\{3-(-2)\}^2=25$

11 $-y^2+2x=-(-2)^2+2\times 3=-4+6=2$

12 $\dfrac{1}{3}x^2+\dfrac{1}{2}y^2=\dfrac{1}{3}\times 3^2+\dfrac{1}{2}\times(-2)^2=3+2=5$

D 유리수 대입하기 28쪽

1 0	2 $-\dfrac{1}{2}$	3 $-\dfrac{2}{3}$	4 2 / 2
5 3	6 4	7 9	8 3
9 -2	10 10	11 -5	12 25

4

$1\ 2x-1=2\times\dfrac{1}{2}-1=1-1=0$

$2\ x-3y=\dfrac{1}{2}-3\times\dfrac{1}{3}=\dfrac{1}{2}-1=-\dfrac{1}{2}$

$3\ y-2x=\dfrac{1}{3}-2\times\dfrac{1}{2}=\dfrac{1}{3}-1=-\dfrac{2}{3}$

$4\ \dfrac{1}{x}=1\div x=1\div\dfrac{1}{2}=1\times2=2$

$5\ \dfrac{1}{y}=1\div y=1\div\dfrac{1}{3}=1\times3=3$

$6\ \dfrac{1}{x^2}=1\div x^2=1\div\left(\dfrac{1}{2}\right)^2=1\div\dfrac{1}{4}=1\times4=4$

$7\ \dfrac{1}{y^2}=1\div y^2=1\div\left(\dfrac{1}{3}\right)^2=1\times9=9$

$8\ \dfrac{1}{x}+3y=1\div x+3\times y=1\div\dfrac{1}{2}+3\times\dfrac{1}{3}=1\times2+1=3$

$9\ 2x-\dfrac{1}{y}=2\times x-1\div y=2\times\dfrac{1}{2}-1\div\dfrac{1}{3}$
$\phantom{9\ 2x-\dfrac{1}{y}}=1-1\times3=-2$

$10\ \dfrac{2}{x}+\dfrac{2}{y}=2\div x+2\div y=2\div\dfrac{1}{2}+2\div\dfrac{1}{3}$
$\phantom{10\ \dfrac{2}{x}+\dfrac{2}{y}}=2\times2+2\times3=4+6=10$

$11\ \dfrac{2}{x}-\dfrac{3}{y}=2\div x-3\div y=2\div\dfrac{1}{2}-3\div\dfrac{1}{3}$
$\phantom{11\ \dfrac{2}{x}-\dfrac{3}{y}}=2\times2-3\times3=4-9=-5$

$12\ \left(\dfrac{1}{x}+\dfrac{1}{y}\right)^2=(1\div x+1\div y)^2=\left(1\div\dfrac{1}{2}+1\div\dfrac{1}{3}\right)^2$
$\phantom{12\ \left(\dfrac{1}{x}+\dfrac{1}{y}\right)^2}=(1\times2+1\times3)^2=5^2=25$

거저먹는 시험 문제 29쪽

1 ③	2 7	3 14	4 ②
5 −1	6 −6		

$1\ xy+\dfrac{8}{x+y}=(-3)\times(-5)+\dfrac{8}{(-3)+(-5)}$
$\phantom{1\ xy+\dfrac{8}{x+y}}=15+\dfrac{8}{-8}=14$

$2\ a^2+b^2+ab=3^2+(-1)^2+3\times(-1)=9+1-3=7$

$3\ (x+y)^2-2xy+1$
$=\{(-2)+(-3)\}^2-2\times(-2)\times(-3)+1$
$=25-12+1=14$

4 ① $2a=2\times\left(-\dfrac{1}{2}\right)=-1$

 ② $3a+3=3\times\left(-\dfrac{1}{2}\right)+3=-\dfrac{3}{2}+3=\dfrac{3}{2}$

 ③ $\dfrac{1}{a}=1\div a=1\div\left(-\dfrac{1}{2}\right)=1\times(-2)=-2$

 ④ $\dfrac{1}{a}+3=1\div a+3=1\div\left(-\dfrac{1}{2}\right)+3$
$\phantom{4\ ④\ \dfrac{1}{a}+3}=1\times(-2)+3=-2+3=1$

 ⑤ $a^2=\left(-\dfrac{1}{2}\right)^2=\dfrac{1}{4}$

따라서 식의 값이 가장 큰 것은 ②이다.

$5\ \dfrac{1}{x}+\dfrac{1}{y}=1\div x+1\div y=1\div\dfrac{1}{2}+1\div\left(-\dfrac{1}{3}\right)$
$\phantom{5\ \dfrac{1}{x}+\dfrac{1}{y}}=1\times2+1\times(-3)=2-3=-1$

$6\ \dfrac{2}{x}-\dfrac{1}{y}=2\div x-1\div y=2\div\left(-\dfrac{1}{5}\right)-1\div\left(-\dfrac{1}{4}\right)$
$\phantom{6\ \dfrac{2}{x}-\dfrac{1}{y}}=2\times(-5)-1\times(-4)=-10+4=-6$

---

04 다항식과 단항식

A 항 구하기 31쪽

1 x, 1	2 $2x$, $3y$, 4	3 $-2x$, $-y$	4 x^2, $2x$, -1
5 $-2x^2$, $3y^2$	6 $\dfrac{1}{2}x$, -6	7 5	8 -2
9 2	10 1	11 $\dfrac{1}{2}$	12 -4

B 계수, 차수 구하기 32쪽

1 1, -1	2 3	3 2, 4	4 2, -1
5 $\dfrac{1}{2}$, $\dfrac{1}{2}$	6 $\dfrac{1}{3}$, $\dfrac{1}{2}$	7 1	8 1
9 2	10 3	11 3	12 4

$8\ x+y+1$에서 문자는 2개이지만 각 항이 모두 1차이므로 차수가 1이다.

$9\ 2x^2+y-1$에서 $2x^2$은 2차, y는 1차이다.
가장 높은 차수가 이 다항식의 차수이므로 차수가 2이다.

$10\ -x^3+x^2-1$에서 $-x^3$은 3차, x^2은 2차이다.
가장 높은 차수가 이 다항식의 차수이므로 차수가 3이다.

$11\ 2x^3+4x^2+5x+3$에서 $2x^3$은 3차, $4x^2$은 2차, $5x$는 1차이다. 가장 높은 차수가 이 다항식의 차수이므로 차수가 3이다.

$12\ \dfrac{1}{2}x^4+x+1$에서 $\dfrac{1}{2}x^4$은 4차, x는 1차이다.
가장 높은 차수가 이 다항식의 차수이므로 차수가 4이다.

C 일차식 찾기 33쪽

1 ○	2 ○	3 ×	4 ○
5 ×	6 ×	7 ○	8 ×
9 ×	10 ○	11 ×	12 ×

$3\ x^2+x+1$은 x^2의 차수가 2이므로 이차식이다.

$4\ a+b$는 문자가 2개이지만 차수가 1이므로 일차식이다.

$5\ a^3-1$은 a^3의 차수가 3이므로 삼차식이다.

$6\ 3$은 상수항만 있는 식이므로 일차식이 아니다.

$7\ \dfrac{a+1}{2}=\dfrac{1}{2}a+\dfrac{1}{2}$이므로 일차식이다.

$8\ 0\times x-5=-5$로 일차항이 없어지므로 일차식이 아니다.

9 x^2+2y는 x^2의 차수가 2이므로 이차식이다.

10 $\frac{1}{3}x+\frac{1}{4}y+z$는 문자가 3개이지만 차수가 1이므로 일차식이다.

11 $\frac{2}{3}a^2+\frac{1}{2}a$는 a^2의 차수가 2이므로 이차식이다.

12 $\frac{1}{x}+2$는 x가 분모에 있으므로 일차식이 아니다.

거저먹는 시험 문제　34쪽

| 1 ②, ⑤ | 2 −6 | 3 $\frac{7}{3}$ | 4 ⑤ |
| 5 ③ | 6 ① | | |

1 ② 상수항은 1이다.
　⑤ $2x^2$의 차수가 2이므로 이차식이다.

2 a^2의 계수는 −3, b의 계수는 2, 상수항은 −5이므로 세 수의 합은 $-3+2-5=-6$

3 $a=\frac{1}{3}$, $b=3$, $c=-1$이므로 $a+b+c=\frac{7}{3}$

6 ② $2x+3y$는 차수가 1이므로 일차식이다.
　③ $4x^2$은 차수가 2이므로 일차식이 아니다.
　④ $\frac{2}{3}x+5$는 계수가 분수인 것과 상관없이 차수가 1이므로 일차식이다.
　⑤ $\frac{2}{x}+\frac{2}{y}$는 분모에 문자가 있으므로 일차식이 아니다.

 일차식과 수의 곱셈, 나눗셈

A (단항식) × (수)　36쪽

1 $2x$	2 3 / $6x$	3 $-9x$	4 $-20x$
5 $-24x$	6 $-12x$	7 x	8 $2x$
9 $-2x$	10 $-15x$	11 -2 / $4x$	12 $2x$

1 $x \times 2 = 2x$

2 $2x \times 3 = 2 \times 3 \times x = 6x$

3 $3 \times (-3x) = 3 \times (-3) \times x = -9x$

4 $(-5) \times 4x = (-5) \times 4 \times x = -20x$

5 $-4x \times 6 = (-4) \times 6 \times x = -24x$

6 $6 \times (-2x) = 6 \times (-2) \times x = -12x$

7 $\frac{1}{2}x \times 2 = \frac{1}{2} \times 2 \times x = x$

8 $5 \times \frac{2}{5}x = 5 \times \frac{2}{5} \times x = 2x$

9 $\frac{2}{3}x \times (-3) = \frac{2}{3} \times (-3) \times x = -2x$

10 $(-20) \times \frac{3}{4}x = (-20) \times \frac{3}{4} \times x = -15x$

11 $-2x \times (-2) = (-2) \times (-2) = 4x$

12 $(-3) \times \left(-\frac{2}{3}x\right) = (-3) \times \left(-\frac{2}{3}\right) \times x = 2x$

B (단항식) ÷ (수)　37쪽

1 $\frac{1}{2}$, $\frac{1}{2}$ / $3x$	2 $2x$	3 $-2x$	4 $-4x$
5 $-6x$	6 $-5x$	7 $\frac{1}{6}x$	8 $-\frac{1}{3}x$
9 $-\frac{1}{4}x$	10 $4x$	11 $\frac{7}{5}x$	12 $4x$

1 $6x \div 2 = 6 \times \frac{1}{2} \times x = 3x$

2 $10x \div 5 = 10 \times \frac{1}{5} \times x = 2x$

3 $4x \div (-2) = 4 \times \frac{1}{-2} \times x = -2x$

4 $12x \div (-3) = 12 \times \frac{1}{-3} \times x = -4x$

5 $-24x \div 4 = -24 \times \frac{1}{4} \times x = -6x$

6 $-15x \div 3 = -15 \times \frac{1}{3} \times x = -5x$

7 $\frac{1}{2}x \div 3 = \frac{1}{2} \times \frac{1}{3} \times x = \frac{1}{6}x$

8 $-\frac{2}{3}x \div 2 = -\frac{2}{3} \times \frac{1}{2} \times x = -\frac{1}{3}x$

9 $-\frac{3}{4}x \div 3 = -\frac{3}{4} \times \frac{1}{3} \times x = -\frac{1}{4}x$

10 $2x \div \frac{1}{2} = 2 \times 2 \times x = 4x$

11 $\frac{4}{5}x \div \frac{4}{7} = \frac{4}{5} \times \frac{7}{4} \times x = \frac{7}{5}x$

12 $\left(-\frac{5}{2}x\right) \div \left(-\frac{5}{8}\right) = \left(-\frac{5}{2}\right) \times \left(-\frac{8}{5}\right) \times x = 4x$

C (일차식) × (수)　38쪽

1 x, 1 / $2x+2$	2 $6x+9$	3 $-20x+15$
4 $x+2$	5 $-\frac{3}{4}x+1$	6 $-\frac{10}{3}x-2$
7 $10x-8$	8 $6x-9$	9 $3x+18$
10 $-\frac{4}{9}x-4$	11 $-\frac{1}{6}x+\frac{1}{2}$	12 $12x+\frac{3}{2}$

1 $2(x+1) = 2 \times x + 2 \times 1 = 2x+2$

2 $3(2x+3) = 3 \times 2x + 3 \times 3 = 6x+9$

3 $-5(4x-3) = -5 \times 4x - 5 \times (-3) = -20x+15$

4 $\frac{1}{2}(2x+4) = \frac{1}{2} \times 2x + \frac{1}{2} \times 4 = x+2$

5 $-\left(\dfrac{3}{4}x-1\right)=-\dfrac{3}{4}x+1$

6 $-\dfrac{2}{3}(5x+3)=-\dfrac{2}{3}\times5x+\left(-\dfrac{2}{3}\right)\times3=-\dfrac{10}{3}x-2$

7 $(5x-4)\times2=5x\times2-4\times2=10x-8$

8 $(-2x+3)\times(-3)=-2x\times(-3)+3\times(-3)=6x-9$

9 $\left(\dfrac{1}{2}x+3\right)\times6=\dfrac{1}{2}x\times6+3\times6=3x+18$

10 $\left(-\dfrac{2}{3}x-6\right)\times\dfrac{2}{3}=-\dfrac{2}{3}x\times\dfrac{2}{3}-6\times\dfrac{2}{3}=-\dfrac{4}{9}x-4$

11 $\left(\dfrac{1}{3}x-1\right)\times\left(-\dfrac{1}{2}\right)=\dfrac{1}{3}x\times\left(-\dfrac{1}{2}\right)-1\times\left(-\dfrac{1}{2}\right)$
$\qquad\qquad\qquad\quad=-\dfrac{1}{6}x+\dfrac{1}{2}$

12 $\left(\dfrac{4}{3}x+\dfrac{1}{6}\right)\times9=\dfrac{4}{3}x\times9+\dfrac{1}{6}\times9=12x+\dfrac{3}{2}$

D (일차식) ÷ (수)　　　　39쪽

1 $\dfrac{1}{2},\ \dfrac{1}{2},\ \dfrac{1}{2}\ /\ 2x+1$　　2 $5x+\dfrac{5}{2}$　　3 $4x-\dfrac{4}{3}$

4 $-4x+3$　　　5 $-4x+1$　　　6 $8x-10$

7 $6x+8$　　　8 $12x-20$　　　9 $\dfrac{6}{5}x+\dfrac{2}{5}$

10 $\dfrac{3}{2}x+\dfrac{15}{2}$　　11 $-4x-\dfrac{8}{3}$　　12 $-20x+40$

1 $(4x+2)\div2=(4x+2)\times\dfrac{1}{2}$
$\qquad\qquad\qquad=4x\times\dfrac{1}{2}+2\times\dfrac{1}{2}=2x+1$

2 $(10x+5)\div2=(10x+5)\times\dfrac{1}{2}$
$\qquad\qquad\qquad=10x\times\dfrac{1}{2}+5\times\dfrac{1}{2}=5x+\dfrac{5}{2}$

3 $(12x-4)\div3=(12x-4)\times\dfrac{1}{3}$
$\qquad\qquad\qquad=12x\times\dfrac{1}{3}-4\times\dfrac{1}{3}=4x-\dfrac{4}{3}$

4 $(-20x+15)\div5=(-20x+15)\times\dfrac{1}{5}$
$\qquad\qquad\qquad\quad=-20x\times\dfrac{1}{5}+15\times\dfrac{1}{5}=-4x+3$

5 $(32x-8)\div(-8)=(32x-8)\times\dfrac{1}{-8}$
$\qquad\qquad\qquad\quad=32x\times\dfrac{1}{-8}-8\times\dfrac{1}{-8}=-4x+1$

6 $(-16x+20)\div(-2)=(-16x+20)\times\dfrac{1}{-2}$
$\qquad\qquad\qquad\quad=(-16x)\times\dfrac{1}{-2}+20\times\dfrac{1}{-2}$
$\qquad\qquad\qquad\quad=8x-10$

7 $(3x+4)\div\dfrac{1}{2}=(3x+4)\times2$
$\qquad\qquad\qquad=3x\times2+4\times2=6x+8$

8 $(-3x+5)\div\left(-\dfrac{1}{4}\right)=(-3x+5)\times(-4)$
$\qquad\qquad\qquad\qquad=-3x\times(-4)+5\times(-4)$
$\qquad\qquad\qquad\qquad=12x-20$

9 $-2(3x+1)\div(-5)=-2(3x+1)\times\left(-\dfrac{1}{5}\right)$
$\qquad\qquad\qquad\quad=\dfrac{2}{5}\times(3x+1)=\dfrac{2}{5}\times3x+\dfrac{2}{5}\times1$
$\qquad\qquad\qquad\quad=\dfrac{6}{5}x+\dfrac{2}{5}$

10 $-(x+5)\div\left(-\dfrac{2}{3}\right)=-(x+5)\times\left(-\dfrac{3}{2}\right)$
$\qquad\qquad\qquad\quad=\dfrac{3}{2}\times(x+5)$
$\qquad\qquad\qquad\quad=\dfrac{3}{2}\times x+\dfrac{3}{2}\times5=\dfrac{3}{2}x+\dfrac{15}{2}$

11 $-(3x+2)\div\dfrac{3}{4}=-(3x+2)\times\dfrac{4}{3}=-\dfrac{4}{3}\times(3x+2)$
$\qquad\qquad\qquad\quad=-\dfrac{4}{3}\times3x-\dfrac{4}{3}\times2=-4x-\dfrac{8}{3}$

12 $-5(x-2)\div\dfrac{1}{4}=-5(x-2)\times4=-20(x-2)$
$\qquad\qquad\qquad\quad=-20\times x-20\times(-2)=-20x+40$

거처먹는 시험 문제　　　　40쪽

1 ⑤　　　2 ④　　　3 1　　　4 ②

5 ③　　　6 -15

1 ① $-x\times2=-2x$
   ② $3x\times2=6x$
   ③ $(2x-1)\times(-1)=-2x+1$
   ④ $-3(2x+1)=-6x-3$

2 ④ $(3x-5)\times2=6x-10$

3 $(9x-6)\times\dfrac{1}{3}=9x\times\dfrac{1}{3}-6\times\dfrac{1}{3}$
$\qquad\qquad\qquad=3x-2$
따라서 $a=3$, $b=-2$이므로
$a+b=3-2=1$

4 ① $-2x\div2=-x$
   ③ $(2x-1)\div\left(-\dfrac{1}{3}\right)=(2x-1)\times(-3)=-6x+3$
   ④ $(4x+2)\div\dfrac{2}{3}=(4x+2)\times\dfrac{3}{2}=6x+3$
   ⑤ $\left(-\dfrac{1}{2}x+3\right)\div\dfrac{1}{2}=\left(-\dfrac{1}{2}x+3\right)\times2=-x+6$

5 ③ $(-2x-4)\div(-2)=(-2x-4)\times\left(-\dfrac{1}{2}\right)=x+2$

6 $(2x-8)\div\dfrac{2}{5}=(2x-8)\times\dfrac{5}{2}$
$\qquad\qquad\qquad=2x\times\dfrac{5}{2}-8\times\dfrac{5}{2}=5x-20$
따라서 $a=5$, $b=-20$이므로
$a+b=5-20=-15$

06 일차식의 덧셈과 뺄셈

A 동류항 찾기   42쪽

1 ○	2 ×	3 ○	4 ×
5 ×	6 ×	7 ○	8 ○
9 ×	10 ○	11 ×	12 ×

1 $2x$와 $3x$는 문자가 x이고 차수가 1로 같으므로 동류항이다.

2 x와 $2y$는 문자가 다르므로 동류항이 아니다.

3 3과 5는 상수항이므로 동류항이다.

4 $-3a$와 $-2b$는 문자가 다르므로 동류항이 아니다.

5 $2ab$와 $2b$는 문자가 다르므로 동류항이 아니다.

6 x와 $2x^2$은 차수가 다르므로 동류항이 아니다.

7 $-a^2$과 $4a^2$은 문자가 a이고 차수가 2로 같으므로 동류항이다.

8 ab와 $-2ab$는 문자가 ab로 같고 차수도 같으므로 동류항이다.

9 $3ab^2$과 $2a^2b$는 문자가 ab^2과 a^2b로 다르므로 동류항이 아니다.

10 1과 $\frac{1}{4}$은 상수항이므로 동류항이다.

11 $2a^2b^2$과 $5a^2b$는 문자가 a^2b^2과 a^2b로 다르므로 동류항이 아니다.

12 $\frac{2}{a}$는 a가 분모에 있으므로 $\frac{a}{2}$와 동류항이 아니다.

B 동류항의 덧셈과 뺄셈   43쪽

1 2 / $3x$	2 $-x$	3 -7 / $-3x$	4 a
5 $-3a$	6 $13x$	7 1 / $4a$	8 $3a$
9 0	10 $4x$	11 0	12 $8x$

1 $x+2x=(1+2)x=3x$

2 $x+(-2x)=(1-2)x=-x$

3 $-7x+4x=(-7+4)x=-3x$

4 $7a+(-6a)=(7-6)a=a$

5 $-a+(-2a)=(-1-2)a=-3a$

6 $x+5x+7x=(1+5+7)x=13x$

7 $5a-a=(5-1)a=4a$

8 $2a-(-a)=\{2-(-1)\}a=(2+1)a=3a$

9 $-5a-(-5a)=\{-5-(-5)\}a=0$

10 $10x-5x-x=(10-5-1)x=4x$

11 $2a-4a-(-2a)=\{2-4-(-2)\}a=0$

12 $5x-x-(-4x)=\{5-1-(-4)\}x=8x$

C 동류항의 덧셈과 뺄셈의 혼합 계산   44쪽

1 5, 1 / $6a$	2 $7a$	3 a
4 2, 3 / $-a-2b$	5 $5a-3b$	6 $-a+b-1$
7 $6a-6b-6$	8 $-3a+2b+1$	9 $3a-2b+2$

| 10 $-9a+b$ | 11 $-2b$ | 12 $2a+7b$ |

1 $2a+5a-a=(2+5-1)a=6a$

2 $5a-a+3a=(5-1+3)a=7a$

3 $-a+7a-5a=(-1+7-5)a=a$

4 $a-2a+b-3b=(1-2)a+(1-3)b=-a-2b$

5 $7a-2a+b-4b=(7-2)a+(1-4)b=5a-3b$

6 $-a+2-3+b=-a+b-1$

7 $6a-1+b-7b-5=6a+(1-7)b-6=6a-6b-6$

8 $b-2a+b-a+1=(-2-1)a+(1+1)b+1$
$\qquad =-3a+2b+1$

9 $3a+b+7-3b-5=3a+(1-3)b+2=3a-2b+2$

10 $-2b-a+3b-8a=(-1-8)a+(-2+3)b$
$\qquad =-9a+b$

11 $-a-b-(-a)-b=\{-1-(-1)\}a+(-1-1)b=-2b$

12 $7a+6b-5a-(-b)=(7-5)a+\{6-(-1)\}b=2a+7b$

D 괄호가 있는 일차식의 덧셈과 뺄셈   45쪽

1 $-x+2$	2 $-3x+13$	3 $4x-3$	4 $7x-2$
5 $15x+2$	6 x	7 $7x-7$	8 $-5x+1$
9 $-3x+18$	10 $14x-7$	11 $2x-3$	12 $3x$

1 $2(x+1)-3x=2x+2-3x=-x+2$

2 $-3(x-2)+7=-3x+6+7=-3x+13$

3 $5x-(x+3)=5x-x-3=4x-3$

4 $3x+2(2x-1)=3x+4x-2=7x-2$

5 $3(5x-2)+8=15x-6+8=15x+2$

6 $3x+1-(2x+1)=3x+1-2x-1=x$

7 $3x-2-(-4x+5)=3x-2+4x-5=7x-7$

8 $2x-4-(7x-5)=2x-4-7x+5=-5x+1$

9 $3(x+3)-3(2x-3)=3x+9-6x+9=-3x+18$

10 $5(2x-3)+4(x+2)=10x-15+4x+8=14x-7$

11 $x-(x+1)+2(x-1)=x-x-1+2x-2=2x-3$

12 $2(x+1)-(2x-1)+3(x-1)=2x+2-2x+1+3x-3$
$\qquad =3x$

E 계수가 유리수인 일차식의 덧셈과 뺄셈   46쪽

1 $2x$	2 $\frac{5}{6}x$	3 $\frac{1}{12}x$	4 $\frac{3}{2}x+\frac{1}{2}$
5 $4x-\frac{13}{4}$	6 $\frac{5}{4}x-3$	7 $4x+2$	8 $7x-3$
9 $\frac{5}{6}x-\frac{1}{4}$	10 $\frac{5}{4}a+\frac{1}{4}$	11 $\frac{1}{12}a-\frac{5}{12}$	12 $\frac{3}{8}a-\frac{3}{8}$

1 $\frac{1}{2}x+\frac{3}{2}x=\frac{4}{2}x=2x$

$2\ \dfrac{1}{2}x+\dfrac{1}{3}x=\dfrac{3x+2x}{6}=\dfrac{5}{6}x$

$3\ \dfrac{3}{4}x-\dfrac{2}{3}x=\dfrac{9x-8x}{12}=\dfrac{1}{12}x$

$4\ \dfrac{1}{2}(x+1)+x=\dfrac{1}{2}x+\dfrac{1}{2}+x=\dfrac{3}{2}x+\dfrac{1}{2}$

$5\ \dfrac{1}{3}(12x-9)-\dfrac{1}{4}=4x-3-\dfrac{1}{4}=4x-\dfrac{13}{4}$

$6\ \dfrac{3}{4}(x-4)+\dfrac{1}{2}x=\dfrac{3}{4}x-3+\dfrac{1}{2}x=\dfrac{5}{4}x-3$

$7\ \dfrac{3}{4}(8x-4)-\dfrac{1}{2}(4x-10)=6x-3-2x+5=4x+2$

$8\ \dfrac{1}{2}(10x+2)+4\left(\dfrac{1}{2}x-1\right)=5x+1+2x-4=7x-3$

$9\ -2\left(\dfrac{1}{3}x-\dfrac{1}{4}\right)+3\left(\dfrac{1}{2}x-\dfrac{1}{4}\right)=-\dfrac{2}{3}x+\dfrac{1}{2}+\dfrac{3}{2}x-\dfrac{3}{4}$

$\qquad\qquad\qquad\qquad\qquad=\dfrac{-4x+9x}{6}+\dfrac{2-3}{4}$

$\qquad\qquad\qquad\qquad\qquad=\dfrac{5}{6}x-\dfrac{1}{4}$

$10\ \dfrac{a+1}{2}+\dfrac{3a-1}{4}=\dfrac{2a+2+3a-1}{4}=\dfrac{5}{4}a+\dfrac{1}{4}$

$11\ \dfrac{2a-1}{6}-\dfrac{a+1}{4}=\dfrac{4a-2}{12}-\dfrac{3a+3}{12}$

$\qquad\qquad\qquad\qquad=\dfrac{4a-2-3a-3}{12}$

$\qquad\qquad\qquad\qquad=\dfrac{a-5}{12}=\dfrac{1}{12}a-\dfrac{5}{12}$

$12\ \dfrac{3a-1}{4}-\dfrac{3a+1}{8}=\dfrac{6a-2}{8}-\dfrac{3a+1}{8}$

$\qquad\qquad\qquad\qquad=\dfrac{6a-2-3a-1}{8}$

$\qquad\qquad\qquad\qquad=\dfrac{3a-3}{8}=\dfrac{3}{8}a-\dfrac{3}{8}$

F 복잡한 일차식의 덧셈과 뺄셈   47쪽

$1\ 3a+2$ $2\ 3$ $3\ -2a+5$ $4\ -7$
$5\ -6a-3$ $6\ a$ $7\ 3a-1$ $8\ a-7$
$9\ 8a-4$ $10\ a-9$

$1\ 2a-\{a-2(a+1)\}=2a-(a-2a-2)$
$\qquad\qquad\qquad\qquad=2a+a+2=3a+2$

$2\ a-\{2a-(a+3)\}=a-(2a-a-3)=a-a+3=3$

$3\ -\{3a-(a-2)\}+7=-(3a-a+2)+7=-2a+5$

$4\ 5a-1-\{7a-2(a-3)\}=5a-1-(7a-2a+6)$
$\qquad\qquad\qquad\qquad\qquad=5a-1-5a-6=-7$

$5\ -(4a+1)-\{3a-(a-2)\}=-(4a+1)-(3a-a+2)$
$\qquad\qquad\qquad\qquad\qquad\qquad=-4a-1-2a-2=-6a-3$

$6\ 2(a+1)-3a-\{5-(2a+3)\}=2a+2-3a-(5-2a-3)$
$\qquad\qquad\qquad\qquad\qquad\qquad=-a+2+2a-2=a$

$7\ 2a-3-(a+1)-\{a-3(a+1)\}$
$\ =2a-3-a-1-(a-3a-3)$
$\ =a-4+2a+3=3a-1$

$8\ -\{5a-(4a-1)\}-\{7-(2a+1)\}$
$\qquad=-(5a-4a+1)-(7-2a-1)$
$\qquad=-a-1+2a-6=a-7$

$9\ -\{-(5a-4)+2a\}+5a=-(-5a+4+2a)+5a$
$\qquad\qquad\qquad\qquad\quad=3a-4+5a=8a-4$

$10\ -7-[2a-\{5a-2(a+1)\}]=-7-\{2a-(5a-2a-2)\}$
$\qquad\qquad\qquad\qquad\qquad\quad=-7-(2a-3a+2)$
$\qquad\qquad\qquad\qquad\qquad\quad=-7+a-2=a-9$

거처먹는 시험 문제   48쪽

$1\ ②$ $2\ ⑤$ $3\ ④$ $4\ ②$
$5\ ⑤$ $6\ ③$ $7\ -10x$

1 문자가 x이고 차수가 1인 것을 찾는다.
2 ⑤ 두 상수항은 동류항이다.
$3\ ④\ -(2x-3)-(3x-5)=-2x+3-3x+5=-5x+8$
$4\ ②\ -\dfrac{2}{3}(6x+3)+\dfrac{1}{2}(4x+2)=-4x-2+2x+1$
$\qquad\qquad\qquad\qquad\qquad\qquad=-2x-1$
$5\ 2A-B=2(x+2y)-(2x-y)=2x+4y-2x+y=5y$
$6\ 2A-2B=2(-x+y)-2(2x-3y)$
$\qquad\qquad\quad=-2x+2y-4x+6y$
$\qquad\qquad\quad=-6x+8y$
$7\ 2(A-B)=2\{-(2x+3)-3(x-1)\}$
$\qquad\qquad\quad=2(-2x-3-3x+3)$
$\qquad\qquad\quad=-10x$

---

07 방정식과 항등식

A 등식   51쪽

$1\ \times$ $2\ \times$ $3\ \bigcirc$ $4\ \bigcirc$
$5\ \times$ $6\ \bigcirc$ $7\ \times$ $8\ \bigcirc$
$9\ \bigcirc$ $10\ \times$ $11\ \bigcirc$ $12\ \times$

1 등호가 없으므로 등식이 아니다.
2 등호가 없으므로 등식이 아니다.
3 양변의 값이 다른 식이라도 등호가 있으면 등식이다.
5 등호가 없으므로 등식이 아니다.
$7\ x-4=3x$
10 (낸 돈)$-$(사용한 돈)$=$(남은 돈)이므로
$\quad 8a-b=2300$
$12\ y=4x$

B 방정식과 항등식 찾기　　52쪽

1 거짓, 거짓, 참, 방정식　　　2 거짓, 거짓, 참, 방정식
3 참, 참, 참, 참, 항등식　　　4 참, 참, 참, 참, 항등식
5 항　　　　6 방　　　　7 방　　　　8 항
9 방　　　　10 항　　　　11 항

5 $5x-2x=3x$는 좌변이 $3x$가 되어 우변 $3x$와 같아지므로 항등식이다.

6 $4x+2=10$은 $x=2$일 때는 식이 참이 되지만 다른 값일 때는 거짓이 되므로 방정식이다.

7 $-2x+3=7$은 $x=-2$일 때는 식이 참이 되지만 다른 값일 때는 거짓이 되므로 방정식이다.

8 $4x-1=-1+4x$는 좌변과 우변이 같으므로 항등식이다.

9 (좌변)$=-(x-1)=-x+1$이 되어 우변의 $x+1$과 같지 않으므로 항등식이 아니고 방정식이다.

10 (우변)$=-2(-3+x)=6-2x$가 되어 좌변 $6-2x$와 같아져서 항등식이다.

11 (좌변)$=2(1+3x)=2+6x$가 되어 우변 $2+6x$와 같아져서 항등식이다.

C 방정식의 해　　53쪽

1 ○　　　2 ×　　　3 ○　　　4 ○
5 ×　　　6 ○　　　7 ○　　　8 ○
9 ○　　　10 ×　　　11 ×　　　12 ○

1 $-2x+8=2$에 $x=3$을 대입하면
　(좌변)$=-2×3+8=2$
　따라서 (좌변)=(우변)이므로 $x=3$은 방정식의 해가 된다.

2 $3x+2=11$에 $x=-3$을 대입하면
　(좌변)$=3×(-3)+2=-7$
　따라서 (좌변)≠(우변)이므로 $x=-3$은 방정식의 해가 아니다.

3 $-4x-3=9$에 $x=-3$을 대입하면
　(좌변)$=-4×(-3)-3=9$
　따라서 (좌변)=(우변)이므로 $x=-3$은 방정식의 해이다.

4 $-x+1=x+3$에 $x=-1$을 대입하면
　(좌변)$=-(-1)+1=2$, (우변)$=-1+3=2$
　따라서 (좌변)=(우변)이므로 $x=-1$은 방정식의 해이다.

5 $3x+1=x+5$에 $x=-2$를 대입하면
　(좌변)$=3×(-2)+1=-5$, (우변)$=-2+5=3$
　따라서 (좌변)≠(우변)이므로 $x=-2$는 해가 아니다.

6 $-6x+3=-5x-1$에 $x=4$를 대입하면
　(좌변)$=-6×4+3=-21$, (우변)$=-5×4-1=-21$
　따라서 (좌변)=(우변)이므로 $x=4$는 방정식의 해이다.

7 $-2(x-1)=-2$에 $x=2$를 대입하면
　(좌변)$=-2×(2-1)=-2$
　따라서 (좌변)=(우변)이므로 $x=2$는 방정식의 해이다.

8 $3(x+5)=9$에 $x=-2$를 대입하면
　(좌변)$=3×(-2+5)=9$
　따라서 (좌변)=(우변)이므로 $x=-2$는 방정식의 해이다.

9 $4=-4(x-2)$에 $x=1$을 대입하면
　(우변)$=-4×(1-2)=4$
　따라서 (좌변)=(우변)이므로 $x=1$은 방정식의 해이다.

10 $-(x+5)=-2x+6$에 $x=1$을 대입하면
　(좌변)$=-(1+5)=-6$, (우변)$=-2×1+6=4$
　따라서 (좌변)≠(우변)이므로 $x=1$은 방정식의 해가 아니다.

11 $2(x-3)=-3(x+1)$에 $x=2$를 대입하면
　(좌변)$=2×(2-3)=-2$, (우변)$=-3×(2+1)=-9$
　따라서 (좌변)≠(우변)이므로 $x=2$는 방정식의 해가 아니다.

12 $5(x-2)=2(2x-1)$에 $x=8$을 대입하면
　(좌변)$=5×(8-2)=30$, (우변)$=2×(2×8-1)=30$
　따라서 (좌변)=(우변)이므로 $x=8$은 방정식의 해이다.

D 항등식이 되는 조건　　54쪽

1 $a=2, b=-1$　　　　2 $a=4, b=-2$
3 $a=9, b=-3$　　　　4 $a=-7, b=5$
5 $a=-1, b=6$　　　　6 $a=-8, b=6$
7 $a=3, b=5$　　　　8 $a=5, b=-2$
9 $a=9, b=-7$　　　　10 $a=-3, b=2$
11 $a=8, b=-2$　　　　12 $a=-4, b=8$

1 $2x-1=ax+b$가 항등식이 되기 위해서는 양변의 x의 계수와 상수항이 각각 같아야 하므로 $a=2, b=-1$

2 $ax-2=4x+b$가 항등식이므로 $a=4, b=-2$

3 $-3x+a=bx+9$가 항등식이므로 $a=9, b=-3$

4 $a+5x=bx-7$이 항등식이므로 $a=-7, b=5$

5 $6x+a=bx-1$이 항등식이므로 $a=-1, b=6$

6 $-ax+6=8x+b$가 항등식이므로 $a=-8, b=6$

7 $(a+3)x+5=6x+b$는 항등식이므로 괄호를 풀지 않고 양변의 x항과 상수항을 같게 놓으면 된다.
　$a+3=6, b=5$　　　∴ $a=3, b=5$

8 $4x-b=(a-1)x+2$는 항등식이므로 괄호를 풀지 않고 양변의 x항과 상수항을 같게 놓으면 된다.
　$a-1=4, -b=2$　　　∴ $a=5, b=-2$

9 $(a-6)x-7=3x+b$는 항등식이므로 괄호를 풀지 않고 양변의 x항과 상수항을 같게 놓으면 된다.
　$a-6=3, b=-7$　　　∴ $a=9, b=-7$

10 $2(x+a)=bx-6$에서 괄호를 풀면
　$2x+2a=bx-6$
　이 식은 항등식이므로 $2a=-6$에서 $a=-3, b=2$

11 $-8x+a=4(bx+2)$에서 괄호를 풀면
　$-8x+a=4bx+8$
　이 식은 항등식이므로 $a=8, -8=4b$에서 $b=-2$

12 $2(ax+4)=-8x+b$에서 괄호를 풀면

$2ax+8=-8x+b$

이 식은 항등식이므로 $2a=-8$에서 $a=-4$, $b=8$

1 3	2 ㄱ, ㄴ, ㅂ	3 ③	4 ⑤
5 ④	6 ②		

1 등식은 등호가 있는 식이므로 ㄱ, ㄹ, ㅂ의 3개이다.

2 등호가 없는 식은 ㄱ, ㄴ, ㅂ이다.

3 x의 값에 관계없이 항상 참인 등식은 항등식이다.

   ③ (우변)$=2(4x-1)=8x-2$가 되어 좌변 $8x-2$와 같아지므로 항등식이다.

4 ⑤ (우변)$=5x-1-3x=-1+2x$가 되어 좌변 $2x-1$과 같아지므로 항등식이다.

5 ④ $-(x-1)=-2x+2$에 $x=1$을 대입하면

   (좌변)$=-(x-1)=-(1-1)=0$,

   (우변)$=-2\times1+2=0$

   따라서 (좌변)$=$(우변)이므로 $x=1$은 방정식의 해이다.

6 ② $-\dfrac{3}{2}x-\dfrac{1}{4}=\dfrac{5}{4}$에 $x=-1$을 대입하면

   (좌변)$=-\dfrac{3}{2}\times(-1)-\dfrac{1}{4}=\dfrac{5}{4}$

   따라서 (좌변)$=$(우변)이므로 $x=-1$은 방정식의 해이다.

08 등식의 성질을 이용한 일차방정식의 풀이

A 등식의 성질 1   57쪽

1 2	2 4	3 10	4 $\dfrac{1}{2}$
5 $\dfrac{2}{3}$	6 0.2	7 -5	8 2
9 4	10 5	11 $25y$	12 $2x$

1 $x=y$의 양변에 2를 더하면 $x+2=y+2$

2 $x=y$의 양변에서 4를 빼면 $x-4=y-4$

3 $x=y$의 양변에서 10을 빼면 $x-10=y-10$

4 $x=-y$의 양변에서 $\dfrac{1}{2}$을 빼면 $x-\dfrac{1}{2}=-y-\dfrac{1}{2}$

5 $x=3y$의 양변에 $\dfrac{2}{3}$를 더하면 $x+\dfrac{2}{3}=3y+\dfrac{2}{3}$

6 $2x=-5y$의 양변에서 0.2를 빼면 $2x-0.2=-5y-0.2$

7 $x=y$의 양변에 -5를 곱하면 $x\times(-5)=y\times(-5)$

8 $x=-y$의 양변을 2로 나누면 $x\div2=-y\div2$

9 $\dfrac{1}{4}x=y$의 양변에 4를 곱하면 $\dfrac{1}{4}x\times4=y\times4$

10 $5x=3y$의 양변을 5로 나누면 $\dfrac{5x}{5}=\dfrac{3y}{5}$

11 $2x=5y$의 양변에 5를 곱하면 $10x=25y$

12 $6x=9y$의 양변을 3으로 나누면 $2x=3y$

B 등식의 성질 2   58쪽

1 $-a$, $-a$, 7	2 $-b$, $-b$, 5	3 5, b, 3	4 3, $3b$
5 12, $3a$	6 15, $3b$, $\dfrac{1}{2}$	7 3, 3, 4	8 1, -3
9 4, 2	10 6, -5, 6		

1 $a=-3b$의 양변에 -1을 곱하면 $-a=3b$

   $-a=3b$의 양변에서 7을 빼면 $-a-7=3b-7$

2 $2a=b$의 양변에 -1을 곱하면 $-2a=-b$

   $-2a=-b$의 양변에 5를 더하면 $-2a+5=-b+5$

3 $10a=5b$의 양변을 5로 나누면 $2a=b$

   $2a=b$의 양변에 3을 더하면 $2a+3=b+3$

4 $3a=b$의 양변에 3을 곱하면 $9a=3b$

   $9a=3b$의 양변에 2를 더하면 $9a+2=3b+2$

5 $\dfrac{a}{4}=\dfrac{b}{3}$의 양변에 12를 곱하면 $3a=4b$

   $3a=4b$의 양변에서 1을 빼면 $3a-1=4b-1$

6 $\dfrac{a}{3}=\dfrac{b}{5}$의 양변에 15를 곱하면 $5a=3b$

   $5a=3b$의 양변에서 $\dfrac{1}{2}$을 빼면 $5a-\dfrac{1}{2}=3b-\dfrac{1}{2}$

7 $4a+3=2b$의 양변에서 3을 빼면 $4a+3-3=2b-3$

   $\therefore 4a=2b-3$

   $4a=2b-3$의 양변을 4로 나누면 $\dfrac{4a}{4}=\dfrac{2b-3}{4}$

8 $-3x-1=9y$의 양변에 1을 더하면 $-3x-1+1=9y+1$

   $\therefore -3x=9y+1$

   $-3x=9y+1$의 양변을 -3으로 나누면 $\dfrac{-3x}{-3}=\dfrac{9y+1}{-3}$

9 $\dfrac{1}{2}x+4=y$의 양변에서 4를 빼면 $\dfrac{1}{2}x+4-4=y-4$

   $\therefore \dfrac{1}{2}x=y-4$

   $\dfrac{1}{2}x=y-4$의 양변에 2를 곱하면 $\dfrac{1}{2}x\times2=(y-4)\times2$

10 $-\dfrac{1}{5}x+6=4x$의 양변에서 6을 빼면

   $-\dfrac{1}{5}x+6-6=4x-6$ $\therefore -\dfrac{1}{5}x=4x-6$

   $-\dfrac{1}{5}x=4x-6$의 양변에 -5를 곱하면

   $-\dfrac{1}{5}x\times(-5)=(4x-6)\times(-5)$

C 등식의 성질을 이용한 방정식의 풀이에서 등식의 성질 찾기   59쪽

1 ㄱ, ㄹ	2 ㄴ, ㄷ	3 ㄴ, ㄹ	4 ㄱ, ㄷ, ㄹ
5 3, 10, 5, 2	6 5, -3, 3, -9	7 $\dfrac{3}{4}$, $\dfrac{5}{4}$, -3, $-\dfrac{5}{12}$	

1 $3x-1=5$
$3x=6$
$\therefore x=2$

ㄱ. 양변에 1을 더하면 $3x-1+1=5+1$
ㄹ. 양변을 3으로 나누면 $\dfrac{3x}{3}=\dfrac{6}{3}$

2 $\dfrac{1}{2}x+2=4$
$\dfrac{1}{2}x=2$
$\therefore x=4$

ㄴ. 양변에서 2를 빼면 $\dfrac{1}{2}x+2-2=4-2$
ㄷ. 양변에 2를 곱하면 $\dfrac{1}{2}x\times2=2\times2$

3 $3+2x=-7$
$2x=-10$
$\therefore x=-5$

ㄴ. 양변에서 3을 빼면 $3+2x-3=-7-3$
ㄹ. 양변을 2로 나누면 $\dfrac{2x}{2}=\dfrac{-10}{2}$

4 $\dfrac{2}{3}x-2=3$
$\dfrac{2}{3}x=5$
$2x=15$
$\therefore x=\dfrac{15}{2}$

ㄱ. 양변에 2를 더하면 $\dfrac{2}{3}x-2+2=3+2$
ㄷ. 양변에 3을 곱하면 $\dfrac{2}{3}x\times3=5\times3$
ㄹ. 양변을 2로 나누면 $\dfrac{2x}{2}=\dfrac{15}{2}$

5 $5x-3=7$
$5x-3+\boxed{3}=7+\boxed{3}$
$5x=\boxed{10}$
$5x\div\boxed{5}=\boxed{10}\div\boxed{5}$
$\therefore x=\boxed{2}$

6 $\dfrac{1}{3}x+5=2$
$\dfrac{1}{3}x+5-\boxed{5}=2-\boxed{5}$
$\dfrac{1}{3}x=\boxed{-3}$
$\dfrac{1}{3}x\times3=\boxed{-3}\times\boxed{3}$
$\therefore x=\boxed{-9}$

7 $-3x-\dfrac{3}{4}=\dfrac{1}{2}$
$-3x-\dfrac{3}{4}+\boxed{\dfrac{3}{4}}=\dfrac{1}{2}+\boxed{\dfrac{3}{4}}$
$-3x=\boxed{\dfrac{5}{4}}$
$-3x\div(\boxed{-3})=\boxed{\dfrac{5}{4}}\div(\boxed{-3})$
$\therefore x=\boxed{-\dfrac{5}{12}}$

D 등식의 성질을 이용한 방정식의 풀이   **60쪽**

1 $x=3$	2 $x=7$	3 $x=-4$	4 $x=10$
5 $x=4$	6 $x=3$	7 $x=2$	8 $x=1$
9 $x=2$	10 $x=-3$	11 $x=18$	12 $x=16$

1 $x+1=4$의 양변에서 1을 빼면
$x+1-1=4-1\qquad\therefore x=3$

2 $x-5=2$의 양변에 5를 더하면
$x-5+5=2+5\qquad\therefore x=7$

3 $-x-1=3$의 양변에 1을 더하면

$-x-1+1=3+1$

$-x=4$의 양변을 -1로 나누면

$\dfrac{-x}{-1}=\dfrac{4}{-1}\qquad\therefore x=-4$

4 $-x+2=-8$의 양변에서 2를 빼면

$-x+2-2=-8-2$

$-x=-10$의 양변을 -1로 나누면

$\dfrac{-x}{-1}=\dfrac{-10}{-1}\qquad\therefore x=10$

5 $2x-3=5$의 양변에 3을 더하면

$2x-3+3=5+3$

$2x=8$의 양변을 2로 나누면

$\dfrac{2x}{2}=\dfrac{8}{2}\qquad\therefore x=4$

6 $3x-1=8$의 양변에 1을 더하면

$3x-1+1=8+1$

$3x=9$의 양변을 3으로 나누면

$\dfrac{3x}{3}=\dfrac{9}{3}\qquad\therefore x=3$

7 $-5x+2=-8$의 양변에서 2를 빼면

$-5x+2-2=-8-2$

$-5x=-10$의 양변을 -5로 나누면

$\dfrac{-5x}{-5}=\dfrac{-10}{-5}\qquad\therefore x=2$

8 $-10x+4=-6$의 양변에서 4를 빼면

$-10x+4-4=-6-4$

$-10x=-10$의 양변을 -10으로 나누면

$\dfrac{-10x}{-10}=\dfrac{-10}{-10}\qquad\therefore x=1$

9 $2-6x=-10$의 양변에서 2를 빼면

$2-6x-2=-10-2$

$-6x=-12$의 양변을 -6으로 나누면

$\dfrac{-6x}{-6}=\dfrac{-12}{-6}\qquad\therefore x=2$

10 $-3-7x=18$의 양변에 3을 더하면

$-3-7x+3=18+3$

$-7x=21$의 양변을 -7로 나누면

$\dfrac{-7x}{-7}=\dfrac{21}{-7}\qquad\therefore x=-3$

11 $\dfrac{1}{3}x-2=4$의 양변에 2를 더하면

$\dfrac{1}{3}x-2+2=4+2$

$\dfrac{1}{3}x=6$의 양변에 3을 곱하면

$\dfrac{1}{3}x\times3=6\times3\qquad\therefore x=18$

12 $\dfrac{1}{4}x+1=5$의 양변에서 1을 빼면

$\dfrac{1}{4}x+1-1=5-1$

$\dfrac{1}{4}x=4$의 양변에 4를 곱하면

$\dfrac{1}{4}x\times4=4\times4\qquad\therefore x=16$

1 ①, ④   2 ③, ⑤   3 ④   4 ㄱ, ㄹ
5 ㄴ, ㄷ   6 (1) $x=-2$ (2) $x=6$

1 ① $a=b$의 양변에 -1을 곱하고 5를 더하면 $5-a=5-b$

  ④ $2a=3b$의 양변을 6으로 나누면 $\dfrac{a}{3}=\dfrac{b}{2}$

2 ③ $a=3b$의 양변에 -1을 곱하고 10을 더하면
       $10-a=10-3b$

  ⑤ $a=b$의 양변에 c를 곱할 때는 c가 0이어도 상관없으므로
      $ac=bc$

3 ① $4x=y$의 양변을 2로 나누면 $2x=\dfrac{y}{2}$

  ② $4x=y$의 양변에 -1을 곱하고 2를 더하면
      $-4x+2=-y+2$

  ③ $4x=y$의 양변을 4로 나누고 $\dfrac{1}{2}$을 더하면
      $x+\dfrac{1}{2}=\dfrac{y}{4}+\dfrac{1}{2}$

  ④ $4x=y$의 양변을 -2로 나누고 2를 더하면
      $2-2x=2-\dfrac{y}{2}$

  ⑤ $4x=y$의 양변에 3을 곱하면 $12x=3y$

4 $8x-3=13$
    $8x=16$ ㄱ. 양변에 3을 더하면 $8x-3+3=13+3$
  ∴ $x=2$ ㄹ. 양변을 8로 나누면 $\dfrac{8x}{8}=\dfrac{16}{8}$

5 $\dfrac{1}{3}x+5=8$
       ㄴ. 양변에서 5를 빼면 $\dfrac{1}{3}x+5-5=8-5$
    $\dfrac{1}{3}x=3$
  ∴ $x=9$ ㄷ. 양변에 3을 곱하면 $\dfrac{1}{3}x\times3=3\times3$

6 (1) $5x+1=-9$의 양변에서 1을 빼면
     $5x+1-1=-9-1$
     $5x=-10$의 양변을 5로 나누면
     $\dfrac{5x}{5}=\dfrac{-10}{5}$ ∴ $x=-2$

  (2) $\dfrac{1}{6}x-3=-2$의 양변에 3을 더하면
     $\dfrac{1}{6}x-3+3=-2+3$
     $\dfrac{1}{6}x=1$의 양변에 6을 곱하면
     $\dfrac{1}{6}x\times6=1\times6$ ∴ $x=6$

09   일차방정식의 뜻과 풀이

A   이항   63쪽

1 $x=6+5$ 2 $3x=-4-2$
3 $-2x=1+10$ 4 $5x=10-3$
5 $-x-4x=5$ 6 $6x+2x=8$

---

7 $a=1, b=-7$ 8 $a=2, b=4$
9 $a=5, b=-5$ 10 $a=4, b=-8$
11 $a=3, b=6$ 12 $a=4, b=12$

B   일차방정식의 뜻   64쪽

1 ○   2 ○   3 ×   4 ×
5 ○   6 ×   7 $a\neq2$ 8 $a\neq-4$
9 $a\neq-3$ 10 $a=-1$ 11 $a=-9$ 12 $a=-2$

1 $x=0$은 (일차식)$=0$이므로 일차방정식이다.

2 $2x-3=7$에서 $2x-3-7=0$, $2x-10=0$이므로 일차방정식이다.

3 $3x-1=5+3x$에서 $3x-1-3x-5=0$, $-6=0$이 되어 x항이 없어지므로 일차방정식이 아니다.

4 $4x+3=2(2x-1)$에서 $4x+3=4x-2$
$4x+3-4x+2=0$, $5=0$이 되어 x항이 없어지므로 일차방정식이 아니다.

5 $x(-x+5)=-x^2+6$에서
$-x^2+5x+x^2-6=0$, $5x-6=0$이 되어 x^2항이 없어지므로 일차방정식이다.

6 $2x^2-x+10=x^2-x$에서 $2x^2-x+10-x^2+x=0$
$x^2+10=0$이 되어 일차방정식이 아니다.

7 $ax-3=2x+5$의 양변의 x의 계수가 같을 때, 이항하면 x항이 없어지므로 일차방정식이 될 수 없다.
  ∴ $a\neq2$

8 $-2+ax=-4x+5$의 양변의 x의 계수가 같을 때, 이항하면 x항이 없어지므로 일차방정식이 될 수 없다.
  ∴ $a\neq-4$

9 $-6x+9=2ax-3$의 양변의 x의 계수가 같을 때, 이항하면 x항이 없어지므로 일차방정식이 될 수 없다.
  따라서 $2a\neq-6$이므로 $a\neq-3$

10 $ax^2+4x-3=-x^2-2x+5$의 양변의 x^2의 계수가 같아져야 이항하면 x^2항이 없어지므로 일차방정식이 될 수 있다.
  ∴ $a=-1$

11 $-9x^2-3=ax^2-5x+6$의 양변의 x^2의 계수가 같아져야 이항하면 x^2항이 없어지므로 일차방정식이 될 수 있다.
  ∴ $a=-9$

12 $3ax^2+x-3=-6x^2-11$의 양변의 x^2의 계수가 같아져야 이항하면 x^2항이 없어지므로 일차방정식이 될 수 있다.
  따라서 $3a=-6$이므로 $a=-2$

C   일차방정식의 풀이 1   65쪽

1 $3 / x=2$ 2 $x=6$ 3 $x=-12$ 4 $x=-7$
5 $x=6$ 6 $x=4$ 7 $2, 2 / x=2$ 8 $x=-4$
9 $x=-5$ 10 $x=9$ 11 $2, 2 / x=10$
12 $x=12$

1 $x+3=5, x=5-3$ $\therefore x=2$

2 $x-4=2, x=2+4$ $\therefore x=6$

3 $x+10=-2, x=-2-10$ $\therefore x=-12$

4 $x-2=-9, x=-9+2$ $\therefore x=-7$

5 $6+x=12, x=12-6=6$ $\therefore x=6$

6 $-9+x=-5, x=-5+9$ $\therefore x=4$

7 $2x=4, \dfrac{2x}{2}=\dfrac{4}{2}$ $\therefore x=2$

8 $5x=-20, \dfrac{5x}{5}=\dfrac{-20}{5}$ $\therefore x=-4$

9 $-x=5, \dfrac{-x}{-1}=\dfrac{5}{-1}$ $\therefore x=-5$

10 $-4x=-36, \dfrac{-4x}{-4}=\dfrac{-36}{-4}$ $\therefore x=9$

11 $\dfrac{1}{2}x=5, \dfrac{1}{2}x\times2=5\times2$ $\therefore x=10$

12 $-\dfrac{1}{3}x=-4, -\dfrac{1}{3}x\times(-3)=-4\times(-3)$ $\therefore x=12$

D 일차방정식의 풀이 2 66쪽

1 $-7, -6 / x=6$ 2 $x=1$ 3 $x=1$

4 $x=3$ 5 $x=2$

6 $-1, -2, -1, -2 / x=-1$ 7 $x=-2$

8 $x=1$ 9 $x=5$ 10 $x=-\dfrac{11}{4}$

11 $x=-\dfrac{1}{2}$ 12 $x=-\dfrac{2}{3}$

1 $-x+7=1, -x=1-7, -x=-6$ $\therefore x=6$

2 $-x+5=4, -x=4-5, -x=-1$ $\therefore x=1$

3 $2x+6=8, 2x=8-6, 2x=2$ $\therefore x=1$

4 $3x-5=4, 3x=4+5, 3x=9$ $\therefore x=3$

5 $5x-2=8, 5x=8+2, 5x=10$ $\therefore x=2$

6 $-2x+1=3, -2x=3-1, -2x=2$ $\therefore x=-1$

7 $-8x-7=9, -8x=9+7, -8x=16$ $\therefore x=-2$

8 $-10x+1=-9, -10x=-9-1, -10x=-10$ $\therefore x=1$

9 $5x-12=13, 5x=13+12, 5x=25$ $\therefore x=5$

10 $4x+3=-8, 4x=-8-3, 4x=-11$ $\therefore x=-\dfrac{11}{4}$

11 $-6x+5=8, -6x=8-5, -6x=3$ $\therefore x=-\dfrac{1}{2}$

12 $-9x+1=7, -9x=7-1, -9x=6$ $\therefore x=-\dfrac{2}{3}$

E 일차방정식의 풀이 3 67쪽

1 $-x / x=4$ 2 $x=-2$ 3 $x=5$

4 $x=3$ 5 $x=3$ 6 $x=4$

7 $-5x / x=2$ 8 $x=5$ 9 $x=4$

10 $x=6$ 11 $x=-\dfrac{3}{2}$ 12 $x=\dfrac{1}{3}$

1 $2x-3=x+1, 2x-x=1+3$ $\therefore x=4$

2 $3x+5=2x+3, 3x-2x=3-5$ $\therefore x=-2$

3 $4x-9=2x+1, 4x-2x=1+9$
  $2x=10$ $\therefore x=5$

4 $2x-1=-2x+11, 2x+2x=11+1$
  $4x=12$ $\therefore x=3$

5 $3x-1=10x-22, 3x-10x=-22+1$
  $-7x=-21$ $\therefore x=3$

6 $2x-1=6x-17, 2x-6x=-17+1$
  $-4x=-16$ $\therefore x=4$

7 $-x+3=5x-9, -x-5x=-9-3$
  $-6x=-12$ $\therefore x=2$

8 $-2x+16=3x-9, -2x-3x=-9-16$
  $-5x=-25$ $\therefore x=5$

9 $-7x+2=-3x-14, -7x+3x=-14-2$
  $-4x=-16$ $\therefore x=4$

10 $5x-4=2x+14, 5x-2x=14+4$
   $3x=18$ $\therefore x=6$

11 $-2x+8=-8x-1, -2x+8x=-1-8$
   $6x=-9$ $\therefore x=-\dfrac{3}{2}$

12 $-9x+2=-6x+1, -9x+6x=1-2$
   $-3x=-1$ $\therefore x=\dfrac{1}{3}$

거저먹는 시험 문제 68쪽

1 ③ 2 ④ 3 $a\neq-1$ 4 ③

5 10 6 -5

1 ① 분모에 x가 있는 식은 일차방정식이 아니다.

2 ④ $6-4x=-2(2x-3)$에서
  $(우변)=-2(2x-3)=-4x+6$
  따라서 $(좌변)=(우변)$이므로 항등식이다.

3 $x-2=5-ax$의 양변의 x의 계수가 같을 때, 이항하면 x항
  이 없어지므로 일차방정식이 될 수 없다.
  $\therefore a\neq-1$

4 ax^2항은 없어져야 하므로 $a=0$
  bx항은 없어지면 안 되므로 $b\neq0$

5 $-3x+2=x-10, -3x-x=-10-2$
  $-4x=-12$ $\therefore x=3$
  따라서 $a=3$이다.
  $8x-2=5x+8, 8x-5x=8+2$
  $3x=10$ $\therefore x=\dfrac{10}{3}$
  따라서 $b=\dfrac{10}{3}$이다.
  $\therefore ab=3\times\dfrac{10}{3}=10$

6 $10x+3=x-15, 9x=-18$ $\therefore x=-2$

14

따라서 $a=-2$이다.
$9x-7=6x-16,\ 3x=-9$ $\therefore x=-3$
따라서 $b=-3$이다.
$\therefore a+b=-2-3=-5$

 10 복잡한 일차방정식의 풀이

A 괄호가 있는 일차방정식의 풀이   70쪽

1 $x=-4$ 2 $x=5$ 3 $x=1$ 4 $x=-\dfrac{2}{3}$

5 $x=2$ 6 $x=-\dfrac{5}{2}$ 7 $x=-\dfrac{1}{7}$ 8 $x=\dfrac{9}{11}$

9 $x=9$ 10 $x=-4$

1 $-(x+1)=3,\ -x-1=3,\ -x=4$ $\therefore x=-4$
2 $2(x-3)+1=5,\ 2x-6+1=5$
   $2x=10$ $\therefore x=5$
3 $-5x-7=4(x-4),\ -5x-7=4x-16$
   $-5x-4x=-16+7,\ -9x=-9$ $\therefore x=1$
4 $-(x+13)=8x-7,\ -x-13=8x-7$
   $-x-8x=-7+13,\ -9x=6$ $\therefore x=-\dfrac{2}{3}$
5 $-3(x-6)+10=22,\ -3x+18+10=22$
   $-3x=-6$ $\therefore x=2$
6 $-4x+7=2(-3x+1),\ -4x+7=-6x+2$
   $2x=-5$ $\therefore x=-\dfrac{5}{2}$
7 $-3(x+3)=4(x-2),\ -3x-9=4x-8$
   $-3x-4x=-8+9,\ -7x=1$ $\therefore x=-\dfrac{1}{7}$
8 $2(3x-2)=-5(x-1),\ 6x-4=-5x+5$
   $11x=9$ $\therefore x=\dfrac{9}{11}$
9 $-15-(x+2)=-2(x+4),\ -15-x-2=-2x-8$
   $\therefore x=9$
10 $-5+2(x-1)=-3(x+9)$
   $-5+2x-2=-3x-27,\ 5x=-20$ $\therefore x=-4$

B 계수가 소수인 일차방정식의 풀이   71쪽

1 $x=1$ 2 $x=-13$ 3 $x=-6$ 4 $x=4$

5 $x=-8$ 6 $x=\dfrac{7}{10}$ 7 $x=-10$ 8 $x=-\dfrac{7}{2}$

9 $x=-\dfrac{8}{5}$ 10 $x=3$

1 $0.2x=-0.4x+0.6$의 양변에 10을 곱하면
   $2x=-4x+6,\ 6x=6$ $\therefore x=1$

2 $0.1x+0.7=-0.6$의 양변에 10을 곱하면
   $x+7=-6$ $\therefore x=-13$
3 $-0.05x+0.2=0.5$의 양변에 100을 곱하면
   $-5x+20=50,\ -5x=30$ $\therefore x=-6$
4 $0.5+0.08x=0.2x+0.02$의 양변에 100을 곱하면
   $50+8x=20x+2,\ -12x=-48$ $\therefore x=4$
5 $0.2(x-1)=0.6x+3$의 양변에 10을 곱하면
   $2(x-1)=6x+30,\ 2x-2=6x+30$
   $-4x=32$ $\therefore x=-8$
6 $0.2-2(x-1)=0.8$의 양변에 10을 곱하면
   $2-20(x-1)=8,\ 2-20x+20=8$
   $-20x=-14$ $\therefore x=\dfrac{7}{10}$
7 $-0.3(x+3)=-0.11x+1$의 양변에 100을 곱하면
   $-30(x+3)=-11x+100,\ -30x-90=-11x+100$
   $-19x=190$ $\therefore x=-10$
8 $0.1(x-1)+0.6=0.15$의 양변에 100을 곱하면
   $10(x-1)+60=15,\ 10x-10+60=15$
   $10x+50=15,\ 10x=-35$ $\therefore x=-\dfrac{7}{2}$
9 $0.4(x+1)-0.3(x+2)=-0.36$의 양변에 100을 곱하면
   $40(x+1)-30(x+2)=-36$
   $40x+40-30x-60=-36$
   $10x-20=-36,\ 10x=-16$ $\therefore x=-\dfrac{8}{5}$
10 $-0.2(x-2)+0.35=0.15(-x+4)$의 양변에 100을 곱하면
   $-20(x-2)+35=15(-x+4)$
   $-20x+40+35=-15x+60$
   $-5x=-15$ $\therefore x=3$

C 계수가 분수인 일차방정식의 풀이   72쪽

1 $6,\ 6,\ 6\ /\ x=2$ 2 $x=-\dfrac{15}{2}$ 3 $x=10$

4 $x=-\dfrac{9}{4}$ 5 $x=-\dfrac{10}{3}$ 6 $x=-1$

7 $x=-1$ 8 $x=11$ 9 $x=4$

10 $x=5$

1 $-\dfrac{5}{6}x+1=-\dfrac{2}{3}$의 양변에 분모의 최소공배수 6을 곱하면
   $-5x+6=-4,\ -5x=-10$ $\therefore x=2$
2 $\dfrac{1}{2}x+3=-\dfrac{3}{4}$의 양변에 분모의 최소공배수 4를 곱하면
   $2x+12=-3,\ 2x=-15$ $\therefore x=-\dfrac{15}{2}$
3 $\dfrac{3}{2}x-3=\dfrac{6}{5}x$의 양변에 분모의 최소공배수 10을 곱하면
   $15x-30=12x,\ 3x=30$ $\therefore x=10$
4 $\dfrac{1}{3}x-2=-1+\dfrac{7}{9}x$의 양변에 분모의 최소공배수 9를 곱하면
   $3x-18=-9+7x,\ -4x=9$ $\therefore x=-\dfrac{9}{4}$

5 $2-\dfrac{1}{2}x=\dfrac{7}{6}-\dfrac{3}{4}x$의 양변에 분모의 최소공배수 12를 곱하면

$24-6x=14-9x,\ 3x=-10$ $\therefore x=-\dfrac{10}{3}$

6 $\dfrac{5}{2}x+\dfrac{3}{8}=\dfrac{5}{4}x-\dfrac{7}{8}$의 양변에 분모의 최소공배수 8을 곱하면

$20x+3=10x-7,\ 10x=-10$ $\therefore x=-1$

7 $\dfrac{x-1}{2}=-\dfrac{3-x}{4}$의 양변에 분모의 최소공배수 4를 곱하면

$2(x-1)=-(3-x),\ 2x-2=-3+x$ $\therefore x=-1$

8 $-\dfrac{7-x}{3}=\dfrac{x+1}{9}$의 양변에 분모의 최소공배수 9를 곱하면

$-3(7-x)=x+1,\ -21+3x=x+1$

$2x=22$ $\therefore x=11$

9 $\dfrac{3}{4}x-1=\dfrac{2(x-1)}{3}$의 양변에 분모의 최소공배수 12를 곱하면

$9x-12=8(x-1),\ 9x-12=8x-8$ $\therefore x=4$

10 $\dfrac{2x-1}{3}+2=\dfrac{x+5}{2}$의 양변에 분모의 최소공배수 6을 곱하면

$2(2x-1)+12=3(x+5),\ 4x-2+12=3x+15$

$\therefore x=5$

D 비례식으로 주어진 일차방정식의 풀이　　73쪽

1 $x=\dfrac{2}{3}$　**2** $x=2$　**3** $x=-\dfrac{3}{2}$　**4** $x=\dfrac{4}{9}$

5 $x=7$　**6** $x=-\dfrac{1}{3}$　**7** $x=-7$　**8** $x=\dfrac{40}{3}$

9 $x=1$　**10** $x=\dfrac{5}{6}$

---

1 $x:2=(3x-1):3$에서

$2(3x-1)=3x,\ 6x-2=3x$

$3x=2$ $\therefore x=\dfrac{2}{3}$

2 $(2x+3):7=x:2$에서

$7x=2(2x+3),\ 7x=4x+6$

$3x=6$ $\therefore x=2$

3 $1:(-5x-4)=3:-7x$에서

$3(-5x-4)=-7x,\ -15x-12=-7x$

$-8x=12$ $\therefore x=-\dfrac{3}{2}$

4 $5x:(4x+1)=4:5$에서

$4(4x+1)=25x,\ 16x+4=25x$

$-9x=-4$ $\therefore x=\dfrac{4}{9}$

5 $(x-1):2=(2x+1):5$에서

$2(2x+1)=5(x-1),\ 4x+2=5x-5$

$-x=-7$ $\therefore x=7$

6 $3:(3x+5)=2:(x+3)$에서

$2(3x+5)=3(x+3),\ 6x+10=3x+9$

$3x=-1$ $\therefore x=-\dfrac{1}{3}$

7 $-3(x-5):2(-x+8)=6:5$에서

$12(-x+8)=-15(x-5)$

$-12x+96=-15x+75,\ 3x=-21$ $\therefore x=-7$

8 $\dfrac{1}{7}x:5=(x-8):14$에서

$5(x-8)=2x,\ 5x-40=2x$

$3x=40$ $\therefore x=\dfrac{40}{3}$

9 $-0.1(2x-8):1=0.3(x+5):3$에서

$0.3(x+5)=-0.3(2x-8)$

$(x+5)=-(2x-8),\ x+5=-2x+8$

$3x=3$ $\therefore x=1$

10 $\dfrac{1}{3}x:0.2(-x+5)=1:3$에서

$0.2(-x+5)=x,\ 2(-x+5)=10x,\ -2x+10=10x$

$-12x=-10$ $\therefore x=\dfrac{5}{6}$

E 일차방정식의 해가 주어질 때, 미지수 구하기　　74쪽

1 3　　**2** 4　　**3** 5　　**4** 0

5 -23　**6** $\dfrac{13}{5}$　**7** $\dfrac{11}{3}$　**8** -15

9 19　　**10** $-\dfrac{9}{5}$

---

1 $ax-4=5$에 $x=3$을 대입하면

$3a=9$ $\therefore a=3$

2 $x+2a=-2x+5,\ 2a=-3x+5$에 $x=-1$을 대입하면

$2a=3+5,\ 2a=8$ $\therefore a=4$

3 $3(x-a)=-5x+1,\ 3x-3a=-5x+1$

$-3a=-8x+1$에 $x=2$를 대입하면

$-3a=-16+1,\ -3a=-15$ $\therefore a=5$

4 $-x+8=ax+7$에 $x=1$을 대입하면

$-1+8=a+7$ $\therefore a=0$

5 $-4(3-2x)=a-5,\ -12+8x=a-5$에

$x=-2$를 대입하면 $-28=a-5$ $\therefore a=-23$

6 $-2(4-2x)=5(a-5),\ -8+4x=5a-25$에 $x=-1$을 대입하면

$-12=5a-25,\ -5a=-13$ $\therefore a=\dfrac{13}{5}$

7 $4x-a=2x+\dfrac{1}{3},\ -a=-2x+\dfrac{1}{3}$에 $x=2$를 대입하면

$-a=-4+\dfrac{1}{3}=-\dfrac{11}{3}$ $\therefore a=\dfrac{11}{3}$

8 $0.2(4x-a)=0.3x+1$의 양변에 10을 곱하면

$2(4x-a)=3x+10,\ 8x-2a=3x+10$

$-2a=-5x+10$에 $x=-4$를 대입하면

$-2a=30$ $\therefore a=-15$

9 $\dfrac{ax+2}{3}-\dfrac{1+ax}{4}=2$의 양변에 12를 곱하면

$4(ax+2)-3(1+ax)=24$

$4ax+8-3-3ax=24$

$ax=19$에 $x=1$을 대입하면 $a=19$

10 $\dfrac{x-2a}{4}+\dfrac{3-4x}{5}=\dfrac{3}{2}$의 양변에 20을 곱하면

$5(x-2a)+4(3-4x)=30$

$5x-10a+12-16x=30$

$-11x-10a=18$에 $x=0$을 대입하면 $a=-\dfrac{9}{5}$

1 ⑤   2 (1) $x=-1$ (2) $x=-\dfrac{1}{6}$ (3) $x=-2$

3 1   4 ①   5 35   6 13

1 ① $2x=-2x+4$, $4x=4$ $\therefore x=1$

  ② $-3x+\dfrac{1}{2}=-\dfrac{3}{4}x-\dfrac{7}{4}$의 양변에 4를 곱하면

     $-12x+2=-3x-7$, $-9x=-9$ $\therefore x=1$

  ③ $0.7x+0.3=-0.2x+1.2$의 양변에 10을 곱하면

     $7x+3=-2x+12$, $9x=9$ $\therefore x=1$

  ④ $2x-0.9=x+0.1$의 양변에 10을 곱하면

     $20x-9=10x+1$, $10x=10$ $\therefore x=1$

  ⑤ $\dfrac{1}{3}(x+9)=3x-1$의 양변에 3을 곱하면

     $x+9=9x-3$, $-8x=-12$ $\therefore x=\dfrac{3}{2}$

  따라서 해가 나머지 넷과 다른 하나는 ⑤이다.

2 (1) $\dfrac{-x-1}{4}-\dfrac{-3x+1}{5}=-0.8$의 양변에 20을 곱하면

     $5(-x-1)-4(-3x+1)=-16$

     $-5x-5+12x-4=-16$, $7x=-7$ $\therefore x=-1$

  (2) $\dfrac{5}{2}x-\dfrac{2}{3}=0.5(x-2)$의 양변에 6을 곱하면

     $15x-4=3(x-2)$, $15x-4=3x-6$

     $12x=-2$ $\therefore x=-\dfrac{1}{6}$

  (3) $(0.7x+2):\left(1-\dfrac{1}{2}x\right)=3:10$에서

     $10(0.7x+2)=3\left(1-\dfrac{1}{2}x\right)$

     $7x+20=3-\dfrac{3}{2}x$의 양변에 2를 곱하면

     $14x+40=6-3x$, $17x=-34$ $\therefore x=-2$

3 $4x+6=2(x-1)$에서 $4x+6=2x-2$

  $2x=-8$ $\therefore x=-4$

  $x=-4$를 $x+a=-x-7$에 대입하면 $a=1$

4 $-2x+1=5x-13$에서 $-7x=-14$ $\therefore x=2$

  $x=2$를 $3ax+a=-2x-10$에 대입하면

  $6a+a=-14$ $\therefore a=-2$

5 $-10+20x=5a-15$에 $x=1$을 대입하면

  $-10+20=5a-15$, $-5a=-25$ $\therefore a=5$

  $b-12=3+5x$에 $x=3$을 대입하면

  $b-12=3+15$ $\therefore b=30$

  $\therefore a+b=35$

6 $-10x=-2a-18$에 $x=-2$를 대입하면

  $20=-2a-18$, $2a=-38$ $\therefore a=-19$

  $-3x+b=-x-6$에 $x=0$을 대입하면 $b=-6$

  $\therefore b-a=-6-(-19)=13$

11 일차방정식의 활용 1

A 어떤 수에 대한 문제   77쪽

1 13, 2   2 4   3 3

4 $3x-4$, $3x-4$, 8   5 4   6 9

1 어떤 수를 x라 하면

  $4x+5=13$, $4x=8$ $\therefore x=2$

2 어떤 수를 x라 하면

  $2x-1=7$, $2x=8$ $\therefore x=4$

3 어떤 수를 x라 하면

  $6x-3=15$, $6x=18$ $\therefore x=3$

4 어떤 수를 x라 하면

  $x+12=3x-4$, $-2x=-16$ $\therefore x=8$

5 어떤 수를 x라 하면

  $x+18=5x+2$, $-4x=-16$ $\therefore x=4$

6 어떤 수를 x라 하면

  $x+25=4x-2$, $-3x=-27$ $\therefore x=9$

B 연속하는 자연수에 대한 문제   78쪽

1 21, 6, 7, 8   2 33 / 10, 11, 12   3 15, 16, 17

4 18, 4   5 12   6 11

1 연속하는 세 자연수 중 가장 작은 수를 x라 하면

  세 수는 x, $x+1$, $x+2$이므로

  $x+x+1+x+2=21$, $3x=18$ $\therefore x=6$

  따라서 세 자연수는 6, 7, 8이다.

2 연속하는 세 자연수 중 가장 작은 수를 x라 하면

  세 수는 x, $x+1$, $x+2$이므로

  $x+x+1+x+2=33$, $3x=30$ $\therefore x=10$

  따라서 세 자연수는 10, 11, 12이다.

3 연속하는 세 자연수 중 가장 작은 수를 x라 하면

  세 수는 x, $x+1$, $x+2$이므로

  $x+x+1+x+2=48$, $3x=45$ $\therefore x=15$

  따라서 세 자연수는 15, 16, 17이다.

4 연속하는 세 짝수 중 가장 작은 짝수를 x라 하면
세 짝수는 x, $x+2$, $x+4$이므로
$x+x+2+x+4=18$, $3x=12$ $\therefore x=4$
따라서 가장 작은 짝수는 4이다.

5 연속하는 세 짝수 중 가장 큰 짝수를 x라 하면
세 짝수는 $x-4$, $x-2$, x이므로
$x-4+x-2+x=30$, $3x=36$ $\therefore x=12$
따라서 가장 큰 짝수는 12이다.

6 연속하는 세 홀수 중 가장 작은 홀수를 x라 하면
세 홀수는 x, $x+2$, $x+4$이므로
$x+x+2+x+4=39$, $3x=33$ $\therefore x=11$
따라서 가장 작은 홀수는 11이다.

C 자릿수에 대한 문제　　　　79쪽

1 4, 4, 9, 54　2 86　　　　3 4, 3, 59　4 33

1 처음 수의 십의 자리의 숫자를 x라 하면
$40+x=10x+4-9$, $9x=45$ $\therefore x=5$
따라서 처음 수는 54이다.

2 처음 수의 십의 자리의 숫자를 x라 하면
$60+x=10x+6-18$, $9x=72$ $\therefore x=8$
따라서 처음 수는 86이다.

3 일의 자리의 숫자를 x라 하면
$50+x=4(5+x)+3$, $50+x=20+4x+3$
$-3x=-27$ $\therefore x=9$
따라서 처음 수는 59이다.

4 일의 자리의 숫자를 x라 하면
$30+x=5(3+x)+3$, $30+x=15+5x+3$
$-4x=-12$ $\therefore x=3$
따라서 처음 수는 33이다.

D 나이에 대한 문제　　　　80쪽

1 3, 6년　　2 14년　　　3 5, 3, 5, 52세　4 58세

1 아버지의 나이가 아들의 나이의 3배가 되는 것을 x년 후라
하면 $36+x=3(8+x)$, $36+x=24+3x$
$-2x=-12$ $\therefore x=6$
따라서 6년 후이다.

2 어머니의 나이가 딸의 나이의 2배가 되는 것을 x년 후라 하면
$50+x=2(18+x)$, $50+x=36+2x$
$-x=-14$ $\therefore x=14$
따라서 14년 후이다.

3 현재 어머니의 나이를 x세라 하면 아들의 나이는 $(66-x)$세
이므로 $x+5=3(66-x+5)$, $x+5=213-3x$
$4x=208$ $\therefore x=52$
따라서 현재 어머니의 나이는 52세이다.

4 현재 아버지의 나이를 x세라 하면 딸의 나이는 $(84-x)$세이
므로 $x+6=2(84-x+6)$, $x+6=180-2x$
$3x=174$ $\therefore x=58$
따라서 현재 아버지의 나이는 58세이다.

E 합이 일정한 문제　　　　81쪽

1 2, 2, 54, 11마리　　　　2 3마리　　3 100, 3
4 5

1 소를 x마리라 하면 닭은 $(16-x)$마리이므로
$4x+2(16-x)=54$, $4x+32-2x=54$
$2x=22$ $\therefore x=11$
따라서 소는 11마리이다.

2 염소를 x마리라 하면 타조는 $(10-x)$마리이므로
$4x+2(10-x)=26$, $4x+20-2x=26$
$2x=6$ $\therefore x=3$
따라서 염소는 3마리이다.

3 과자를 x개라 하면 아이스크림은 $(10-x)$개이므로
$1000x+700(10-x)=8000-100$
$1000x+7000-700x=7900$
$300x=900$ $\therefore x=3$
따라서 과자의 개수는 3이다.

4 사과를 x개라 하면 배는 $(8-x)$개이므로
$3000x+4000(8-x)=30000-3000$
$3000x+32000-4000x=27000$
$-1000x=-5000$ $\therefore x=5$
따라서 사과의 개수는 5이다.

거처먹는 시험 문제　　　　82쪽

1 ①　　　　2 17　　　3 24　　　4 ③
5 9골　　　6 ③

1 어떤 수를 x라 하면
$3(x+10)=4x+9$, $3x+30=4x+9$ $\therefore x=21$

2 연속하는 세 홀수 중 가운데 홀수를 x라 하면 연속하는 세 홀
수는 $x-2$, x, $x+2$이므로
$x-2+x+x+2=51$, $3x=51$ $\therefore x=17$
따라서 가운데 수는 17이다.

3 십의 자리의 숫자를 x라 하면 일의 자리의 숫자는 $2x$이므로
처음 수는 $10x+2x$, 바꾼 수는 $20x+x$이다. 즉,
$20x+x=10x+2x+18$, $21x=12x+18$
$9x=18$ $\therefore x=2$
따라서 처음 수는 24이다.

4 현재 딸의 나이를 x세라 하면 어머니의 나이는 $(x+28)$세이므로 $x+28+20=2(x+20)-8$, $x+48=2x+32$

$\therefore x=16$

따라서 현재 딸의 나이는 16세이다.

5 3점짜리 슛을 x번 넣었다면 2점짜리 슛은 $(18-x)$번 넣었으므로 $2(18-x)+3x=45$, $36-2x+3x=45$

$x=45-36$ $\therefore x=9$

따라서 3점짜리 슛을 9골 넣었다.

6 민재가 영준이에게 준 사탕의 개수를 x라 하면

$27-x=2(9+x)$, $-3x=18-27$ $\therefore x=3$

따라서 민재가 영준이에게 준 사탕의 개수는 3이다.

 12 일차방정식의 활용 2

A 예금에 대한 문제, 과부족에 대한 문제 84쪽

1 50000, 2000x, 50000, 2000x, 15개월　　2 25개월
3 6, 5, 6, 5, 11　　　　　　4 9

1 형의 예금액이 동생의 예금액과 같아지는 것을 x개월 후라 하면

$50000+4000x=80000+2000x$

$2000x=30000$　　$\therefore x=15$

따라서 예금액은 15개월 후에 같아진다.

2 형의 예금액이 동생의 예금액의 2배가 되는 것을 x개월 후라 하면

$30000+4000x=2(40000+1000x)$

$2000x=50000$　　　$\therefore x=25$

따라서 형의 예금액이 25개월 후에 동생의 예금액의 2배가 된다.

3 학생 수를 x라 하면

$5x+6=6x-5$, $-x=-11$　　$\therefore x=11$

따라서 학생 수는 11이다.

4 학생 수를 x라 하면

$4x+8=6x-10$, $-2x=-18$　　　$\therefore x=9$

따라서 학생 수는 9이다.

B 증가, 감소에 대한 문제 85쪽

1 312, 300　　2 200　　　3 6, 400　　4 500

1 작년의 회원 수를 x라 하면

$x+\dfrac{4}{100}x=312$, $\dfrac{104}{100}x=312$, $x=312\times\dfrac{100}{104}$

$\therefore x=300$

따라서 작년의 회원 수는 300이다.

2 작년의 봉사 동아리 회원 수를 x라 하면

$x+\dfrac{10}{100}x=220$, $\dfrac{110}{100}x=220$, $x=220\times\dfrac{100}{110}$

$\therefore x=200$

따라서 작년의 봉사 동아리의 회원 수는 200이다.

3 작년의 남학생 수를 x라 하면 작년의 여학생 수는 $(600-x)$이므로

$\dfrac{5}{100}x-\dfrac{7}{100}(600-x)=6$, $5x-4200+7x=600$

$12x=4800$　　　$\therefore x=400$

따라서 작년의 남학생 수는 400이다.

4 작년의 여학생 수를 x라 하면 작년의 남학생 수는 $(800-x)$이므로

$\dfrac{7}{100}(800-x)-\dfrac{6}{100}x=-9$

$5600-7x-6x=-900$

$-13x=-6500$　　　$\therefore x=500$

따라서 작년의 여학생 수는 500이다.

C 도형에 대한 문제 86쪽

1 48, 8 cm　　2 5 cm　　3 9, 9, 9, 2, 5　　4 2

1 사다리꼴의 높이를 x cm라 하면

$\dfrac{1}{2}\times(5+7)\times x=48$

$6x=48$　　$\therefore x=8$

따라서 사다리꼴의 높이는 8 cm이다.

2 사다리꼴의 높이를 x cm라 하면

$\dfrac{1}{2}\times(6+10)\times x=40$

$8x=40$　　$\therefore x=5$

따라서 사다리꼴의 높이는 5 cm이다.

3 $9(9+x)=2\times63$

$81+9x=126$, $9x=45$　　　$\therefore x=5$

4 $(10+6)(8+x)=2\times80$

$128+16x=160$, $16x=32$　　　$\therefore x=2$

D 일에 대한 문제 87쪽

1 $\dfrac{1}{15}$, $\dfrac{1}{15}$, $\dfrac{1}{15}$, 6시간　　2 12시간
3 $x+1$, $x+1$, 1, 3시간　　4 9시간

1 둘이 함께 일한 시간을 x시간이라 하면

$\dfrac{1}{10}x+\dfrac{1}{15}x=1$, $3x+2x=30$

$5x=30$　　$\therefore x=6$

따라서 둘이 함께 일한 시간은 6시간이다.

2 둘이 함께 일한 시간을 x시간이라 하면

$$\frac{1}{20}x+\frac{1}{30}x=1, \ 3x+2x=60$$

$5x=60$ ∴ $x=12$

따라서 둘이 함께 일한 시간은 12시간이다.

3 지훈이가 일한 시간을 x시간이라 하면 수빈이는 $(x+1)$시간이므로

$$\frac{1}{6}(x+1)+\frac{1}{9}x=1, \ 5x=15$$ ∴ $x=3$

따라서 지훈이가 일한 시간은 3시간이다.

4 진용이가 일한 시간을 x시간이라 하면 정현이는 $(x-5)$시간이므로

$$\frac{1}{12}x+\frac{1}{16}(x-5)=1, \ 7x=63$$ ∴ $x=9$

따라서 진용이가 일한 시간은 9시간이다.

거저먹는 시험 문제　　　88쪽

1 20일　　　**2** ②　　　**3** ③　　　**4** 4
5 ②　　　　　**6** 4분

1 x일 후에 언니와 동생의 저금통에 들어 있는 금액이 같아진 다고 하면

$30000+500x=20000+1000x$

$500x=10000$ ∴ $x=20$

따라서 20일 후에 언니와 동생의 저금액이 같아진다.

2 학생 수를 x라 하면

$4x+5=5x-2$ ∴ $x=7$

∴ (공책의 권수)$=4\times7+5=33$

3 세로의 길이를 x cm, 가로의 길이를 $(x-4)$ cm라 하면

$2(x+x-4)=36, \ 4x-8=36$ ∴ $x=11$

따라서 세로의 길이가 11 cm, 가로의 길이가 7 cm이므로 넓이는 77 cm²이다.

4 길을 뺀 꽃밭의 가로의 길이는 $12-2=10$ (m), 세로의 길이는 $(10-x)$ m이므로

$$10(10-x)=12\times10\times\frac{1}{2}, \ 100-10x=60$$

$10x=40$ ∴ $x=4$

5 A중학교의 작년의 여학생 수를 x라 하면 작년의 남학생 수는 $(1200-x)$이므로

$$\frac{5}{100}x-\frac{3}{100}(1200-x)=-12$$

$5x-3(1200-x)=-1200, \ 8x=2400$

∴ $x=300$

따라서 올해의 여학생 수는 $300+300\times\dfrac{5}{100}=315$

6 A, B 호스로 동시에 물을 받는 시간을 x분이라 하면

$$\frac{1}{12}x+\frac{1}{6}x=1$$

$3x=12$ ∴ $x=4$

따라서 물통을 채우는데 4분이 걸린다.

---

13 일차방정식의 활용 3

A 거리, 속력, 시간에 대한 문제 1　　　90쪽

1 $\dfrac{x}{6}, \dfrac{x}{6},$ 15 km　　**2** 400 km　　**3** $\dfrac{x}{4},$ 6 km　　**4** 4 km

1 A, B 사이의 거리를 x km라 하면

$$\frac{x}{10}+\frac{x}{6}=4, \ 3x+5x=120$$

$8x=120$ ∴ $x=15$

따라서 두 지점 A, B 사이의 거리는 15 km이다.

2 A, B 사이의 거리를 x km라 하면

$$\frac{x}{80}+\frac{x}{100}=9, \ 5x+4x=3600$$

$9x=3600$ ∴ $x=400$

따라서 두 지점 A, B 사이의 거리는 400 km이다.

3 등산로의 길이를 x km라 하면

$$\frac{x}{3}=\frac{x}{4}+\frac{1}{2}, \ 4x=3x+6$$ ∴ $x=6$

따라서 등산로의 길이는 6 km이다.

4 등산로의 길이를 x km라 하면

$$\frac{x}{4}=\frac{x}{6}+\frac{1}{3}, \ 3x=2x+4$$ ∴ $x=4$

따라서 등산로의 길이는 4 km이다.

B 거리, 속력, 시간에 대한 문제 2　　　91쪽

1 60, 30분　　**2** 80분　　**3** 60x, 60x, 2200, 20분
4 30분

1 형이 출발한 지 x분 후에 동생을 만난다고 하면

$80x=60(x+10), \ 20x=600$ ∴ $x=30$

따라서 형이 출발한 지 30분 후에 동생을 만난다.

2 형이 출발한 지 x분 후에 동생을 만난다고 하면

$100x=80(x+20), \ 20x=1600$ ∴ $x=80$

따라서 형이 출발한 지 80분 후에 만난다.

3 시은이와 채은이가 출발한 지 x분 후에 만났다고 하면

$50x+60x=2200, \ 110x=2200$ ∴ $x=20$

따라서 출발한 지 20분 후에 만난다.

4 예림이와 지민이가 출발한 지 x분 후에 만났다고 하면

$60x+80x=4200, \ 140x=4200$ ∴ $x=30$

따라서 출발한 지 30분 후에 만난다.

C 농도에 대한 문제　　　92쪽

1 $300+x, \ 300+x, \ 300+x, \ 300+x,$ 150 g　　**2** 240 g
3 $1200+x, \ 1200+x, \ 1200+x, \ 1200+x,$ 80 g
4 25 g

1 더 넣은 물의 양을 x g이라 하면

$$\frac{6}{100} \times 300 = \frac{4}{100}(300+x), 1800 = 1200 + 4x$$

$4x = 600$ $\therefore x = 150$

따라서 더 넣은 물의 양은 150 g이다.

2 더 넣은 물의 양을 x g이라 하면

$$\frac{8}{100} \times 400 = \frac{5}{100}(400+x), 3200 = 2000 + 5x$$

$5x = 1200$ $\therefore x = 240$

따라서 더 넣은 물의 양은 240 g이다.

3 더 넣은 소금의 양을 x g이라 하면

$$\frac{4}{100} \times 1200 + x = \frac{10}{100}(1200+x)$$

$4800 + 100x = 12000 + 10x, 90x = 7200$

$\therefore x = 80$

따라서 더 넣은 소금의 양은 80 g이다.

4 더 넣은 소금의 양을 x g이라 하면

$$\frac{10}{100} \times 200 + x = \frac{20}{100}(200+x)$$

$2000 + 100x = 4000 + 20x, 80x = 2000$

$\therefore x = 25$

따라서 더 넣은 소금의 양은 25 g이다.

D 원가와 정가에 대한 문제 93쪽

1 3000, 6000, 3000, 6000, 30000원
2 20000원   3 600, 600, x, 1000원
4 3500원

1 물건의 원가를 x원이라 하면

$$x + \frac{30}{100}x - 3000 - x = 6000$$

$$\frac{30}{100}x = 9000 \qquad \therefore x = 30000$$

따라서 물건의 원가는 30000원이다.

2 물건의 원가를 x원이라 하면

$$x + \frac{20}{100}x - 1000 - x = 3000$$

$$\frac{20}{100}x = 4000 \qquad \therefore x = 20000$$

따라서 물건의 원가는 20000원이다.

3 물건의 원가를 x원이라 하면

$$x + \frac{4}{10}x - 600 - x = -200$$

$$\frac{4}{10}x = 400 \qquad \therefore x = 1000$$

따라서 물건의 원가는 1000원이다.

4 물건의 원가를 x원이라 하면

$$x + \frac{2}{10}x - 1500 - x = -800$$

$$\frac{2}{10}x = 700 \qquad \therefore x = 3500$$

따라서 물건의 원가는 3500원이다.

거처먹는 **시험 문제** 94쪽

1 ③   2 30분   3 40분   4 ④
5 600 g   6 ⑤

1 등산로의 길이를 x km라 하면

$$\frac{x}{2} + \frac{x}{3} = 5, 5x = 30 \qquad \therefore x = 6$$

따라서 등산로의 길이는 6 km이다.

2 수빈이가 출발한 지 x분 후에 형준이를 만난다고 하면

$60(x+5) = 70x, 10x = 300$ $\therefore x = 30$

따라서 수빈이가 출발한 지 30분 후에 형준이를 만난다.

3 주원이의 속력이 혜민이의 속력보다 빠르고 서로 같은 방향
으로 걸어갔으므로

(주원이가 걸은 거리) - (혜민이가 걸은 거리)

= (호수의 둘레의 길이)

출발한 지 x분 후에 만났다고 하면

$70x - 50x = 800, 20x = 800$ $\therefore x = 40$

따라서 출발한 지 40분 후에 만난다.

4 더 넣은 물의 양을 x g이라 하면

$$\frac{15}{100} \times 600 = \frac{10}{100}(600+x), 9000 = 6000 + 10x$$

$10x = 3000$ $\therefore x = 300$

따라서 더 넣은 물의 양은 300 g이다.

5 12 % 소금물을 x g 섞는다고 하면

$$\frac{5}{100} \times 800 + \frac{12}{100} \times x = \frac{8}{100}(800+x)$$

$4000 + 12x = 6400 + 8x, 4x = 2400$ $\therefore x = 600$

따라서 12 %의 소금물 600 g을 섞으면 된다.

6 물건의 원가를 x원이라 하면

$$x + \frac{25}{100}x - 10000 - x = 2500$$

$$\frac{1}{4}x - 10000 = 2500, x - 40000 = 10000$$

$\therefore x = 50000$

따라서 물건의 원가는 50000원이다.

14 좌표평면 위의 점의 좌표

A 수직선 위의 점의 좌표 97쪽

1 A(-4), B(-1), C(2), D(3)
2 A(-10), B(-5), C(0), D(7)
3 A$\left(-\frac{9}{4}\right)$, B$\left(-\frac{3}{4}\right)$, C$\left(\frac{1}{2}\right)$, D$(3)$
4 A$\left(-\frac{7}{3}\right)$, B$(1)$, C$\left(\frac{8}{3}\right)$, D$(4)$

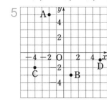

5 (number line): A B C D with scale −5 −4 −3 −2 −1 0 1 2 3 4 5

6 (number line): A B C D with scale −4 −3 −2 −1 0 1 2 3 4

7 (number line): A B C D with scale −3 −2 −1 0 1 2 3

8 (number line): A B C D with scale −3 −2 −1 0 1 2 3

B 순서쌍

98쪽

1 $A(4,\ 2)$　　2 $B(-3,\ 1)$　　3 $C(-5,\ -2)$

4 $D(1,\ -4)$　5 $E\left(\dfrac{1}{2},\ -\dfrac{2}{3}\right)$　6 $F\left(-\dfrac{2}{5},\ \dfrac{7}{2}\right)$

7 $a=3,\ b=2$　　　　　8 $a=-1,\ b=-2$

9 $a=-6,\ b=-1$　　　10 $a=-5,\ b=0$

11 $a=-\dfrac{4}{3},\ b=7$　　　12 $a=3,\ b=-1$

8 $a-1=-2$에서 $a=-1$, $2=-b$에서 $b=-2$

9 $a=-6$, $4=b+5$에서 $b=-1$

10 $a=-5$, $2b=b$에서 $b=0$

11 $-4=3a$에서 $a=-\dfrac{4}{3}$, $10=b+3$에서 $b=7$

12 $2a-1=5$에서 $a=3$, $2=3b+5$에서 $b=-1$

C 좌표평면 위의 점의 좌표

99쪽

1 $A(5,\ -1)$, $B(-3,\ 2)$, $C(2,\ 4)$, $D(-5,\ -3)$

2 $A(5,\ 1)$, $B(-2,\ -5)$, $C(1,\ -2)$, $D(-5,\ 2)$

3 $A(-3,\ -1)$, $B(-3,\ 2)$, $C(-4,\ 5)$, $D(4,\ 2)$

4 $A(3,\ -3)$, $B(1,\ 2)$, $C(-4,\ 3)$, $D(-3,\ -5)$

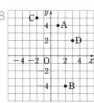

D x축, y축 위의 점의 좌표

100쪽

1 ㄱ, ㄷ, ㅂ, ㅅ　　2 ㄷ, ㄹ, ㅅ　　3 $(3,\ 0)$

4 $\left(0,\ -\dfrac{3}{2}\right)$　　5 $(0,\ 0)$　　6 $(5,\ 1)$

7 $(2,\ 5)$　　　8 $(0,\ -2)$　　9 $(-9,\ 0)$

10 $\left(1,\ \dfrac{5}{3}\right)$

6 점 $(a+2,\ b-1)$이 x축 위에 있으므로 $b-1=0$　　∴ $b=1$
　점 $(a-5,\ b+3)$이 y축 위에 있으므로 $a-5=0$　　∴ $a=5$

7 점 $(a-7,\ b-5)$가 x축 위에 있으므로 $b-5=0$　　∴ $b=5$
　점 $(a-2,\ b+7)$이 y축 위에 있으므로 $a-2=0$　　∴ $a=2$

8 점 $(-a+5,\ -b-2)$가 x축 위에 있으므로
　$-b-2=0$　　∴ $b=-2$
　점 $(2a,\ b-6)$이 y축 위에 있으므로
　$2a=0$　　∴ $a=0$

9 점 $(3a-2,\ a+9)$가 x축 위에 있으므로
　$a+9=0$　　∴ $a=-9$
　점 $(5b,\ 4b-1)$이 y축 위에 있으므로 $5b=0$　　∴ $b=0$

10 점 $(2a+2,\ a-1)$이 x축 위에 있으므로
　$a-1=0$　　∴ $a=1$
　점 $(3b-5,\ 2b+3)$이 y축 위에 있으므로
　$3b-5=0$　　∴ $b=\dfrac{5}{3}$

거처먹는 시험 문제

101쪽

1 ④　　　2 $(3,\ 4)$, $(3,\ -4)$, $(-3,\ 4)$, $(-3,\ -4)$

3 ②　　　4 ③　　5 ①　　6 ④

1 두 순서쌍 $(4a-3,\ b+4)$, $(-1+2a,\ 3b-2)$가 서로 같으므로
　$4a-3=-1+2a$, $2a=2$　　∴ $a=1$
　$b+4=3b-2$, $-2b=-6$　　∴ $b=3$
　∴ $a+b=1+3=4$

2 $|a|=3$에서 $a=-3$ 또는 $a=3$
　$|b|=4$에서 $b=-4$ 또는 $b=4$
　따라서 만족하는 순서쌍은
　$(3,\ 4)$, $(3,\ -4)$, $(-3,\ 4)$, $(-3,\ -4)$

3 ② $B(5,\ 4)$

4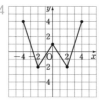

5 점 $(a-6,\ -4a+2)$가 x축 위의 점이므로 y좌표가 0이다.
　$-4a+2=0$, $-4a=-2$　　∴ $a=\dfrac{1}{2}$
　점 $(-b+11,\ b+7)$이 y축 위의 점이므로 x좌표가 0이다.

22

$$-b+11=0 \qquad \therefore b=11$$
$$\therefore 2a+b=2\times\frac{1}{2}+11=12$$

6 원점이 아닌 점 $(a,\ b)$가 y축 위에 있기 위한 조건은
x좌표는 0이어야 하므로 $a=0$
y좌표는 0이 아니어야 하므로 $b\neq0$

15 좌표평면 위의 도형의 넓이와 대칭인 점의 좌표

A 좌표평면 위의 사각형의 넓이   103쪽

1 직사각형, 12   2 직사각형, 15
3 직사각형, 30   4 사다리꼴, 16
5 사다리꼴, 9   6 평행사변형, 20

1 오른쪽 그림과 같이 직사각형이 되므로
(넓이)$=3\times4=12$
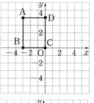

2 오른쪽 그림과 같이 직사각형이 되므로
(넓이)$=5\times3=15$
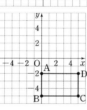

3 오른쪽 그림과 같이 직사각형이되므로
(넓이)$=5\times6=30$

4 오른쪽 그림과 같이 사다리꼴이 되므로
(넓이)$=\dfrac{1}{2}\times(3+5)\times4=16$

5 오른쪽 그림과 같이 사다리꼴이 되므로
(넓이)$=\dfrac{1}{2}\times(2+4)\times3=9$
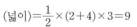

6 오른쪽 그림과 같이 평행사변형이 되므로
(넓이)$=4\times5=20$

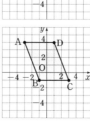

B 좌표평면 위의 삼각형의 넓이   104쪽

1 9   2 14   3 24   4 4
5 9   6 22

1 오른쪽 그림과 같이 밑변의 길이가 3, 높이가 6인 삼각형이 되므로
(넓이)$=\dfrac{1}{2}\times3\times6=9$
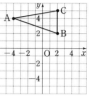

2 오른쪽 그림과 같이 밑변의 길이가 7, 높이가 4인 삼각형이 되므로
(넓이)$=\dfrac{1}{2}\times7\times4=14$

3 오른쪽 그림과 같이 밑변의 길이가 8, 높이가 6인 삼각형이 되므로
(넓이)$=\dfrac{1}{2}\times8\times6=24$
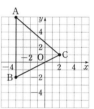

4 오른쪽 그림과 같이 구하려는 삼각형을 둘러싸고 있는 직사각형에서 나머지 3개의 삼각형의 넓이를 빼면 된다.
$$\therefore (넓이)=4\times3-\left(\frac{1}{2}\times2\times3\right.$$
$$\left.+\frac{1}{2}\times2\times1+\frac{1}{2}\times4\times2\right)=4$$
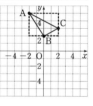

5 오른쪽 그림과 같이 구하려는 삼각형을 둘러싸고 있는 직사각형에서 나머지 3개의 삼각형의 넓이를 빼면 된다.
$$\therefore (넓이)=5\times4-\left(\frac{1}{2}\times5\times2\right.$$
$$\left.+\frac{1}{2}\times4\times2+\frac{1}{2}\times1\times4\right)=9$$
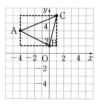

6 오른쪽 그림과 같이 구하려는 삼각형을 둘러싸고 있는 직사각형에서 나머지 3개의 삼각형의 넓이를 빼면 된다.
$$\therefore (넓이)=8\times6-\left(\frac{1}{2}\times4\times6\right.$$
$$+\frac{1}{2}\times4\times5+\frac{1}{2}\times8\times1\right)=22$$
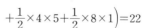
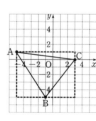

C x축, y축, 원점에 대하여 대칭인 점 1   105쪽

1 $(-1,\ -3)$ 2 $(2,\ 5)$ 3 $(3,\ -6)$ 4 $(-1,\ 6)$
5 $(2,\ -7)$ 6 $(-7,\ 10)$ 7 $(-10,\ 3)$ 8 $(-8,\ -5)$
9 $(4,\ 2)$ 10 $(3,\ 7)$ 11 $(-5,\ -15)$ 12 $(6,\ -5)$

1 점 $(-1,\ 3)$을 x축에 대하여 대칭이동하면 y좌표의 부호가 바뀌므로 $(-1,\ -3)$

2 점 $(2,\ -5)$를 x축에 대하여 대칭이동하면 y좌표의 부호가 바뀌므로 $(2,\ 5)$

3 점 $(-3,\ -6)$을 y축에 대하여 대칭이동하면 x좌표의 부호가 바뀌므로 $(3,\ -6)$

4 점 $(1,\ 6)$을 y축에 대하여 대칭이동하면 x좌표의 부호가 바뀌므로 $(-1,\ 6)$

5 점 $(-2,\ 7)$을 원점에 대하여 대칭이동하면 x좌표, y좌표의 부호가 모두 바뀌므로 $(2,\ -7)$

6 점 $(7,\ -10)$을 원점에 대하여 대칭이동하면 x좌표, y좌표의 부호가 모두 바뀌므로 $(-7,\ 10)$

7 점 $(10,\ 3)$을 y축에 대하여 대칭이동하면 x좌표의 부호가 바뀌므로 $(-10,\ 3)$

8 점 $(-8,\ 5)$를 x축에 대하여 대칭이동하면 y좌표의 부호가 바뀌므로 $(-8,\ -5)$

9 점 $(-4,\ -2)$를 원점에 대하여 대칭이동하면 x좌표, y좌표의 부호가 모두 바뀌므로 $(4,\ 2)$

10 점 $(3,\ -7)$을 x축에 대하여 대칭이동하면 y좌표의 부호가 바뀌므로 $(3,\ 7)$

11 점 $(5,\ 15)$를 원점에 대하여 대칭이동하면 x좌표, y좌표의 부호가 모두 바뀌므로 $(-5,\ -15)$

12 점 $(-6,\ -5)$를 y축에 대하여 대칭이동하면 x좌표의 부호가 바뀌므로 $(6,\ -5)$

D x축, y축, 원점에 대하여 대칭인 점 2
106쪽

1 $a=3,\ b=7$	2 $a=-5,\ b=-4$
3 $a=-9,\ b=10$	4 $a=-7,\ b=9$
5 $a=-4,\ b=-5$	6 40 7 16 8 60

1 두 점 $(a,\ 7)$, $(-3,\ b)$가 y축에 대하여 대칭이면 y좌표는 같고 x좌표는 절댓값이 같고 부호가 반대인 수이므로 $a=3,\ b=7$

2 두 점 $(-4,\ a)$, $(b,\ 5)$가 x축에 대하여 대칭이면 x좌표는 같고 y좌표는 절댓값이 같고 부호가 반대인 수이므로
$a=-5,\ b=-4$

3 두 점 $(a,\ -10)$, $(9,\ b)$가 원점에 대하여 대칭이면 x좌표, y좌표 모두 절댓값이 같고 부호가 반대인 수이므로
$a=-9,\ b=10$

4 두 점 $(a+2,\ 8)$, $(5,\ b-1)$이 y축에 대하여 대칭이면 y좌표는 같고 x좌표는 절댓값이 같고 부호가 반대인 수이므로
$a+2=-5,\ b-1=8$ ∴ $a=-7,\ b=9$

5 두 점 $(10,\ 2a-1)$, $(2b,\ 9)$가 원점에 대하여 대칭이면 x좌표, y좌표 모두 절댓값이 같고 부호가 반대인 수이므로
$2a-1=-9,\ 2b=-10$ ∴ $a=-4,\ b=-5$

6 점 A$(4,\ 5)$와 x축에 대하여 대칭인 점 P$(4,\ -5)$, y축에 대하여 대칭인 점 Q$(-4,\ 5)$, 원점에 대하여 대칭인 점 R$(-4,\ -5)$를 좌표평면 위에 나타내면 오른쪽 그림과 같으므로

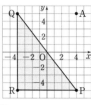

(삼각형 PQR의 넓이)$=\dfrac{1}{2}\times 8\times 10=40$

7 점 A$(-2,\ -4)$와 x축에 대하여 대칭인 점 P$(-2,\ 4)$, y축에 대하여 대칭인 점 Q$(2,\ -4)$, 원점에 대하여 대칭인 점 R$(2,\ 4)$를 좌표평면 위에 나타내면 오른쪽 그림과 같으므로

(삼각형 PQR의 넓이)$=\dfrac{1}{2}\times 4\times 8=16$

8 점 A$(5,\ -3)$과 x축에 대하여 대칭인 점 P$(5,\ 3)$, y축에 대하여 대칭인 점 Q$(-5,\ -3)$, 원점에 대하여 대칭인 점 R$(-5,\ 3)$을 좌표평면 위에 나타내면 오른쪽 그림과 같으므로

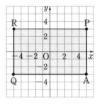

(사각형 APRQ의 넓이)$=10\times 6=60$

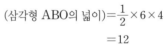 **시험 문제**
107쪽

1 12	2 10	3 ②	4 0
5 3	6 9		

1 A$(-6,\ 0)$, B$(-2,\ -4)$, O$(0,\ 0)$이므로

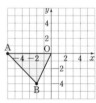

$\begin{aligned}(\text{삼각형 ABO의 넓이})&=\dfrac{1}{2}\times 6\times 4\\&=12\end{aligned}$

2 A$(2,\ 3)$, B$(0,\ 5)$, C$(0,\ -5)$이므로

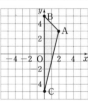

$\begin{aligned}(\text{삼각형 ABC의 넓이})&=\dfrac{1}{2}\times 10\times 2\\&=10\end{aligned}$

3 A$(-3,\ 2)$, B$(2,\ 2)$이므로 선분 AB의 길이를 밑변으로 하면 $\overline{\text{AB}}=5$이다. 넓이가 15이기 위해서는 높이가 6이어야 한다. 따라서 점 C의 좌표로 적당한 점은 ② $(1,\ -4)$이다.

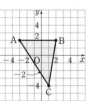

4 두 점 A$(a+3,\ 2)$, B$(-5,\ 4-b)$는 원점에 대하여 대칭이므로 $a+3=5,\ 4-b=-2$ ∴ $a=2,\ b=6$
점 C$(3,\ c-8)$은 x축 위의 점이므로
$c-8=0$ ∴ $c=8$
∴ $a+b-c=2+6-8=0$

5 두 점 $A(a-4, 3)$, $B(7, 5-2b)$는 y축에 대하여 대칭이므로 $a-4=-7$, $3=5-2b$ $\therefore a=-3$, $b=1$
점 $C(7-c, 5)$는 y축 위의 점이므로
$7-c=0$ $\therefore c=7$
$\therefore a-b+c=-3-1+7=3$

6 두 점 $A(6-2a, 5)$, $B(-2, 2b+1)$은 x축에 대하여 대칭이므로 $6-2a=-2$, $-5=2b+1$ $\therefore a=4$, $b=-3$
점 $C(0, c+2)$가 원점이므로
$c+2=0$ $\therefore c=-2$
$\therefore a-b-c=4-(-3)-(-2)=9$

16 사분면

A 사분면 위의 점 109쪽

1 2	2 1	3 3	4 4
5 1	6 2	7 3	8 4
9 3	10 2	11 1	12 2

B 점의 위치 구하기 1 110쪽

1 4	2 3	3 1	4 2
5 3	6 1	7 3	8 4
9 2	10 3	11 1	12 4

1 $a>0$, $b<0$이므로 제4사분면

2 $-a<0$, $b<0$이므로 제3사분면

3 $a>0$, $-b>0$이므로 제1사분면

4 $-a<0$, $-b>0$이므로 제2사분면

5 $ab<0$, $b<0$이므로 제3사분면

6 $a>0$, $-ab>0$이므로 제1사분면

7 $a<0$, $b<0$이므로 제3사분면

8 $-a>0$, $b<0$이므로 제4사분면

9 $a<0$, $-b>0$이므로 제2사분면

10 $-ab<0$, $a<0$이므로 제3사분면

11 $\dfrac{a}{b}>0$, $ab>0$이므로 제1사분면

12 $-b>0$, $-ab<0$이므로 제4사분면

C 점의 위치 구하기 2 111쪽

1 (1) $>$, $>$, $>$, $>$ (2) 1	2 (1) $<$, $>$, $<$, $<$ (2) 3
3 (1) $<$, $<$, $>$, $<$ (2) 4	4 (1) $>$, $<$, $<$, $>$ (2) 2

5 3   6 2   7 4   8 1
9 2

1 (1) 점 (a, b)가 제1사분면 위의 점이므로 $a>0$, $b>0$
  $\Rightarrow a+b>0$, $ab>0$
  (2) 점 $(a+b, ab)$는 제1사분면 위의 점이다.

2 (1) 점 (a, b)가 제2사분면 위의 점이므로 $a<0$, $b>0$
  $\Rightarrow a-b<0$, $ab<0$
  (2) 점 $(a-b, ab)$는 제3사분면 위의 점이다.

3 (1) 점 (a, b)가 제3사분면 위의 점이므로 $a<0$, $b<0$
  $\Rightarrow ab>0$, $a+b<0$
  (2) 점 $(ab, a+b)$는 제4사분면 위의 점이다.

4 (1) 점 (a, b)가 제4사분면 위의 점이므로 $a>0$, $b<0$
  $\Rightarrow ab<0$, $a-b>0$
  (2) 점 $(ab, a-b)$는 제2사분면 위의 점이다.

5 점 (a, b)가 제2사분면 위의 점이므로
$a<0$, $b>0$ $\therefore a<0$, $a-b<0$
따라서 점 $(a, a-b)$는 제3사분면 위의 점이다.

6 점 (a, b)가 제3사분면 위의 점이므로
$a<0$, $b<0$ $\therefore a+b<0$, $\dfrac{b}{a}>0$
따라서 점 $\left(a+b, \dfrac{b}{a}\right)$는 제2사분면 위의 점이다.

7 점 (a, b)가 제1사분면 위의 점이므로
$a>0$, $b>0$ $\therefore ab>0$, $-a-b<0$
따라서 점 $(ab, -a-b)$는 제4사분면 위의 점이다.

8 점 (a, b)가 제4사분면 위의 점이므로
$a>0$, $b<0$ $\therefore a>0$, $a-b>0$
따라서 점 $(a, a-b)$는 제1사분면 위의 점이다.

9 점 (a, b)가 제1사분면 위의 점이므로
$a>0$, $b>0$ $\therefore -ab<0$, $a+b>0$
따라서 점 $(-ab, a+b)$는 제2사분면 위의 점이다.

D 점의 위치 구하기 3 112쪽

1 (1) $>$, $<$ (2) $<$, $<$ (3) 3	2 (1) $<$, $>$ (2) $<$, $>$ (3) 2
3 (1) $<$, $>$ (2) $>$, $<$ (3) 1	4 2
6 3	7 1

5 3
8 4

1 (1) $ab>0$이므로 $a>0$, $b>0$ 또는 $a<0$, $b<0$
  (2) (1)번 중에서 $a+b<0$인 것은 $a<0$, $b<0$
  (3) 점 (a, b)는 제3사분면 위의 점이다.

2 (1) $ab<0$이므로 $a>0$, $b<0$ 또는 $a<0$, $b>0$
  (2) (1)번 중에서 $a-b<0$인 것은 $a<0$, $b>0$
  (3) 점 (a, b)는 제2사분면 위의 점이다.

3 (1) $ab<0$이므로 $a>0$, $b<0$ 또는 $a<0$, $b>0$
  (2) (1)번 중에서 $a-b>0$인 것은 $a>0$, $b<0$
  (3) 점 $(a, -b)$는 제1사분면 위의 점이다.

4 $ab>0$에서 $a>0, b>0$ 또는 $a<0, b<0$
이 중에서 $a+b<0$을 만족하는 것은 $a<0, b<0$
$a<0, -b>0$이므로 점 $(a, -b)$는 제2사분면 위의 점이다.

5 $ab<0$에서 $a>0, b<0$ 또는 $a<0, b>0$
이 중에서 $a-b>0$을 만족하는 것은 $a>0, b<0$
$-a<0, b<0$이므로 점 $(-a, b)$는 제3사분면 위의 점이다.

6 $ab>0$에서 $a>0, b>0$ 또는 $a<0, b<0$
이 중에서 $a+b>0$을 만족하는 것은 $a>0, b>0$
$-a<0, -b<0$이므로 점 $(-a, -b)$는 제3사분면 위의 점이다.

7 $ab<0$에서 $a>0, b<0$ 또는 $a<0, b>0$
이 중에서 $a-b<0$을 만족하는 것은 $a<0, b>0$
$-a>0, b>0$이므로 점 $(-a, b)$는 제1사분면 위의 점이다.

8 $ab<0$에서 $a>0, b<0$ 또는 $a<0, b>0$
이 중에서 $-a+b>0$을 만족하는 것은 $a<0, b>0$이므로
점 (b, a)는 제4사분면 위의 점이다.

거처먹는 시험 문제 113쪽

| 1 ③ | 2 ④ | 3 ㄱ, ㄹ, ㅁ | 4 ① |
| 5 ④ | 6 ③ | | |

1 ① 점 $(-2, 0)$은 x축 위에 있다.
② 점 (a, b)가 제2사분면 위의 점이면 $a<0, b>0$이다.
④ 점 $(-1, 3)$은 제2사분면 위의 점이다.
⑤ x축 위의 점은 y좌표가 0이다.

2 ④ 점 $(0, 0)$은 어느 사분면에도 속하지 않는다.

3 제4사분면 위의 점 (a, b)는 $a>0, b<0$이므로
만족하는 점은 ㄱ, ㄹ, ㅁ이다.

4 점 $(ab, -a-b)$가 제4사분면 위의 점이므로
$ab>0, -a-b<0$에서 $a+b>0$
$ab>0$이므로 $a>0, b>0$ 또는 $a<0, b<0$
이 중에서 $a+b>0$을 만족하는 것은 $a>0, b>0$
따라서 점 (a, b)는 제1사분면 위의 점이다.

5 점 (a, b)가 제2사분면 위의 점이므로 $a<0, b>0$이다.
① $a<0, -b<0$이므로 점 $(a, -b)$는 제3사분면 위의 점이다.
② $ab<0, a<0$이므로 점 (ab, a)는 제3사분면 위의 점이다.
③ $a-b<0, ab<0$이므로 점 $(a-b, ab)$는 제3사분면 위의 점이다.
④ $a+b$는 양수일 수도 있고 음수일 수도 있다.
⑤ $-b<0, a<0$이므로 점 $(-b, a)$는 제3사분면 위의 점이다.

6 점 (a, b)가 제4사분면 위의 점이므로 $a>0, b<0$이다.
① $a>0, -b>0$이므로 점 $(a, -b)$는 제1사분면 위의 점이다.
② $-ab>0, a>0$이므로 점 $(-ab, a)$는 제1사분면 위의 점이다.

---

③ $a-b>0, ab<0$이므로 점 $(a-b, ab)$는 제4사분면 위의 점이다.
④ $a>0, a-b>0$이므로 점 $(a, a-b)$는 제1사분면 위의 점이다.
⑤ $-b>0, a>0$이므로 점 $(-b, a)$는 제1사분면 위의 점이다.

17 그래프 그리기

A 그래프 해석하기 1 115쪽

1 2 km	2 10분	3 7 km	4 60분
5 6시간	6 시속 100 km	7 1시간	
8 1시간 30분			

1 편의점에 도착하면 거리가 늘어나지 않으므로 처음으로 그래프가 x축에 평행하기 시작할 때의 y의 값이 편의점까지의 거리이다.

2 처음으로 그래프가 x축에 평행한 구간의 시간을 구한다.

3 문방구에 도착하면 거리가 늘어나지 않으므로 두 번째로 그래프가 x축에 평행하기 시작할 때의 y의 값이 집에서 문방구까지의 거리이다.

4 그래프에서 거리가 9 km인 점의 x좌표를 구한다.

5 마지막에 속력이 0이 되는 시간은 6시간이다.

6 속력이 가장 높은 지점의 y의 값이므로 최대 속력은 시속 100 km이다.

7 중간에 속력이 0이 되는 시간은 1시간이다.

8 속력이 시속 100 km이면서 x축과 평행한 구간이 속력이 일정한 구간이다.
따라서 출발한 지 1시간 30분부터 3시간까지이므로 1시간 30분 동안이다.

B 그래프 해석하기 2 116쪽

| 1 ○ | 2 × | 3 ○ | 4 × |
| 5 ○ | 6 ○ | 7 × | 8 ○ |

1 그래프가 처음으로 x축에 평행한 곳이 4층이다.

2 10층까지 가는데 4층, 6층, 9층에서 3번 멈추었다.

3 9층에서 3초 멈추었으므로 가장 길게 머물렀다.

4 엘리베이터가 10층까지 가는데 걸린 시간은 11초이다.

5 의현이의 그래프가 x축과 평행한 곳이 2번이므로 의현이는 2번 쉬었다.

6 두 그래프가 만나는 시간이 20분이므로 근영이가 의현이를 추월한 시간은 출발한 지 20분 후이다.

7 25분이 지났을 때 의현이는 4 km를 달렸고 근영이는 6 km를 달렸으므로 근영이가 2 km 앞섰다.

8 근영이는 완주하는데 50분이 걸렸고 의현이는 60분이 걸렸으므로 시간의 차는 10분이다.

C 그래프 변화 파악하기 1

117쪽

1 ㄷ	2 ㄴ	3 ㄹ	4 ㄱ
5 ㄷ	6 ㄱ	7 ㄹ	8 ㄴ

1 공원에 도착하자마자 집으로 돌아왔으므로 거리가 증가하다가 바로 줄어드는 그래프인 ㄷ이다.

2 공원에 가다가 잠시 의자에서 쉬었다가 다시 갔으므로 거리가 증가하다가 일정하게 유지되다가 다시 증가하는 그래프인 ㄴ이다.

3 공원까지 일정한 속력으로 갔으므로 거리가 일정하게 증가하는 그래프인 ㄹ이다.

4 공원에 도착해서 잠시 쉬었다가 집으로 돌아왔으므로 거리가 증가하다가 일정하게 유지되다가 줄어드는 그래프인 ㄱ이다.

5 기온이 높았는데 시간이 지날수록 떨어지므로 일정하게 온도가 떨어지고 있는 ㄷ이다.

6 기온이 오르다가 일정한 기온을 유지하다가 떨어지므로 ㄱ이다.

7 기온이 일정하다가 점차 오르다가 떨어지므로 ㄹ이다.

8 기온이 오르다가 떨어지므로 ㄴ이다.

D 그래프 변화 파악하기 2

118쪽

1 ㄹ	2 ㄱ	3 ㄴ	4 ㄷ
5 ㄹ	6 ㄴ	7 ㄱ	8 ㄷ

1 물의 높이가 일정하게 늘어나므로 ㄹ이다.

2 컵의 모양이 위로 갈수록 넓어지므로 높이가 처음에는 빠르게 올라가다가 점차 증가폭이 줄어드는 ㄱ이다.

3 컵의 모양이 위로 갈수록 좁아지므로 높이가 처음에는 느리게 올라가다가 점차 증가폭이 늘어나는 ㄴ이다.

4 물의 높이가 일정하게 늘어나다가 증가폭이 줄어드는 ㄷ이다.

5 물의 높이가 일정하게 늘어나는 그래프는 ㄱ, ㄹ이지만 밑면의 반지름의 길이가 5번이 더 길기 때문에 느리게 증가하는 ㄹ이다.

6 반지름의 길이가 긴 것이 밑에 있기 때문에 높이가 느리게 올라가다가 빠르게 올라가는 ㄴ이다.

7 물의 높이가 일정하게 늘어나는 그래프는 ㄱ, ㄹ이지만 밑면의 반지름의 길이가 7번이 더 짧기 때문에 빠르게 증가하는 ㄱ이다.

8 반지름의 길이가 짧은 것이 밑에 있기 때문에 높이가 빠르게 올라가다가 느리게 올라가는 ㄷ이다.

거처먹는 **시험 문제** 119쪽

1 ③	2 ①, ④	3 ③	4 ⑤

1 자전거가 정지한 시간은 속력이 0일 때이므로 3시간부터 30분, 5시간부터 1시간이므로 총 1시간 30분이다.

2 ② 성아는 인라인스케이트를 타는 동안 3번 쉬었다.
③ 성아가 집으로 돌아오기 시작한 시각은 오후 2시이다.
⑤ 성아가 집으로 돌아올 때는 1번 쉬었다.

3 ③ 처음에는 느리게 증가하다가 점차 급격히 증가하는 그래프이다.

4 ①번과 ⑤번이 비슷한 그래프이지만 ①번은 양초의 길이가 남아 있고, ⑤번은 양초의 길이가 0이 되므로 다 타는 그래프이다.

⑱ 정비례

A 표 완성하고 관계의 식 구하기

121쪽

1 80, 120	2 정비례한다.	3 40
4 2000, 4000	5 정비례한다.	6 1000
7 5, 10, 15, 20	8 $y=5x$	
9 80, 160, 240, 320		10 $y=80x$

B 정비례 관계의 식 찾기 1

122쪽

1 ○	2 ×	3 ○	4 ×
5 ×	6 ○	7 ×	8 ×
9 ×	10 ○	11 ×	12 ×

2 $y=x+5$는 $y=ax+b\ (a\neq0)$의 모양이므로 정비례하지 않는다.

3 $\dfrac{y}{x}=-5$는 $y=-5x$이므로 정비례한다.

4 $y=4x-1$은 $y=ax+b\ (a\neq0)$의 모양이므로 정비례하지 않는다.

5 $xy=10$은 $y=\dfrac{10}{x}$이 되므로 분모에 x가 있어서 정비례하지 않는다.

7 $y=\dfrac{12}{x}$는 분모에 x가 있어서 정비례하지 않는다.

8 $y=\dfrac{3}{4}x-6$은 $y=ax+b\ (a\neq0)$의 모양이므로 정비례하지 않는다.

9 $y=2+\dfrac{3}{x}$은 분모에 x가 있어서 정비례하지 않는다.

10 $\dfrac{x}{y}=8$은 $y=\dfrac{1}{8}x$이므로 정비례한다.

11 $y=7$은 x항이 없으므로 정비례하지 않는다.

12 $xy=\dfrac{5}{6}$는 $y=\dfrac{5}{6x}$이므로 분모에 x가 있어서 정비례하지 않는다.

C 정비례 관계의 식 찾기 2
123쪽

1 ○	2 ○	3 ×	4 ○
5 ×	6 ×	7 ×	8 ○
9 ×	10 ○	11 ×	12 ×

1 $y=3x$이므로 정비례한다.

2 $y=32x$이므로 정비례한다.

3 1분에 1 L씩 물을 넣으면 30분이 걸리고, 2 L씩 물을 넣으면 15분이 걸린다. 즉, x가 2배 될 때 y가 2배가 되지 않으므로 정비례하지 않는다.

4 $y=2\times3.14\times x$

따라서 $y=6.28x$이므로 정비례한다.

5 $y=\dfrac{60}{x}$이므로 정비례하지 않는다.

6 $2(x+y)=50$이므로 $y=25-x$

따라서 정비례하지 않는다.

7 $y=260-x$이므로 정비례하지 않는다.

8 $y=10x$이므로 정비례한다.

9 1명이 마시면 2000 mL, 2명이 똑같이 나누면 1명이 1000 mL를 마신다. 즉, x가 2배가 될 때 y가 2배가 되지 않으므로 정비례하지 않는다.

10 $y=3000x$이므로 정비례한다.

11 $y=80-10x$이므로 정비례하지 않는다.

12 $y=24-x$이므로 정비례하지 않는다.

D 정비례 관계의 식 구하기
124쪽

1 $y=5x$	2 $y=-8x$	3 $y=-3x$	4 $y=\dfrac{7}{2}x$
5 $y=-\dfrac{5}{3}x$	6 $y=-6x$	7 -35	8 8
9 $-\dfrac{3}{2}$	10 -8	11 -2	12 3

1 y가 x에 정비례하므로 $y=ax\,(a\neq0)$라 하고 $x=2,\ y=10$을 대입하면 $a=5$ $\therefore y=5x$

2 y가 x에 정비례하므로 $y=ax\,(a\neq0)$라 하고 $x=-1,\ y=8$을 대입하면 $a=-8$ $\therefore y=-8x$

3 y가 x에 정비례하므로 $y=ax\,(a\neq0)$라 하고 $x=4,\ y=-12$를 대입하면 $a=-3$ $\therefore y=-3x$

4 y가 x에 정비례하므로 $y=ax\,(a\neq0)$라 하고 $x=2,\ y=7$을 대입하면 $a=\dfrac{7}{2}$ $\therefore y=\dfrac{7}{2}x$

5 y가 x에 정비례하므로 $y=ax\,(a\neq0)$라 하고 $x=-3,\ y=5$를 대입하면 $a=-\dfrac{5}{3}$ $\therefore y=-\dfrac{5}{3}x$

6 y가 x에 정비례하므로 $y=ax\,(a\neq0)$라 하고 $x=-\dfrac{1}{3}$, $y=2$를 대입하면 $a=-6$ $\therefore y=-6x$

7 y가 x에 정비례하므로 $y=ax\,(a\neq0)$라 하고 $x=2,\ y=14$를 대입하면 $a=7$ $\therefore y=7x$

$y=7x$에 $x=-5$를 대입하면 $y=-35$

8 y가 x에 정비례하므로 $y=ax\,(a\neq0)$라 하고 $x=-3$, $y=-6$을 대입하면 $a=2$ $\therefore y=2x$

$y=2x$에 $x=4$를 대입하면 $y=8$

9 y가 x에 정비례하므로 $y=ax\,(a\neq0)$라 하고 $x=4,\ y=-2$를 대입하면 $a=-\dfrac{1}{2}$ $\therefore y=-\dfrac{1}{2}x$

$y=-\dfrac{1}{2}x$에 $x=3$을 대입하면 $y=-\dfrac{3}{2}$

10 y가 x에 정비례하므로 $y=ax\,(a\neq0)$라 하고 $x=-4$, $y=1$을 대입하면 $a=-\dfrac{1}{4}$ $\therefore y=-\dfrac{1}{4}x$

$y=-\dfrac{1}{4}x$에 $y=2$를 대입하면 $x=-8$

11 y가 x에 정비례하므로 $y=ax\,(a\neq0)$라 하고 $x=\dfrac{1}{2},\ y=3$을 대입하면 $a=6$ $\therefore y=6x$

$y=6x$에 $y=-12$를 대입하면 $x=-2$

12 y가 x에 정비례하므로 $y=ax\,(a\neq0)$라 하고 $x=\dfrac{1}{5},\ y=2$를 대입하면 $a=10$ $\therefore y=10x$

$y=10x$에 $y=30$을 대입하면 $x=3$

거처먹는 시험 문제
125쪽

1 ②	2 ③, ⑤	3 2	4 ③
5 6	6 ④		

1 ② $\dfrac{y}{x}=-3$에서 $y=-3x$이므로 정비례한다.

2 ① $\dfrac{1}{2}\times x\times y=40$ $\therefore y=\dfrac{80}{x}$

② $y=\dfrac{100}{x}$

③ $y=\dfrac{1}{2}\times3\times x$ $\therefore y=\dfrac{3}{2}x$

④ $xy=10$ $\therefore y=\dfrac{10}{x}$

⑤ $y=50x$

따라서 y가 x에 정비례하는 것은 ③, ⑤이다.

3 ㄱ. $y=\dfrac{80}{x}$

ㄴ. $y=30-x$

ㄷ. $y=\dfrac{8}{100}\times x=\dfrac{2}{25}x$

28

ㄹ. $y=50-2x$

ㅁ. $y=60x$

따라서 y가 x에 정비례하는 것은 ㄷ, ㅁ이므로 2개이다.

4 표에서 보면 x의 값이 2배, 3배, …가 될 때 y의 값도 2배, 3배, …가 되므로 정비례한다.

따라서 $y=ax$ $(a\neq0)$라 하고 $x=1$, $y=2500$을 대입하면

$a=2500$ ∴ $y=2500x$

5 $y=ax$에 $x=-1$, $y=5$를 대입하면 $a=-5$

∴ $y=-5x$

$y=-5x$에 $x=b$, $y=20$을 대입하면 $b=-4$

$y=-5x$에 $x=3$, $y=c$를 대입하면 $c=-15$

∴ $a+b-c=-5+(-4)-(-15)=6$

6 y가 x에 정비례하므로 $y=ax$ $(a\neq0)$라 하고 $x=6$, $y=-2$

를 대입하면 $a=-\dfrac{1}{3}$ ∴ $y=-\dfrac{1}{3}x$

$y=-\dfrac{1}{3}x$에 $y=-7$을 대입하면 $x=21$

19 정비례 관계 $y=ax$ $(a\neq0)$의 그래프

A 정비례 관계 $y=ax$ $(a\neq0)$의 그래프   127쪽

1

x	-2	-1	0	1	2
y	-6	-3	0	3	6

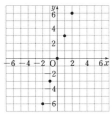

2

x	-2	-1	0	1	2
y	6	3	0	-3	-6

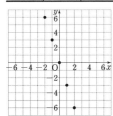

3 0, 1

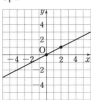

4 0, 4

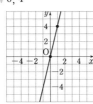

5 0, -3

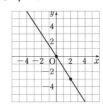

6 0, -5

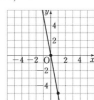

B 정비례 관계 $y=ax$ $(a\neq0)$의 그래프와 a의 값 사이의 관계   128쪽

1 1, 3	2 2, 4	3 1, 3	4 2, 4
5 2, 4	6 1, 3	7 ㄹ	8 ㄷ
9 ㄱ	10 ㅂ	11 ㅁ	12 ㄴ

7, 10, 11 $y=-3x$, $y=-\dfrac{1}{4}x$, $y=-\dfrac{5}{2}x$의 그래프는 제2사

분면과 제4사분면 위에 그려지고 $y=ax$의 그래프에서 a의

절댓값이 클수록 y축에 가깝다.

$|-3|>\left|-\dfrac{5}{2}\right|>\left|-\dfrac{1}{4}\right|$이므로 7 $y=-3x$는 ㄹ,

11 $y=-\dfrac{5}{2}x$는 ㅁ, 10 $y=-\dfrac{1}{4}x$는 ㅂ이다.

8, 9, 12 $y=\dfrac{1}{2}x$, $y=2x$, $y=x$의 그래프는 제1사분면과 제3

사분면 위에 그려지고 $y=ax$의 그래프에서 a의 절댓값이 클

수록 y축에 가깝다.

$2>1>\dfrac{1}{2}$이므로 9 $y=2x$는 ㄱ, 12 $y=x$는 ㄴ, 8 $y=\dfrac{1}{2}x$는

ㄷ이다.

C 정비례 관계 $y=ax$ $(a\neq0)$의 그래프의 성질   129쪽

1 ◯	2 ×	3 ×	4 ◯
5 ◯	6 ×	7 ◯	8 ◯
9 ◯	10 ×	11 ◯	12 ×
13 ◯	14 ×		

2 $y=-2x$는 $y=-x$보다 y축에 더 가깝다.

3 x의 값이 증가할 때, y의 값은 감소한다.

6 오른쪽 아래로 향하는 직선이다.

10 a의 절댓값이 클수록 y축에 가까워진다.

12 $a<0$일 때, x의 값이 증가하면 y의 값은 감소한다.

14 $y=ax$에 $x=a$를 대입하면 $y=a^2$이므로 점 $(a,\ a^2)$을 지

난다.

D 정비례 관계 $y=ax$ $(a\neq0)$의 그래프 위의 점   130쪽

1 (1) × (2) ◯ (3) ◯ (4) ×

2 (1) ◯ (2) × (3) ◯ (4) ×

3 (1) × (2) ◯ (3) × (4) ×

4 (1) ◯ (2) × (3) × (4) ◯

1 (1) $y=6x$에 $x=1$을 대입하면 $y=6$이므로 점 $(1,\ -6)$은 $y=6x$의 그래프 위의 점이 아니다.

　(2) $y=6x$에 $x=-2$를 대입하면 $y=-12$이므로 점 $(-2,\ -12)$는 $y=6x$의 그래프 위의 점이다.

　(3) $y=6x$에 $x=2$를 대입하면 $y=12$이므로 점 $(2,\ 12)$는 $y=6x$의 그래프 위의 점이다.

　(4) $y=6x$에 $x=-3$을 대입하면 $y=-18$이므로 점 $(-3,\ 18)$은 $y=6x$의 그래프 위의 점이 아니다.

3 (1) $y=-4x$에 $x=1$을 대입하면 $y=-4$이므로 점 $(1,\ 4)$는 $y=-4x$의 그래프 위의 점이 아니다.

　(2) $y=-4x$에 $x=-3$을 대입하면 $y=12$이므로 점 $(-3,\ 12)$는 $y=-4x$의 그래프 위의 점이다.

　(3) $y=-4x$에 $x=4$를 대입하면 $y=-16$이므로 점 $(4,\ 16)$은 $y=-4x$의 그래프 위의 점이 아니다.

　(4) $y=-4x$에 $x=2$를 대입하면 $y=-8$이므로 점 $(2,\ 6)$은 $y=-4x$의 그래프 위의 점이 아니다.

 시험 문제　　　　　131쪽

1 ③	2 ⑤	3 ④	4 ②
5 ④			

1 ③ $y=-\dfrac{3}{2}x$의 그래프는 $x=-2$일 때 $y=3$을 지난다.

2 네 점 $(-2,\ -2),\ (-1,\ -1),\ (0,\ 0),\ (1,\ 1),\ (2,\ 2)$를 좌표평면 위에 나타내면 그래프이다. x의 좌표가 5개이므로 절대로 점들을 연결하면 안 된다.

3 ④ x의 값이 증가하면 y의 값도 증가한다.

4 a의 값이 양수인 ①, ② 중에 절댓값이 큰 ②가 a의 값이 가장 크다.

5 $|-5|>|3|>\left|\dfrac{5}{3}\right|>|-1|>\left|-\dfrac{1}{2}\right|$이므로 $y=ax$에서 x축에 가장 가까운 그래프는 a의 절댓값이 가장 작은 ④ $y=-\dfrac{1}{2}x$이다.

⑳ 그래프에서 정비례 관계의 식 구하기

A 정비례 관계 $y=ax\ (a\neq0)$의 그래프에서 a의 값 구하기 1　　　　133쪽

1 2	2 −2	3 −3	4 5
5 −7	6 −6	7 4	8 $\dfrac{1}{2}$
9 $-\dfrac{3}{2}$	10 $-\dfrac{4}{3}$	11 $\dfrac{5}{4}$	12 $-\dfrac{1}{5}$

1 $y=ax$에 $x=1,\ y=2$를 대입하면 $a=2$

3 $y=ax$에 $x=2,\ y=-6$을 대입하면 $a=-3$

5 $y=ax$에 $x=3,\ y=-21$을 대입하면 $a=-7$

7 $y=ax$에 $x=-5,\ y=-20$을 대입하면 $a=4$

9 $y=ax$에 $x=-2,\ y=3$을 대입하면 $a=-\dfrac{3}{2}$

11 $y=ax$에 $x=-4,\ y=-5$를 대입하면 $a=\dfrac{5}{4}$

B 정비례 관계 $y=ax\ (a\neq0)$의 그래프에서 a의 값 구하기 2　　　　134쪽

1 $a=1,\ b=-3$	2 $a=-3,\ b=-2$
3 $a=-2,\ b=-6$	4 $a=4,\ b=1$
5 $a=-1,\ b=-5$	6 $a=-5,\ b=-2$
7 $a=7,\ b=-14$	8 $a=\dfrac{1}{3},\ b=2$
9 $a=-\dfrac{1}{2},\ b=-6$	10 $a=\dfrac{2}{9},\ b=1$
11 $a=-\dfrac{5}{2},\ b=-2$	12 $a=-\dfrac{2}{3},\ b=-2$

1 $y=ax$에 $x=1,\ y=1$을 대입하면 $a=1$
　따라서 $y=x$에 $x=-3,\ y=b$를 대입하면 $b=-3$

2 $y=ax$에 $x=-1,\ y=3$을 대입하면 $a=-3$
　따라서 $y=-3x$에 $x=b,\ y=6$을 대입하면 $b=-2$

3 $y=ax$에 $x=2,\ y=-4$를 대입하면 $a=-2$
　따라서 $y=-2x$에 $x=3,\ y=b$를 대입하면 $b=-6$

4 $y=ax$에 $x=-3,\ y=-12$를 대입하면 $a=4$
　따라서 $y=4x$에 $x=b,\ y=4$를 대입하면 $b=1$

5 $y=ax$에 $x=-4,\ y=4$를 대입하면 $a=-1$
　따라서 $y=-x$에 $x=5,\ y=b$를 대입하면 $b=-5$

6 $y=ax$에 $x=6,\ y=-30$을 대입하면 $a=-5$
　따라서 $y=-5x$에 $x=b,\ y=10$을 대입하면 $b=-2$

7 $y=ax$에 $x=7,\ y=49$를 대입하면 $a=7$
　따라서 $y=7x$에 $x=-2,\ y=b$를 대입하면 $b=-14$

8 $y=ax$에 $x=3,\ y=1$을 대입하면 $a=\dfrac{1}{3}$
　따라서 $y=\dfrac{1}{3}x$에 $x=6,\ y=b$를 대입하면 $b=2$

9 $y=ax$에 $x=-4,\ y=2$를 대입하면 $a=-\dfrac{1}{2}$
　따라서 $y=-\dfrac{1}{2}x$에 $x=b,\ y=3$을 대입하면 $b=-6$

10 $y=ax$에 $x=-9,\ y=-2$를 대입하면 $a=\dfrac{2}{9}$
　따라서 $y=\dfrac{2}{9}x$에 $x=\dfrac{9}{2},\ y=b$를 대입하면 $b=1$

11 $y=ax$에 $x=2,\ y=-5$를 대입하면 $a=-\dfrac{5}{2}$
　따라서 $y=-\dfrac{5}{2}x$에 $x=\dfrac{4}{5},\ y=b$를 대입하면 $b=-2$

12 $y=ax$에 $x=6, y=-4$를 대입하면 $a=-\dfrac{2}{3}$

따라서 $y=-\dfrac{2}{3}x$에 $x=b, y=\dfrac{4}{3}$를 대입하면 $b=-2$

C 그래프에서 정비례 관계의 식 구하기 1 135쪽

1 $y=2x$　　　　2 $y=x$　　　　3 $y=\dfrac{1}{3}x$

4 $y=\dfrac{5}{2}x$　　　5 $y=-2x$　　　6 $y=-4x$

7 $y=-\dfrac{1}{4}x$　　8 $y=-\dfrac{5}{3}x$

1 $y=ax$에 $x=1, y=2$를 대입하면 $a=2$　　$\therefore y=2x$

2 $y=ax$에 $x=3, y=3$을 대입하면 $a=1$　　$\therefore y=x$

3 $y=ax$에 $x=-3, y=-1$을 대입하면

　　$a=\dfrac{1}{3}$　　$\therefore y=\dfrac{1}{3}x$

4 $y=ax$에 $x=-2, y=-5$를 대입하면 $a=\dfrac{5}{2}$　　$\therefore y=\dfrac{5}{2}x$

5 $y=ax$에 $x=2, y=-4$를 대입하면

　　$a=-2$　　$\therefore y=-2x$

6 $y=ax$에 $x=3, y=-12$를 대입하면

　　$a=-4$　　$\therefore y=-4x$

7 $y=ax$에 $x=-4, y=1$을 대입하면

　　$a=-\dfrac{1}{4}$　　$\therefore y=-\dfrac{1}{4}x$

8 $y=ax$에 $x=-3, y=5$를 대입하면

　　$a=-\dfrac{5}{3}$　　$\therefore y=-\dfrac{5}{3}x$

D 그래프에서 정비례 관계의 식 구하기 2 136쪽

1 -6　　　2 -3　　　3 $\dfrac{1}{2}$　　　4 2

5 9　　　　6 -6　　　7 -1　　　8 $-\dfrac{12}{5}$

그래프가 원점을 지나는 직선이므로 $y=ax\,(a\neq0)$로 놓는다.

1 $y=ax$에 $x=1, y=3$을 대입하면 $a=3$　　$\therefore y=3x$

　　$y=3x$에 $x=-2, y=b$를 대입하면 $b=-6$

2 $y=ax$에 $x=2, y=-2$를 대입하면 $a=-1$　　$\therefore y=-x$

　　$y=-x$에 $x=b, y=3$을 대입하면 $b=-3$

3 $y=ax$에 $x=-4, y=-2$를 대입하면

　　$a=\dfrac{1}{2}$　　$\therefore y=\dfrac{1}{2}x$

　　$y=\dfrac{1}{2}x$에 $x=1, y=b$를 대입하면 $b=\dfrac{1}{2}$

4 $y=ax$에 $x=-3, y=9$를 대입하면

　　$a=-3$　　$\therefore y=-3x$

　　$y=-3x$에 $x=b, y=-6$을 대입하면 $b=2$

5 $y=ax$에 $x=4, y=-6$을 대입하면

　　$a=-\dfrac{3}{2}$　　$\therefore y=-\dfrac{3}{2}x$

　　$y=-\dfrac{3}{2}x$에 $x=-6, y=b$를 대입하면 $b=9$

6 $y=ax$에 $x=4, y=3$을 대입하면 $a=\dfrac{3}{4}$　　$\therefore y=\dfrac{3}{4}x$

　　$y=\dfrac{3}{4}x$에 $x=b, y=-\dfrac{9}{2}$를 대입하면 $b=-6$

7 $y=ax$에 $x=-5, y=2$를 대입하면

　　$a=-\dfrac{2}{5}$　　$\therefore y=-\dfrac{2}{5}x$

　　$y=-\dfrac{2}{5}x$에 $x=\dfrac{5}{2}, y=b$를 대입하면 $b=-1$

8 $y=ax$에 $x=3, y=5$를 대입하면 $a=\dfrac{5}{3}$　　$\therefore y=\dfrac{5}{3}x$

　　$y=\dfrac{5}{3}x$에 $x=b, y=-4$를 대입하면 $b=-\dfrac{12}{5}$

거처먹는 시험 문제 137쪽

1 $y=-5x$　　2 $y=4x$　　3 ②　　　4 ④

5 -2　　　　6 -1

1 그래프가 원점을 지나는 직선이므로 $y=ax\,(a\neq0)$라 하고
　　$x=4, y=-20$을 대입하면 $a=-5$　　$\therefore y=-5x$

2 y가 x에 정비례하므로 $y=ax\,(a\neq0)$라 하고 $x=5, y=20$을 대입하면 $a=4$　　$\therefore y=4x$

3 $y=ax$에 $x=3, y=-9$를 대입하면 $a=-3$
　　따라서 정비례 관계의 식 $y=-3x$에 보기의 점의 x좌표를 각각 대입하여 y좌표를 구한다.
　　② $y=-3x$에 $x=-2$를 대입하면 $y=6$이므로
　　　점 $(-2, -6)$은 정비례 관계 $y=-3x$의 그래프 위에 있지 않다.

4 그래프가 원점을 지나는 직선이므로 $y=ax\,(a\neq0)$라 하고
　　$x=-2, y=4$를 대입하면 $a=-2$
　　따라서 정비례 관계의 식 $y=-2x$에 보기의 점의 x좌표를 각각 대입하여 y좌표를 구한다.
　　④ $y=-2x$에 $x=1$을 대입하면 $y=-2$이므로 점 $(1, -2)$는 정비례 관계 $y=-2x$의 그래프 위에 있다.

5 $y=ax$에 $x=4, y=2$를 대입하면 $a=\dfrac{1}{2}$

　　$y=bx$에 $x=1, y=-4$를 대입하면 $b=-4$

　　$\therefore ab=\dfrac{1}{2}\times(-4)=-2$

6 $y=ax$에 $x=-\dfrac{3}{2}, y=-\dfrac{9}{4}$를 대입하면

　　$-\dfrac{3}{2}a=-\dfrac{9}{4}$　　$\therefore a=\dfrac{3}{2}$

　　$y=bx$에 $x=-3, y=2$를 대입하면

　　$-3b=2$　　$\therefore b=-\dfrac{2}{3}$

　　$\therefore ab=\dfrac{3}{2}\times\left(-\dfrac{2}{3}\right)=-1$

21 반비례

A 표 완성하고 관계의 식 구하기 139쪽

1 12, 8, 6　　2 반비례　　$3 \dfrac{24}{x}$

4 48, 24, 16, 12　　　　5 반비례　　$6 \dfrac{48}{x}$

7 1200, 600, 400, 300　　　$8 \ y=\dfrac{1200}{x}$

9 32, 16, 8, 4　　$10 \ y=\dfrac{32}{x}$

B 반비례 관계의 식 찾기 1 140쪽

1 ○	2 ×	3 ×	4 ○
5 ×	6 ×	7 ×	8 ×
9 ○	10 ×	11 ○	12 ×

5 $y=\dfrac{x}{2}$는 정비례한다.

6 $\dfrac{x}{y}=-10$은 $y=-\dfrac{1}{10}x$이므로 정비례한다.

7 $y=x-2$는 반비례하지도 정비례하지도 않는다.

11 $y=\dfrac{7}{3x}$은 $xy=\dfrac{7}{3}$로 변형할 수 있으므로 반비례한다.

C 반비례 관계의 식 찾기 2 141쪽

1 ×	2 ×	3 ○	4 ×
5 ○	6 ×	7 ○	8 ×
9 ○	10 ○	11 ×	12 ×

1 $y=2x$이므로 반비례하지 않는다.

2 $y=4x$이므로 반비례하지 않는다.

3 $y=\dfrac{50}{x}$이므로 반비례한다.

4 $y=16+2x$이므로 반비례하지 않는다.

5 $y=\dfrac{100000}{x}$이므로 반비례한다.

6 $y=14+x$이므로 반비례하지 않는다.

7 $y=\dfrac{80}{x}$이므로 반비례한다.

8 $y=500+x$이므로 반비례하지 않는다.

9 $y=\dfrac{50}{x}$이므로 반비례한다.

10 $\dfrac{x}{100}\times y=30$에서 $y=\dfrac{3000}{x}$이므로 반비례한다.

11 $y=12x$이므로 반비례하지 않는다.

12 $y=8x$이므로 반비례하지 않는다.

D 반비례 관계의 식 구하기 142쪽

$1 \ y=\dfrac{6}{x}$　　$2 \ y=\dfrac{8}{x}$　　$3 \ y=-\dfrac{10}{x}$　　$4 \ y=-\dfrac{2}{x}$

$5 \ y=-\dfrac{4}{x}$　　$6 \ y=\dfrac{15}{x}$　　7 -6　　8 -4

9 1　　　　10 -4　　　11 14　　　12 -1

1 y가 x에 반비례하므로 $y=\dfrac{a}{x}\,(a\neq0)$라 하고 $x=3, y=2$를

　대입하면 $a=6$　　∴ $y=\dfrac{6}{x}$

2 y가 x에 반비례하므로 $y=\dfrac{a}{x}\,(a\neq0)$라 하고 $x=1, y=8$을

　대입하면 $a=8$　　∴ $y=\dfrac{8}{x}$

3 y가 x에 반비례하므로 $y=\dfrac{a}{x}\,(a\neq0)$라 하고 $x=-2, y=5$

　를 대입하면 $a=-10$　　∴ $y=-\dfrac{10}{x}$

4 y가 x에 반비례하므로 $y=\dfrac{a}{x}\,(a\neq0)$라 하고 $x=-\dfrac{1}{3}$,

　$y=6$을 대입하면 $6=a\div\left(-\dfrac{1}{3}\right), a=-2$　　∴ $y=-\dfrac{2}{x}$

5 y가 x에 반비례하므로 $y=\dfrac{a}{x}\,(a\neq0)$라 하고 $x=\dfrac{2}{5}, y=-10$

　을 대입하면 $-10=a\div\dfrac{2}{5}, a=-4$　　∴ $y=-\dfrac{4}{x}$

6 y가 x에 반비례하므로 $y=\dfrac{a}{x}\,(a\neq0)$라 하고 $x=-\dfrac{5}{6}$,

　$y=-18$을 대입하면

　$-18=a\div\left(-\dfrac{5}{6}\right), a=15$　　∴ $y=\dfrac{15}{x}$

7 y가 x에 반비례하므로 $y=\dfrac{a}{x}\,(a\neq0)$라 하고 $x=-3, y=4$

　를 대입하면 $a=-12$　　∴ $y=-\dfrac{12}{x}$

　$y=-\dfrac{12}{x}$에 $x=2$를 대입하면 $y=-6$

8 y가 x에 반비례하므로 $y=\dfrac{a}{x}\,(a\neq0)$라 하고 $x=2, y=-8$

　을 대입하면 $a=-16$　　∴ $y=-\dfrac{16}{x}$

　$y=-\dfrac{16}{x}$에 $x=4$를 대입하면 $y=-4$

9 y가 x에 반비례하므로 $y=\dfrac{a}{x}\,(a\neq0)$라 하고 $x=\dfrac{1}{6}, y=18$

　을 대입하면 $18=a\div\dfrac{1}{6}, a=3$　　∴ $y=\dfrac{3}{x}$

　$y=\dfrac{3}{x}$에 $x=3$을 대입하면 $y=1$

10 y가 x에 반비례하므로 $y=\dfrac{a}{x}\,(a\neq0)$라 하고 $x=-8, y=3$

　을 대입하면 $a=-24$　　∴ $y=-\dfrac{24}{x}$

　$y=-\dfrac{24}{x}$에 $y=6$을 대입하면 $x=-4$

11 y가 x에 반비례하므로 $y=\dfrac{a}{x}\,(a\neq0)$라 하고 $x=\dfrac{1}{8}, y=16$

을 대입하면 $16=a \div \frac{1}{8}$, $a=2$ $\therefore y=\frac{2}{x}$

$y=\frac{2}{x}$에 $y=\frac{1}{7}$을 대입하면 $x=14$

12 y가 x에 반비례하므로 $y=\frac{a}{x}$ $(a \neq 0)$라 하고 $x=\frac{1}{4}$,

$y=-20$을 대입하면

$-20=a \div \frac{1}{4}$, $a=-5$ $\therefore y=-\frac{5}{x}$

$y=-\frac{5}{x}$에 $y=5$를 대입하면 $x=-1$

1 ④   2 ②, ③, ⑤   3 1   4 $y=\frac{3000}{x}$

5 ②   6 ③

1 ㄱ. $y=20x$이므로 반비례하지 않는다.

ㄴ. $y=80-x$이므로 반비례하지 않는다.

ㄷ. $y=\frac{12}{x}$이므로 반비례한다.

ㄹ. $y=\frac{300}{x}$이므로 반비례한다.

ㅁ. $y=5-x$이므로 반비례하지 않는다.

따라서 반비례하는 것은 ㄷ, ㄹ이다.

3 x의 값이 2배, 3배, 4배, …가 될 때 y의 값은 $\frac{1}{2}$배, $\frac{1}{3}$배,

$\frac{1}{4}$배, …가 되므로 반비례한다.

따라서 $y=\frac{a}{x}$ $(a \neq 0)$라 하고 $x=-3$, $y=2$를 대입하면

$a=-6$ $\therefore y=-\frac{6}{x}$

$y=-\frac{6}{x}$에 $x=-6$을 대입하면 $y=1$

4 y가 x에 반비례하므로 $y=\frac{a}{x}$ $(a \neq 0)$라 하고 $x=1$, $y=3000$

을 대입하면 $a=3000$ $\therefore y=\frac{3000}{x}$

5 y가 x에 반비례하므로 $y=\frac{a}{x}$ $(a \neq 0)$라 하고 $x=5$, $y=-2$

를 대입하면 $a=-10$ $\therefore y=-\frac{10}{x}$

6 y가 x에 반비례하므로 $y=\frac{a}{x}$ $(a \neq 0)$라 하고 $x=-2$, $y=15$

를 대입하면

$a=-30$ $\therefore y=-\frac{30}{x}$

$y=-\frac{30}{x}$에 $x=-3$을 대입하면 $y=10$이므로 $a=10$

$y=-\frac{30}{x}$에 $y=-10$을 대입하면 $x=3$이므로 $b=3$

$\therefore a-b=10-3=7$

22 반비례 관계 $y=\frac{a}{x}$ $(a \neq 0)$의 그래프

A 반비례 관계 $y=\frac{a}{x}$ $(a \neq 0)$의 그래프   145쪽

1
x	-4	-2	-1	1	2	4
y	-1	-2	-4	4	2	1

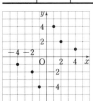

2
x	-4	-2	-1	1	2	4
y	1	2	4	-4	-2	-1

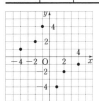

3 $2, 1, -2, -1$ 4 $5, 2, -5, -2$

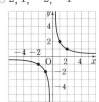 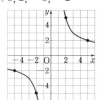

5 $-3, -1, 3, 1$ 6 $-4, -2, 4, 2$

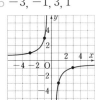

B 반비례 관계 $y=\frac{a}{x}$ $(a \neq 0)$의 그래프와 a의 값 사이의 관계   146쪽

1 1, 3   2 2, 4   3 2, 4   4 1, 3

5 1, 3   6 2, 4   7 ㉠   8 ㉣

9 ㉢   10 ㉡   11 ㉤   12 ㉥

7, 9, 10 $y=-\frac{1}{x}$, $y=-\frac{4}{x}$, $y=-\frac{3}{x}$의 그래프는 제2사분면

과 제4사분면 위에 그려지고 $y=\frac{a}{x}$의 그래프는 a의 절댓값

이 클수록 원점에서 멀어진다.

$|-4|>|-3|>|-1|$이므로 9 $y=-\frac{4}{x}$는 ㉢,

10 $y=-\frac{3}{x}$은 ㉡, 7 $y=-\frac{1}{x}$은 ㉠이다.

8, 11, 12 $y=\dfrac{2}{x}$, $y=\dfrac{3}{x}$, $y=\dfrac{5}{x}$의 그래프는 제1사분면과 제3

사분면 위에 그려지고 $y=\dfrac{a}{x}$의 그래프는 a의 절댓값이 클수

록 원점에서 멀어진다.

$5>3>2$이므로 12 $y=\dfrac{5}{x}$는 ⓗ, 11 $y=\dfrac{3}{x}$은 ⓜ, 8 $y=\dfrac{2}{x}$

는 ⓡ이다.

C 반비례 관계 $y=\dfrac{a}{x}$ $(a\neq0)$의 그래프의 성질　147쪽

1 ×	2 ○	3 ×	4 ×
5 ×	6 ○	7 ○	8 ○
9 ×	10 ○	11 ×	12 ○
13 ×	14 ○		

1 원점을 지나지 않는 한 쌍의 곡선이다.

3 $y=\dfrac{2}{x}$의 그래프는 $y=\dfrac{6}{x}$의 그래프보다 원점에 더 가깝다.

4 x축 또는 y축과 만나지 않는다.

5 $y=\dfrac{a}{x}$일 때 $a>0$이면 제1사분면과 제3사분면을 지난다.

9 $y=\dfrac{a}{x}$일 때 $a<0$이면 제2사분면과 제4사분면을 지난다.

11 반비례 관계는 x의 값이 2배, 3배, 4배, …가 되면 y의 값은

$\dfrac{1}{2}$배, $\dfrac{1}{3}$배, $\dfrac{1}{4}$배, …가 된다.

13 y축과 만나지 않는다.

D 반비례 관계 $y=\dfrac{a}{x}$ $(a\neq0)$의 그래프 위의 점　148쪽

1 (1) ○	(2) ×	(3) ×	(4) ○
2 (1) ×	(2) ○	(3) ○	(4) ×
3 (1) ×	(2) ○	(3) ○	(4) ×
4 (1) ○	(2) ×	(3) ○	(4) ○

1 (1) $y=\dfrac{8}{x}$에 $x=1$을 대입하면 $y=8$이므로 점 $(1, 8)$은

$y=\dfrac{8}{x}$의 그래프 위의 점이다.

(2) $y=\dfrac{8}{x}$에 $x=-2$를 대입하면 $y=-4$이므로

점 $(-2, -6)$은 $y=\dfrac{8}{x}$의 그래프 위의 점이 아니다.

(3) $y=\dfrac{8}{x}$에 $x=4$를 대입하면 $y=2$이므로 점 $(4, -2)$는

$y=\dfrac{8}{x}$의 그래프 위의 점이 아니다.

(4) $y=\dfrac{8}{x}$에 $x=-8$을 대입하면 $y=-1$이므로

점 $(-8, -1)$은 $y=\dfrac{8}{x}$의 그래프 위의 점이다.

3 (1) $y=-\dfrac{4}{x}$에 $x=2$를 대입하면 $y=-2$이므로 점 $(2, 2)$는

$y=-\dfrac{4}{x}$의 그래프 위의 점이 아니다.

(2) $y=-\dfrac{4}{x}$에 $x=-8$을 대입하면 $y=\dfrac{1}{2}$이므로

점 $\left(-8, \dfrac{1}{2}\right)$은 $y=-\dfrac{4}{x}$의 그래프 위의 점이다.

(3) $y=-\dfrac{4}{x}$에 $x=4$를 대입하면 $y=-1$이므로 점 $(4, -1)$

은 $y=-\dfrac{4}{x}$의 그래프 위의 점이다.

(4) $y=-\dfrac{4}{x}$에 $x=-1$을 대입하면 $y=4$이므로

점 $(-1, -4)$는 $y=-\dfrac{4}{x}$의 그래프 위의 점이 아니다.

거저먹는 시험 문제　149쪽

| 1 ③ | 2 ② | 3 ④ | 4 ③ |
| 5 ① | | | |

1 반비례 관계 $y=-\dfrac{6}{x}$의 그래프는 제2사분면과 제4사분면을

위의 곡선이지만 $x<0$이므로 제2사분면 위의 곡선만 그려야

한다.

2 네 점 $(-6, -2), (-2, -6),$

$(2, 6), (6, 2)$를 지나므로 이 반비례

관계의 그래프는 오른쪽 그림과 같다.

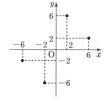

3 ④ 오른쪽 그림과 같이 각 사분면에서

x의 값이 증가하면 y의 값은 감소

한다.

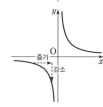

4 $y=\dfrac{a}{x}$에서 ①, ②의 그래프는 $a>0$, ③, ④, ⑤의 그래프는

$a<0$이므로 a의 값이 가장 작은 그래프는 ③, ④, ⑤의 그래

프 중 하나이다.

또한 ③, ④, ⑤의 그래프 중에서 a의 절댓값이 클수록 원점

에서 멀리 떨어져 있으므로 ③이 절댓값이 가장 크다. 음수는

절댓값이 클수록 작은 수이므로 a의 값이 가장 작은 것은 ③

이다.

5 a의 절댓값이 클수록 좌표축에서 멀리 떨어져 있으므로

$y=-\dfrac{8}{x}$의 그래프가 좌표축에서 가장 멀리 떨어진 그래프

이다.

A 반비례 관계 $y=\dfrac{a}{x}\,(a\neq0)$의 그래프에서

a의 값 구하기 1
151쪽

1 4	2 -3	3 -10	4 6
5 -12	6 -14	7 15	8 9
9 -20	10 -16	11 30	12 -10

1 $y=\dfrac{a}{x}$에 $x=1, y=4$를 대입하면 $a=4$

2 $y=\dfrac{a}{x}$에 $x=-1, y=3$을 대입하면 $a=-3$

3 $y=\dfrac{a}{x}$에 $x=2, y=-5$를 대입하면 $a=-10$

4 $y=\dfrac{a}{x}$에 $x=-1, y=-6$을 대입하면 $a=6$

5 $y=\dfrac{a}{x}$에 $x=4, y=-3$을 대입하면 $a=-12$

6 $y=\dfrac{a}{x}$에 $x=-2, y=7$을 대입하면 $a=-14$

7 $y=\dfrac{a}{x}$에 $x=-5, y=-3$을 대입하면 $a=15$

8 $y=\dfrac{a}{x}$에 $x=9, y=1$을 대입하면 $a=9$

9 $y=\dfrac{a}{x}$에 $x=-10, y=2$를 대입하면 $a=-20$

10 $y=\dfrac{a}{x}$에 $x=4, y=-4$를 대입하면 $a=-16$

11 $y=\dfrac{a}{x}$에 $x=-6, y=-5$를 대입하면 $a=30$

12 $y=\dfrac{a}{x}$에 $x=5, y=-2$를 대입하면 $a=-10$

B 반비례 관계 $y=\dfrac{a}{x}\,(a\neq0)$의 그래프에서

a의 값 구하기 2
152쪽

1 $a=-8, b=-1$	2 $a=30, b=5$
3 $a=-12, b=-6$	4 $a=-36, b=-3$
5 $a=20, b=-10$	6 $a=6, b=2$
7 $a=-24, b=-4$	8 $a=-4, b=2$
9 $a=2, b=\dfrac{1}{4}$	10 $a=3, b=\dfrac{3}{2}$
11 $a=-18, b=\dfrac{9}{2}$	12 $a=10, b=\dfrac{5}{2}$

1 $y=\dfrac{a}{x}$에 $x=2, y=-4$를 대입하면 $a=-8$

　따라서 $y=-\dfrac{8}{x}$에 $x=8, y=b$를 대입하면 $b=-1$

2 $y=\dfrac{a}{x}$에 $x=-3, y=-10$을 대입하면 $a=30$

　∴ $y=\dfrac{30}{x}$

따라서 $y=\dfrac{30}{x}$에 $x=b, y=6$을 대입하면 $b=5$

3 $y=\dfrac{a}{x}$에 $x=-4, y=3$을 대입하면 $a=-12$

　따라서 $y=-\dfrac{12}{x}$에 $x=2, y=b$를 대입하면 $b=-6$

4 $y=\dfrac{a}{x}$에 $x=6, y=-6$을 대입하면 $a=-36$

　∴ $y=-\dfrac{36}{x}$

따라서 $y=-\dfrac{36}{x}$에 $x=b, y=12$를 대입하면 $b=-3$

5 $y=\dfrac{a}{x}$에 $x=5, y=4$를 대입하면 $a=20$

　따라서 $y=\dfrac{20}{x}$에 $x=-2, y=b$를 대입하면 $b=-10$

6 $y=\dfrac{a}{x}$에 $x=-3, y=-2$를 대입하면 $a=6$　∴ $y=\dfrac{6}{x}$

　따라서 $y=\dfrac{6}{x}$에 $x=b, y=3$을 대입하면 $b=2$

7 $y=\dfrac{a}{x}$에 $x=-8, y=3$을 대입하면 $a=-24$

　따라서 $y=-\dfrac{24}{x}$에 $x=6, y=b$를 대입하면 $b=-4$

8 $y=\dfrac{a}{x}$에 $x=4, y=-1$을 대입하면 $a=-4$　∴ $y=-\dfrac{4}{x}$

　따라서 $y=-\dfrac{4}{x}$에 $x=-2, y=b$를 대입하면 $b=2$

9 $y=\dfrac{a}{x}$에 $x=-1, y=-2$를 대입하면 $a=2$

　따라서 $y=\dfrac{2}{x}$에 $x=b, y=8$을 대입하면 $b=\dfrac{1}{4}$

10 $y=\dfrac{a}{x}$에 $x=3, y=1$을 대입하면 $a=3$　∴ $y=\dfrac{3}{x}$

　따라서 $y=\dfrac{3}{x}$에 $x=2, y=b$를 대입하면 $b=\dfrac{3}{2}$

11 $y=\dfrac{a}{x}$에 $x=-9, y=2$를 대입하면 $a=-18$

　따라서 $y=-\dfrac{18}{x}$에 $x=b, y=-4$를 대입하면

　$-4=-\dfrac{18}{b}$　∴ $b=\dfrac{9}{2}$

12 $y=\dfrac{a}{x}$에 $x=-5, y=-2$를 대입하면

　$a=10$　∴ $y=\dfrac{10}{x}$

　따라서 $y=\dfrac{10}{x}$에 $x=4, y=b$를 대입하면 $b=\dfrac{5}{2}$

C 그래프에서 반비례 관계의 식 구하기 1
153쪽

1 $y=\dfrac{9}{x}$	2 $y=\dfrac{2}{x}$	3 $y=\dfrac{8}{x}$	4 $y=\dfrac{3}{x}$
5 $y=-\dfrac{4}{x}$	6 $y=-\dfrac{15}{x}$	7 $y=-\dfrac{8}{x}$	8 $y=-\dfrac{36}{x}$

1 y가 x에 반비례하므로 $y=\dfrac{a}{x}\ (a\neq0)$라 하고 $x=3, y=3$을

대입하면 $a=9$ ∴ $y=\dfrac{9}{x}$

2 y가 x에 반비례하므로 $y=\dfrac{a}{x}\ (a\neq0)$라 하고 $x=1, y=2$를

대입하면 $a=2$ ∴ $y=\dfrac{2}{x}$

3 y가 x에 반비례하므로 $y=\dfrac{a}{x}\ (a\neq0)$라 하고 $x=-2, y=-4$

를 대입하면 $a=8$ ∴ $y=\dfrac{8}{x}$

4 y가 x에 반비례하므로 $y=\dfrac{a}{x}\ (a\neq0)$라 하고 $x=-3, y=-1$

을 대입하면 $a=3$ ∴ $y=\dfrac{3}{x}$

5 y가 x에 반비례하므로 $y=\dfrac{a}{x}\ (a\neq0)$라 하고 $x=-4, y=1$

을 대입하면 $a=-4$ ∴ $y=-\dfrac{4}{x}$

6 y가 x에 반비례하므로 $y=\dfrac{a}{x}\ (a\neq0)$라 하고 $x=-3, y=5$

를 대입하면 $a=-15$ ∴ $y=-\dfrac{15}{x}$

7 y가 x에 반비례하므로 $y=\dfrac{a}{x}\ (a\neq0)$라 하고 $x=2, y=-4$

를 대입하면 $a=-8$ ∴ $y=-\dfrac{8}{x}$

8 y가 x에 반비례하므로 $y=\dfrac{a}{x}\ (a\neq0)$라 하고 $x=3, y=-12$

를 대입하면 $a=-36$ ∴ $y=-\dfrac{36}{x}$

D 그래프에서 반비례 관계의 식 구하기 2   154쪽

1 -4	2 -2	3 -3	4 3
5 6	6 2	7 -6	8 $-\dfrac{10}{3}$

1 y가 x에 반비례하므로 $y=\dfrac{a}{x}\ (a\neq0)$라 하고 $x=2, y=-2$

를 대입하면 $a=-4$ ∴ $y=-\dfrac{4}{x}$

$y=-\dfrac{4}{x}$에 $x=b, y=1$을 대입하면

$-\dfrac{4}{b}=1$ ∴ $b=-4$

2 y가 x에 반비례하므로 $y=\dfrac{a}{x}\ (a\neq0)$라 하고 $x=2, y=4$를

대입하면 $a=8$ ∴ $y=\dfrac{8}{x}$

$y=\dfrac{8}{x}$에 $x=b, y=-4$를 대입하면

$-4=\dfrac{8}{b}$ ∴ $b=-2$

3 y가 x에 반비례하므로 $y=\dfrac{a}{x}\ (a\neq0)$라 하고 $x=1, y=6$을

대입하면 $a=6$ ∴ $y=\dfrac{6}{x}$

$y=\dfrac{6}{x}$에 $x=-2, y=b$를 대입하면

$\dfrac{6}{-2}=b$ ∴ $b=-3$

4 y가 x에 반비례하므로 $y=\dfrac{a}{x}\ (a\neq0)$라 하고 $x=4, y=-6$

을 대입하면 $a=-24$ ∴ $y=-\dfrac{24}{x}$

$y=-\dfrac{24}{x}$에 $x=-8, y=b$를 대입하면

$b=-\dfrac{24}{-8}=3$ ∴ $b=3$

5 y가 x에 반비례하므로 $y=\dfrac{a}{x}\ (a\neq0)$라 하고 $x=-3, y=-2$

를 대입하면 $a=6$ ∴ $y=\dfrac{6}{x}$

$y=\dfrac{6}{x}$에 $x=1, y=b$를 대입하면

$\dfrac{6}{1}=b$ ∴ $b=6$

6 y가 x에 반비례하므로 $y=\dfrac{a}{x}\ (a\neq0)$라 하고 $x=-3, y=6$

을 대입하면 $a=-18$ ∴ $y=-\dfrac{18}{x}$

$y=-\dfrac{18}{x}$에 $x=b, y=-9$를 대입하면

$-9=-\dfrac{18}{b}$ ∴ $b=2$

7 y가 x에 반비례하므로 $y=\dfrac{a}{x}\ (a\neq0)$라 하고 $x=4, y=3$을

대입하면 $a=12$ ∴ $y=\dfrac{12}{x}$

$y=\dfrac{12}{x}$에 $x=b, y=-2$를 대입하면

$-2=\dfrac{12}{b}$ ∴ $b=-6$

8 y가 x에 반비례하므로 $y=\dfrac{a}{x}\ (a\neq0)$라 하고 $x=-5, y=2$

를 대입하면 $a=-10$ ∴ $y=-\dfrac{10}{x}$

$y=-\dfrac{10}{x}$에 $x=3, y=b$를 대입하면 $b=-\dfrac{10}{3}$

거처먹는 시험 문제   155쪽

1 $y=-\dfrac{8}{x}$	2 $y=\dfrac{6}{x}$	3 ②	4 ④
5 10	6 ④		

1 y가 x에 반비례하므로 $y=\dfrac{a}{x}\ (a\neq0)$라 하고 $x=-2, y=4$

를 대입하면

$a=-8$ ∴ $y=-\dfrac{8}{x}$

2 그래프 위의 임의의 점 (p, q)에 대하여 pq의 값이 일정하므로 반비례 관계이다.

따라서 $y=\dfrac{a}{x}\,(a\neq0)$라 하고 $x=6,\ y=1$을 대입하면

$a=6$ ∴ $y=\dfrac{6}{x}$

3 $y=\dfrac{a}{x}$에 $x=3,\ y=-4$를 대입하면 $a=-12$

② $y=-\dfrac{12}{x}$에 $x=-2$를 대입하면 $y=6$이 되므로

점 $(-2,\ -6)$은 반비례 관계 $y=-\dfrac{12}{x}$의 그래프 위에 있지 않다.

4 반비례 관계의 그래프이므로 $y=\dfrac{a}{x}\,(a\neq0)$라 하고 $x=-4,$ $y=5$를 대입하면 $a=-20$

④ $y=-\dfrac{20}{x}$에 $x=\dfrac{1}{2}$을 대입하면 $y=-40$이 되므로

점 $\left(\dfrac{1}{2},\ -8\right)$은 반비례 관계 $y=-\dfrac{20}{x}$의 그래프 위에 있지 않다.

5 $y=ax$에 $x=2,\ y=-4$를 대입하면 $a=-2$

$y=\dfrac{b}{x}$에 $x=2,\ y=6$을 대입하면 $b=12$

∴ $a+b=-2+12=10$

6 ① 원점을 지나는 직선이므로 $y=ax\,(a\neq0)$라 하고 $x=1,$ $y=3$을 대입하면 $a=3$ ∴ $y=3x$

② 원점에 대칭인 한 쌍의 곡선이므로 $y=\dfrac{a}{x}\,(a\neq0)$라 하고 $x=2,\ y=2$를 대입하면 $a=4$ ∴ $y=\dfrac{4}{x}$

③ 원점에 대칭인 한 쌍의 곡선이므로 $y=\dfrac{a}{x}\,(a\neq0)$라 하고 $x=-2,\ y=3$을 대입하면 $a=-6$ ∴ $y=-\dfrac{6}{x}$

④ 원점을 지나는 직선이므로 $y=ax\,(a\neq0)$라 하고 $x=-3,$ $y=2$를 대입하면 $a=-\dfrac{2}{3}$ ∴ $y=-\dfrac{2}{3}x$

⑤ 원점을 지나는 직선이므로 $y=ax\,(a\neq0)$라 하고 $x=-1,$ $y=2$를 대입하면 $a=-2$ ∴ $y=-2x$

따라서 관계의 식으로 옳지 않은 것은 ④이다.

24 $y=ax\,(a\neq0),\ y=\dfrac{b}{x}\,(b\neq0)$의 그래프의 응용

A $y=ax\,(a\neq0),\ y=\dfrac{b}{x}\,(b\neq0)$의 그래프가 만나는 점

157쪽

1 1	2 6	3 10	4 −3
5 −18	6 −12		

1 $x=2$를 $y=\dfrac{4}{x}$에 대입하면 $y=2$

따라서 두 그래프가 만나는 점 A의 좌표는 $(2,\ 2)$이다.
$x=2,\ y=2$를 $y=ax$에 대입하면 $a=1$이다.

2 $y=6$을 $y=\dfrac{6}{x}$에 대입하면 $x=1$

따라서 두 그래프가 만나는 점 A의 좌표는 $(1,\ 6)$이다.
$x=1,\ y=6$을 $y=ax$에 대입하면 $a=6$이다.

3 $y=5$를 $y=\dfrac{5}{2}x$에 대입하면 $x=2$

따라서 두 그래프가 만나는 점 A의 좌표는 $(2,\ 5)$이다.
$x=2,\ y=5$를 $y=\dfrac{a}{x}$에 대입하면 $a=10$이다.

4 $x=-1$을 $y=-\dfrac{3}{x}$에 대입하면 $y=3$

따라서 두 그래프가 만나는 점 A의 좌표는 $(-1,\ 3)$이다.
$x=-1,\ y=3$을 $y=ax$에 대입하면 $a=-3$이다.

5 $x=-6$을 $y=-\dfrac{1}{2}x$에 대입하면 $y=3$

따라서 두 그래프가 만나는 점 A의 좌표는 $(-6,\ 3)$이다.
$x=-6,\ y=3$을 $y=\dfrac{a}{x}$에 대입하면 $a=-18$이다.

6 $y=3$을 $y=-\dfrac{3}{4}x$에 대입하면 $x=-4$

따라서 두 그래프가 만나는 점 A의 좌표는 $(-4,\ 3)$이다.
$x=-4,\ y=3$을 $y=\dfrac{a}{x}$에 대입하면 $a=-12$이다.

B 정비례 관계 $y=ax\,(a\neq0)$의 그래프와 도형의 넓이

158쪽

1 9	2 24	3 10	4 15
5 55	6 6		

1 $x=3$을 $y=2x$에 대입하면 $y=6$

따라서 삼각형 AOB의 넓이는 $\dfrac{1}{2}\times3\times6=9$

2 $x=4$를 $y=3x$에 대입하면 $y=12$

따라서 삼각형 AOB의 넓이는 $\dfrac{1}{2}\times4\times12=24$

3 $y=5$를 $y=\dfrac{5}{4}x$에 대입하면 $x=4$

따라서 삼각형 AOB의 넓이는 $\dfrac{1}{2}\times4\times5=10$

4 $x=3$을 $y=3x$에 대입하면 $y=9$

$x=3$을 $y=-\dfrac{1}{3}x$에 대입하면 $y=-1$

따라서 삼각형 AOB의 넓이는 $\dfrac{1}{2}\times3\times\{9-(-1)\}=15$

5 $x=5$를 $y=4x$에 대입하면 $y=20$

$x=5$를 $y=-\dfrac{2}{5}x$에 대입하면 $y=-2$

따라서 삼각형 AOB의 넓이는 $\dfrac{1}{2}\times5\times\{20-(-2)\}=55$

6 $y=4$를 $y=\dfrac{4}{3}x$에 대입하면 $x=3$

$y=4$를 $y=\dfrac{2}{3}x$에 대입하면 $x=6$

따라서 삼각형 AOB의 넓이는 $\dfrac{1}{2}\times(6-3)\times4=6$

C 반비례 관계 $y=\dfrac{a}{x}\,(a\neq0)$의 그래프와 도형의 넓이 159쪽

1 12	2 18	3 21	4 9
5 3	6 5	7 8	

1 직사각형 AOBC의 넓이는 점 C의 x좌표와 y좌표의 곱과 같으므로 $y=\dfrac{12}{x}$에서 $xy=12$이다.

2 직사각형 AOBC의 넓이는 점 C의 x좌표와 y좌표의 곱과 같으므로 $y=\dfrac{18}{x}$에서 $xy=18$이다.

3 직사각형 AOBC의 넓이는 점 C의 x좌표와 y좌표의 곱의 절댓값과 같으므로 $y=-\dfrac{21}{x}$에서 $xy=-21$

$\therefore |-21|=21$

4 직사각형 AOBC의 넓이는 점 C의 x좌표와 y좌표의 곱의 절댓값과 같으므로 $y=-\dfrac{9}{x}$에서 $xy=-9$

$\therefore |-9|=9$

5 $x=2$를 $y=\dfrac{6}{x}$에 대입하면 $y=3$

따라서 삼각형 AOB의 넓이는 $\dfrac{1}{2}\times2\times3=3$

6 $y=5$를 $y=\dfrac{10}{x}$에 대입하면 $x=2$

따라서 삼각형 AOB의 넓이는 $\dfrac{1}{2}\times2\times5=5$

7 $x=-8$을 $y=-\dfrac{16}{x}$에 대입하면 $y=2$

따라서 삼각형 AOB의 넓이는 $\dfrac{1}{2}\times2\times8=8$

거처먹는 시험 문제 160쪽

1 18	2 −4	3 20	4 5
5 8	6 ③		

1 $x=2$를 $y=3x$에 대입하면 $y=6$ $\therefore b=6$

$x=2,\ y=6$을 $y=\dfrac{a}{x}$에 대입하면 $a=12$

$\therefore a+b=18$

2 $x=-4$를 $y=-2x$에 대입하면 $y=8$ $\therefore b=8$

$x=-4,\ y=8$을 $y=\dfrac{a}{x}$에 대입하면 $a=-32$

$\therefore \dfrac{a}{b}=\dfrac{-32}{8}=-4$

---

3 $x=4$를 $y=2x$에 대입하면 $y=8$

$x=4$를 $y=-\dfrac{1}{2}x$에 대입하면 $y=-2$

삼각형 AOB의 넓이는 $\dfrac{1}{2}\times\{8-(-2)\}\times4=20$

4 $x=5$를 $y=\dfrac{4}{5}x$에 대입하면 $y=4$

$x=5$를 $y=\dfrac{2}{5}x$에 대입하면 $y=2$

따라서 삼각형 AOB의 넓이는 $\dfrac{1}{2}\times(4-2)\times5=5$

5 직사각형 ABCD의 넓이는 32이므로 제1사분면의 직사각형의 넓이는 $32\div4=8$

따라서 제1사분면의 x좌표와 y좌표의 곱이 8이므로 $a=8$

6 직사각형 ABCD의 넓이는 40이므로 제2사분면의 직사각형의 넓이는 $40\div4=10$

따라서 제2사분면의 x좌표와 y좌표의 곱은 -10이므로 $a=-10$

25 정비례, 반비례 관계의 활용

A 정비례 관계 $y=ax\,(a\neq0)$의 활용 1 162쪽

1 (1) $y=60x$ (2) $360\,\mathrm{km}$ 2 (1) $y=20x$ (2) 5시간

3 (1) $y=8000x$ (2) 40000원

4 (1) $y=25x$ (2) 50000원

1 (1) (거리)=(속력)$\times$(시간)이므로 $y=60x$

(2) $y=60x$에 $x=6$을 대입하면 $y=360$

따라서 $360\,\mathrm{km}$를 갈 수 있다.

2 (1) (거리)=(속력)$\times$(시간)이므로 $y=20x$

(2) $y=20x$에 $y=100$을 대입하면 $x=5$

따라서 5시간이 걸린다.

3 (1) $1\,\mathrm{kg}$에 8000원이므로 $y=8000x$

(2) $y=8000x$에 $x=5$를 대입하면 $y=40000$

따라서 지불해야 할 금액은 40000원이다.

4 (1) $100\,\mathrm{g}$에 2500원이므로 $1\,\mathrm{g}$에 25원이다. $\therefore y=25x$

(2) $2\,\mathrm{kg}=2000\,\mathrm{g}$이므로 $y=25x$에 $x=2000$을 대입하면 $y=50000$

따라서 지불해야 할 금액은 50000원이다.

B 정비례 관계 $y=ax\,(a\neq0)$의 활용 2 163쪽

1 (1) $y=10x$ (2) $150\,\mathrm{km}$ 2 (1) $y=6x$ (2) $60\,\mathrm{km}$

3 (1) $y=\dfrac{3}{4}x$ (2) 3번 4 (1) $y=\dfrac{2}{3}x$ (2) 9번

1 (1) 1 L의 휘발유로 10 km를 갈 수 있는 자동차이므로
$y=10x$

(2) $y=10x$에 $x=15$를 대입하면 $y=150$
따라서 150 km를 갈 수 있다.

2 (1) 4 L의 휘발유로 24 km를 갈 수 있는 자동차이므로
1 L의 휘발유로 6 km를 갈 수 있다.　　∴ $y=6x$

(2) $y=6x$에 $x=10$을 대입하면 $y=60$
따라서 60 km를 갈 수 있다.

3 (1) (A의 톱니의 수)×(A의 회전 수)
＝(B의 톱니의 수)×(B의 회전 수)이므로
$6x=8y$　　∴ $y=\dfrac{3}{4}x$

(2) $y=\dfrac{3}{4}x$에 $x=4$를 대입하면 $y=\dfrac{3}{4}\times 4=3$
따라서 톱니바퀴 B는 3번 회전한다.

4 (1) $20x=30y$이므로 $y=\dfrac{2}{3}x$

(2) $y=\dfrac{2}{3}x$에 $y=6$을 대입하면 $\dfrac{2}{3}\times x=6$이므로 $x=9$
따라서 톱니바퀴 A는 9번 회전한다.

3 줄넘기의 그래프의 식을 $y=ax$ $(a\neq0)$라 하고 점 $(5,\ 30)$을 지나므로 $x=5,\ y=30$을 대입하면
$a=6$　　∴ $y=6x$
$y=6x$에 $x=50$을 대입하면 $y=300$
러닝머신의 그래프의 식을 $y=bx$ $(b\neq0)$라 하고 점 $(10,\ 40)$을 지나므로 $x=10,\ y=40$을 대입하면
$b=4$　　∴ $y=4x$
$y=4x$에 $x=50$을 대입하면 $y=200$
따라서 열량의 차는 $300-200=100$ (kcal)이다.

4 택시의 그래프의 식을 $y=ax$ $(a\neq0)$라 하고 점 $(10,\ 10)$을 지나므로 $x=10,\ y=10$을 대입하면
$a=1$　　∴ $y=x$
$y=x$에 $x=60$을 대입하면 $y=60$
버스의 그래프의 식을 $y=bx$ $(b\neq0)$라 하고 점 $(15,\ 10)$을 지나므로 $x=15,\ y=10$을 대입하면
$b=\dfrac{2}{3}$　　∴ $y=\dfrac{2}{3}x$
$y=\dfrac{2}{3}x$에 $x=60$을 대입하면 $y=40$
따라서 택시와 버스 사이의 거리는 $60-40=20$ (km)이다.

C 두 정비례 관계의 그래프 비교하기　　164쪽

1 (1) $y=100x$　(2) 18분　(3) $y=300x$　(4) 6분
2 4000 m　　3 100 kcal　　4 20 km

1 (1) 걸어서 가는 그래프의 식을 $y=ax$ $(a\neq0)$라 하고
점 $(2,\ 200)$을 지나므로 $x=2,\ y=200$을 대입하면
$a=100$　　∴ $y=100x$

(2) $y=100x$에 $y=1800$을 대입하면 $x=18$
따라서 걸어서 도서관까지 가는 데 걸리는 시간은 18분이다.

(3) 자전거로 가는 그래프의 식을 $y=bx$ $(b\neq0)$라 하고
점 $(2,\ 600)$을 지나므로 $x=2,\ y=600$을 대입하면
$b=300$　　∴ $y=300x$

(4) $y=300x$에 $y=1800$을 대입하면 $x=6$
따라서 자전거를 타고 도서관까지 가는 데 걸리는 시간은 6분이다.

2 진용이의 그래프의 식을 $y=ax$ $(a\neq0)$라 하고 점 $(1,\ 400)$을 지나므로 $x=1,\ y=400$을 대입하면
$a=400$　　∴ $y=400x$
$y=400x$에 $x=20$을 대입하면 $y=8000$
정연이의 그래프의 식을 $y=bx$ $(b\neq0)$라 하고 점 $(1,\ 200)$을 지나므로 $x=1,\ y=200$을 대입하면
$b=200$　　∴ $y=200x$
$y=200x$에 $x=20$을 대입하면 $y=4000$
따라서 정연이와 진용이의 거리의 차는
$8000-4000=4000$ (m)이다.

D 반비례 관계 $y=\dfrac{a}{x}$ $(a\neq0)$의 활용 1　　165쪽

1 (1) $y=\dfrac{50}{x}$　(2) 5 cm　　2 4 cm　　3 20 cm
4 (1) $y=\dfrac{24}{x}$　(2) 6대　　5 6시간　　6 30명

1 (1) $xy=50$　　∴ $y=\dfrac{50}{x}$

(2) $y=\dfrac{50}{x}$에 $x=10$을 대입하면 $y=5$
따라서 세로의 길이는 5 cm이다.

2 $xy=20$　　∴ $y=\dfrac{20}{x}$
$y=\dfrac{20}{x}$에 $y=5$를 대입하면 $x=4$
따라서 밑변의 길이는 4 cm이다.

3 $xy=300$　　∴ $y=\dfrac{300}{x}$
$y=\dfrac{300}{x}$에 $y=15$를 대입하면 $x=20$
따라서 가로의 길이는 20 cm이다.

4 (1) 똑같은 기계 4대로 6시간 동안 하는 일이므로 1대로 하면 24시간이 걸리는 일이다. 즉,
$xy=24$　　∴ $y=\dfrac{24}{x}$

(2) $y=\dfrac{24}{x}$에 $y=4$를 대입하면 $x=6$
따라서 6대의 기계가 필요하다.

5 똑같은 기계 30대로 4시간 동안 하는 일이므로 1대로 하면 120시간이 걸리는 일이다. 즉,

$$xy=120 \qquad \therefore y=\frac{120}{x}$$

$y=\frac{120}{x}$에 $x=20$을 대입하면 $y=6$

따라서 6시간이 걸린다.

6 10명이 15시간 동안 하는 일이므로 1명이 하면 150시간이 걸리는 일이다. x명이 y시간 작업하여 일을 끝낸다고 하면

$$xy=150 \qquad \therefore y=\frac{150}{x}$$

$y=\frac{150}{x}$에 $y=5$를 대입하면 $x=30$

따라서 30명이 필요하다.

E 반비례 관계 $y=\dfrac{a}{x}\ (a\neq 0)$의 활용 2　166쪽

1 (1) $y=\dfrac{60}{x}$　(2) $12\ \mathrm{cm}^3$　　2 20기압

3 $12\ \mathrm{cm}^3$　　　　　　4 (1) $y=\dfrac{120}{x}$　(2) 30

5 12번　　　　　　　　6 6번

1 (1) y는 x에 반비례하므로 $y=\dfrac{a}{x}\ (a\neq 0)$라 하고

　$x=2,\ y=30$을 대입하면 $a=60$ 　$\therefore y=\dfrac{60}{x}$

(2) $y=\dfrac{60}{x}$에 $x=5$를 대입하면 $y=12$

　따라서 부피는 $12\ \mathrm{cm}^3$이다.

2 기체의 압력을 x기압, 부피를 $y\ \mathrm{cm}^3$라 하자. y는 x에 반비례하므로 $y=\dfrac{a}{x}\ (a\neq 0)$라 하고 $x=4,\ y=25$를 대입하면

　$a=100$ 　$\therefore y=\dfrac{100}{x}$

$y=\dfrac{100}{x}$에 $y=5$를 대입하면 $x=20$

따라서 압력은 20기압이다.

3 기체의 압력을 x기압, 부피를 $y\ \mathrm{cm}^3$라 하자. y는 x에 반비례하므로 $y=\dfrac{a}{x}\ (a\neq 0)$라 하고 $x=5,\ y=60$을 대입하면

　$a=300$ 　$\therefore y=\dfrac{300}{x}$

$y=\dfrac{300}{x}$에 $x=25$를 대입하면 $y=12$

따라서 부피는 $12\ \mathrm{cm}^3$이다.

4 (1) (A의 톱니의 수)$\times$(A의 회전 수)

　　$=$(B의 톱니의 수)$\times$(B의 회전 수)이므로

　　$20\times 6=xy$ 　$\therefore y=\dfrac{120}{x}$

(2) $y=\dfrac{120}{x}$에 $y=4$를 대입하면 $x=30$

　따라서 톱니바퀴 B의 톱니의 수는 30이다.

5 톱니바퀴 B는 톱니의 수가 x개이고 y번 회전한다고 하면

$$xy=30\times 8 \qquad \therefore y=\frac{240}{x}$$

$y=\dfrac{240}{x}$에 $x=20$을 대입하면 $y=12$

따라서 톱니바퀴 B는 12번 회전한다.

6 톱니바퀴 B는 톱니의 수가 x개이고 y번 회전한다고 하면

$$xy=12\times 4 \qquad \therefore y=\frac{48}{x}$$

$y=\dfrac{48}{x}$에 $x=8$을 대입하면 $y=6$

따라서 톱니바퀴 B는 6번 회전한다.

거처먹는 시험 문제　167쪽

1 ①　　　2 $y=\dfrac{800}{x}$　　3 ⑤　　　4 10

5 $6\ \mathrm{cm}$　　6 9명

1 물탱크의 물의 높이가 10분에 $30\ \mathrm{cm}$가 되므로 1분에는 $3\ \mathrm{cm}$가 된다. 따라서 y는 x에 정비례한다.

　$\therefore y=3x$

2 물탱크의 물이 20 L씩 40분 동안에 가득 차므로 물탱크의 총 양은 $20\times 40=800$(L)이다. 따라서 y는 x에 반비례한다.

　$\therefore y=\dfrac{800}{x}$

3 $8x=14y$ 　$\therefore y=\dfrac{4}{7}x$

$y=\dfrac{4}{7}x$에 $y=12$를 대입하면 $x=21$

따라서 톱니바퀴 A는 21번 회전한다.

4 $xy=90$이므로 $y=\dfrac{90}{x}$

$y=\dfrac{90}{x}$에 $y=9$를 대입하면 $x=10$

따라서 톱니바퀴 B의 톱니의 수는 10이다.

5 $y=\dfrac{1}{2}\times 8\times x$ 　$\therefore y=4x$

$y=4x$에 $y=24$를 대입하면 $x=6$

따라서 점 P는 $6\ \mathrm{cm}$만큼 움직였다.

6 교실을 청소하는데 3명의 학생이 함께 청소하면 30분이 걸리므로 1명의 학생이 청소하면 90분이 걸리는 일이다. 학생 수를 x명, 청소 시간을 y분이라 하면 y는 x에 반비례한다.

　$\therefore y=\dfrac{90}{x}$

$y=\dfrac{90}{x}$에 $y=10$을 대입하면 $x=9$

따라서 9명의 학생이 필요하다.

《바쁜 중1을 위한 빠른 중학연산》
효과적으로 보는 방법

'바빠 중학연산·도형' 시리즈는 1학기 과정이 '바빠 중학연산' 두 권으로,
2학기 과정이 '바빠 중학도형' 한 권으로 구성되어 있습니다.

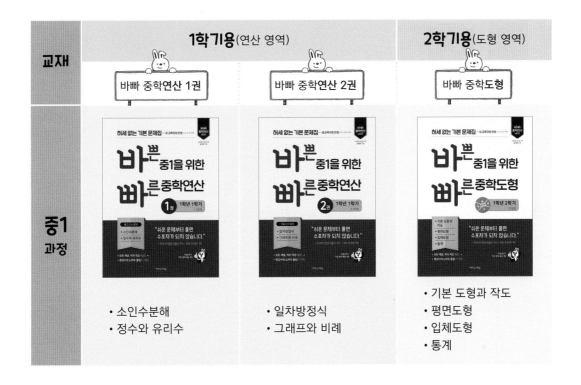

1. 취약한 영역만 보강하려면? — 3권 중 한 권만 선택하세요!

중1 과정 중에서도 소인수분해나 정수와 유리수가 어렵다면 중학연산 1권 <소인수분해, 정수와 유리수
영역>을, 일차방정식이나 그래프와 비례가 어렵다면 중학연산 2권 <일차방정식, 그래프와 비례 영역>
을, 도형이 어렵다면 중학도형 <기본 도형과 작도, 평면도형, 입체도형, 통계>를 선택하여 정리해 보세
요. 중1뿐아니라 중2라도 자신이 취약한 영역을 집중적으로 공부하여 학습 결손을 빠르게 보충하세요.

2. 중1이지만 수학이 약하거나, 중학수학을 준비하는 예비 중1이라면?

중학수학 진도에 맞게 [중학연산 1권 → 중학연산 2권 → 중학도형] 순서로 공부하세요.
기본 문제부터 풀 수 있어서, 중학수학의 기초를 탄탄히 다질 수 있습니다.

3. 학원이나 공부방 선생님이라면?

1) 기초가 부족한 학생에게는 개념을 간단히 설명한 후 자습용 교재로 이용하세요.
2) 개념을 익힌 학생에게는 과제용 교재로 이용하세요.
3) 가벼운 선행 학습과 학습 결손을 보강하기 위한 방학용 초단기 교재로 적합합니다.

★ 바빠 중1 연산 1권은 28단계, 2권은 25단계로 구성되어 있고, 단계마다 1시간 안에 풀 수 있습니다.

가장 먼저 풀어야 할
허세 없는 기본 문제집!

바쁜 중1을 위한 빠른 중학연산 **2**권

기본을 다지면 더 빠르게 간다!
바쁜 중1을 위한 빠른 중학연산

1학년 1학기 과정 | 1권 〈소인수분해, 정수와 유리수〉

1학년 1학기 과정 | 2권 〈일차방정식, 그래프와 비례〉

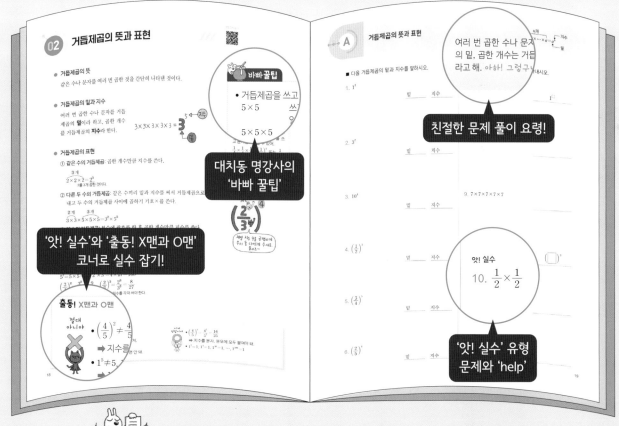

1학기를 두 권으로 구성해 영역별 최다 문제 수록! 기초가 탄탄해져요.